河南省"十四五"普通高等教育规划教材

河南省本科高校新工科新形态教材

普通高等教育教材

食品工厂设计
与环境保护（第2版）

高海燕　宋孟迪　主编

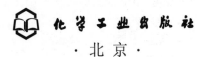
化学工业出版社

·北京·

内容简介

本书为河南省"十四五"普通高等教育规划教材、河南省本科高校新工科新形态教材。书中介绍了有关食品工厂设计与环境保护的内容，包括食品工厂基本建设程序、厂址选择、总平面设计、产品工艺流程设计、物料衡算、设备选型、人员计算和管理、生产车间布置、仓库建设、分析化验室建设、水电汽工程建设、通风与空调工程建设、食品卫生及安全生产措施、环境保护技术和设施建设、工厂项目概算、经济技术分析等。书中附有题库和电子课件，以便读者更好地掌握相关知识。

本书可供高等院校食品科学与工程、食品质量与安全等相关专业师生参考，也可供食品工厂设计与环境保护相关领域的管理人员和技术人员参考使用。

图书在版编目（CIP）数据

食品工厂设计与环境保护 / 高海燕，宋孟迪主编.
2 版. -- 北京：化学工业出版社，2025. 6. --（河南省
"十四五"普通高等教育规划教材）（普通高等教育教材
）. -- ISBN 978-7-122-47785-9

Ⅰ. TS208；X322

中国国家版本馆 CIP 数据核字第 20253MJ746 号

责任编辑：彭爱铭
责任校对：边　涛　　　　　　　装帧设计：史利平

出版发行：化学工业出版社
　　　　　（北京市东城区青年湖南街 13 号　邮政编码 100011）
印　　装：河北延风印务有限公司
710mm×1000mm　1/16　印张 19½　字数 385 千字
2025 年 8 月北京第 2 版第 1 次印刷

购书咨询：010-64518888　　　　　售后服务：010-64518899
网　　址：http://www.cip.com.cn
凡购买本书，如有缺损质量问题，本社销售中心负责调换。

定　　价：65.00 元　　　　　　　　　版权所有　违者必究

编写人员名单

主　　编：高海燕　河南科技学院
　　　　　宋孟迪　河南科技学院
副 主 编：李文浩　西北农林科技大学
　　　　　尚宏丽　锦州医科大学
　　　　　张　崟　成都大学
　　　　　马　燕　河南农业大学
参编人员：李　丽　沈阳农业大学
　　　　　朱文慧　渤海大学
　　　　　遇世友　哈尔滨商业大学
　　　　　王正荣　河北工程大学
　　　　　张　雨　北京工商大学
　　　　　王永辉　许昌学院
　　　　　杨　开　浙江工业大学
　　　　　骆　琳　江苏大学
　　　　　黄继超　南京农业大学
　　　　　曹　蒙　信阳农林学院
　　　　　白周亚　河南科技大学
　　　　　陈　思　河南科技学院
　　　　　田金河　新乡学院
　　　　　赵秀红　沈阳师范大学
　　　　　程轶群　安徽师范大学
　　　　　袁鹏翔　浙江海洋大学

前言

"食品工厂设计与环境保护"是食品科学与工程、食品质量与安全专业教学中开设的一门重要的专业课程，也是食品科学与工程专业认证的重要课程。本教材主要内容包括食品工厂基本建设程序、厂址选择、总平面设计、食品工厂工艺设计、辅助部门、公用工程、食品工厂卫生及安全生产、环境保护、基本建设概算、技术经济分析等。

"食品工厂设计与环境保护"课程开设以来，每年都在教学方法和教学内容上进行不断更新和完善，经过各个大学的一线主讲教师不断完善和补充，逐渐形成了系统、科学、先进、与时俱进的鲜明特色。相关任课老师结合各个大学的食品工厂设计与环境保护讲义，与国内 10 多所大学联合编写了本书。为方便建立试题库，在最后一章编写了复习思考题，考虑到方便各个大学老师授课，配有电子课件，可以扫描本书二维码，免费下载，供教师和同学进行教学和学习使用。

该教材设计紧密结合当前食品工厂设计和环境保护工作的需要，紧跟学科前沿，侧重了应用性、综合性和前沿性的内容，注重学生动手能力、思维能力和创造能力的培养，符合培养既有扎实基础知识又有创新思维能力的教改方向，有利于增强学生独立工作、解决问题的能力，对提高课程教学质量很有益处。

本教材第 2 版得到河南省本科高校新工科新形态教材项目资助。第 2 版修订工作主要由高海燕、宋孟迪主编，由李文浩、尚宏丽、张銮、马燕副主编。其中高海燕主要负责第一章、第十一章的编写，并负责全书的框架设计；宋孟迪负责第一章、第三章、第五章修改和编写工作，并负责全书的统稿；李文浩主要负责第九章、第十章的编写；尚宏丽主要编写第六章和第八章的编写；张銮主要负责第五章和第七章的编写；朱文慧主要负责第二章、第三章的编写；马燕、李丽、遇世友负责第四章的编写；王正荣主要负责第九章的编写；张雨主要负责第十章的编写。王永辉主要负责第七章的修改和编写；杨开、骆琳、黄继超、曹蒙、白周亚、田金河、赵秀红、程轶群、袁鹏翔、陈思参与书稿部分资料的收集。在编写过程中，参考了大量参考文献，在此对原作者表示感谢，并得到了化学工业出版社的大力帮助和支持，在此一并表示衷心的感谢。

本书不仅适合作为普通高等院校食品科学与工程、食品质量与安全专业本科教材，也可供有关领域科学研究人员、食品企业管理人员和技术人员参考使用。

由于时间短促，编者水平所限，书中可能有一些不足之处，欢迎广大读者批评指正。

编者

2025 年 1 月

第1版
前言

"食品工厂设计与环境保护"是食品科学与工程、食品质量与安全专业教学中开设的一门重要的专业课程。该课程主要内容包括食品工厂基本建设程序、厂址选择和总平面设计、食品工厂工艺设计、辅助部门、公用工程、食品工厂卫生及安全生产、环境保护、基本建设概算、技术经济分析。

自本课程开设以来，参与编写本教材的10余所学校的一线主讲老师每年都在教学方法和教学内容上进行不断更新和完善，并在各自讲义的基础上联合编写了本书。

本教材紧密结合当前食品工厂设计与环境保护工作的需要，紧跟学科前沿，注重学生动手能力、思维能力和创造能力的提升，符合培养既有扎实基础知识又有创新思维能力的教改方向，有利于增强学生独立工作、解决问题的能力。为方便教学，本书附有复习题库，并配备电子课件，可以扫描书中二维码，免费下载和使用。

本教材由高海燕、尚宏丽担任主编，由朱文慧、遇世友、张鋆、王正荣担任副主编。河南科技学院高海燕主要负责第一章和第十章的编写工作，并负责全书设计和统稿工作；锦州医科大学尚宏丽主要编写第五章和第七章的编写工作，并参与第九章编写工作；成都大学张鋆主要负责第四章和第六章的编写工作；渤海大学朱文慧主要负责第二章的编写工作；哈尔滨商业大学遇世友和沈阳农业大学李丽主要负责第三章的编写工作；河北工程大学王正荣主要负责第八章的编写工作；北京工商大学张雨主要负责第九章的编写工作；信阳农林学院曹蒙负责第一章～第四章的电子课件设计制作和编写整理工作；河南科技学院刘玉粉负责第五章和第六章电子课件设计制作和编写整理工作；张珂珂负责第七章电子课件设计制作和编写整理工作；张麟负责第八章电子课件设计制作和编写整理工作；代云飞负责第九章和第十章电子课件设计制作和编写整理工作。沈阳师范大学赵秀红，新乡学院田金河，锦州医科大学张振、于小磊参与书稿部分资料的收集和整理。

本书不仅适合作为普通高等院校食品科学与工程、食品质量与安全等相关专业的本科教材，也可作为高职高专相关专业的参考用书，还可供有关领域科研人员、管理人员和技术人员参考使用。

由于时间仓促，编者水平所限，书中可能有一些不足之处，欢迎广大同行和读者批评指正。

编者
2021年1月

目录

073 第四章 食品工厂工艺设计

第一章

食品工厂基本建设程序

第一节 绪论

一、食品工厂设计的意义

民以食为天，食品工业是一个古老而又永恒的常青产业，更是关系国计民生和涉及农业、工业、流通等领域的重大产业。随着全球经济发展和科学技术的进步，世界食品工业取得了长足发展。食品工业的现代化水平已成为反映人民生活质量高低及国家发展程度的重要标志。

食品工业发展的第一步就是要建厂，而且随着人民对食品的要求越来越高，对厂房的设计要求也相应地越来越高，因此掌握好食品工厂设计是非常重要的。

食品工厂设计是指将一个待建食品项目，如一个食品工厂、一个车间或一套设备，全部用图纸、表格和必要的文字表达出来，这个过程就是食品工厂设计。然后由施工人员建设完成。

在基本建设程序中，工厂设计是在建设施工前完成的。一个优秀的工厂设计应该做到：经济上合理，技术上先进，设计上规范。施工投产后，产品的质量和产量均应达到设计的要求，多项技术经济指标应达到或超过同类工厂的先进水平或国际先进水平。同时在环境保护及"三废"治理方面都能符合国家的有关法律、法规和标准。由此看来，工厂设计是食品工业发展过程中的一个重要环节。在当前我国食品工业发展的新形势下，新产品层出不穷，质量不断提高，技术装备更新迅速，学习食品工厂设计和环境保护这门课程就更具有特别重要的意义。

二、食品工厂设计的特点

食品工厂设计是以食品机械与设备、CAD制图、食品工程原理等课程为基础的，对食品企业进行工厂设计的一门综合性课程，只有学好其他课程，才可以进行食品工厂设计课程，所以在构建基础课程框架的时候，就需要将食品工厂设计课程安排在所有主干课程最后学习，从而方便学生学习和掌握。该课程的学习内容纷繁复杂，具体涉及以下主要知识点。

（1）无论什么食品企业，都需要进行方案设计，都是根据食品工艺流程为主线的设计，对生产工艺流程中的各个生产环节的物料投入量、产出量进行衡算，并据此对生产设备用水量、用汽量进行衡算，准确计算出每个生产工艺环节的物料投入量、损失量、产出量的关系，画出物料衡算图，为下一步的工厂设计提供准确数据。

（2）无论什么食品企业，都是在物料衡算和用水、用汽量计算的基础上，根据工艺流程对各个生产阶段的关键食品机械设备进行设备选型，选型的时候要紧密依据食品机械设备结构和设备原理，以及设备的兼容性进行设备配套，特别要注意生产工艺各个环节的产量要前后一致，避免小马拉大车或大马拉小车的现象存在。设备购买的时候要优先购买技术上先进的机械化成套设备。

厂址选择是食品工厂设计的关键环节，也是食品工厂设计最先考虑的因素。例如建设一个果品罐头厂，就要优先选择距离水果产地近的地方，再根据厂址选择要求拟定几个方案，对不同方案采用方案比较法、评分优选法、最小运输费用法等进行比较。然后根据地形坡度采取横向或纵向布置进行总平面布局设计和规划。划分厂前区，厂后区以及生产区、生活区，规划好道路和绿化等。

在上述工厂设计的过程中，需要学生掌握涉及食品工厂设计的基本知识，例如熟练掌握 Auto CAD 软件操作，便于用计算机画食品工厂设计总平面布局图、食品设备工艺流程图、食品生产车间平面布局图和剖面布局图，还有风向玫瑰图等。除了需要掌握 Auto CAD 软件之外，还需要熟练掌握机械制图，便于完成设计绘图工作。在绘制设备流程图的时候，除了需要掌握绘图能力，更需要深刻理解和领会食品机械设备的选型、结构和原理。要想顺利完成食品工厂设计课程的学习，就必须学习机械制图、Auto CAD 软件、食品机械设备、食品工程原理、食品工艺学等各类课程。食品工厂设计课程是一门架构在众多基础课、专业基础课和专业课程之上的综合性很强的应用工科课程，而且还涉及一定的经济计算知识，例如静态投资回收期法、动态投资回收期法、追加投资回收期法、现值法、内部收益法、盈亏平衡分析法和敏感性分析法等知识内容。

虽然不同企业生产规模、产品结构、工艺技术和生产设备不同，但进行工厂设计时，必须结合实际情况，注重技术上先进，经济上合理。不仅工艺流程、车间布局、设备选型要科学合理，而且还要考虑环境保护、卫生设施、人员安全和工作条件等因素。

三、食品工厂设计的任务和内容

食品工厂设计的主体包含食品工厂工艺设计和食品工厂非工艺设计两大部分。在教学过程中重点讲解工艺设计内容，特别是设计原则、计算方法、图纸绘制等方面知识，对非工艺设计可以点到为止，因为建筑、水、电、汽设计是非工艺设计，会有专门的设计师配合工艺设计的。由于食品行业产品太多，工艺技术要求也不同。食品工厂设计的内容、范围和对设计人员的要求一般包括：厂址选择和总平面设计、食品工厂工艺设计、辅助车间和装备的设计、工厂卫生及全厂生活设施、公用系统、环境保护措施、设计概算、技术经济分析等内容。食品工厂设计的范围涉及建筑、经济、机械、环保、地理、气象等学科领域，要求设计者随时掌握各个相关学科的发展动态及本学科的新知识、新技术，将国内外最新的科学成果在设计工作中得到推广和应用。

四、食品工厂设计的要求

食品工厂设计是一门实用性极强的交叉型应用学科，它既属于食品科学范畴，又涉及工程技术领域。因此，要求学习者不仅要具备食品科学的基础知识，而且，还要掌握工程技术原理与技能，具备一定的动手能力。

食品工厂设计的具体要求如下。

① 经济上合理，技术上先进。工厂投产后，产品在质量和数量上均能达到设计所规定的标准。设计时，要求一个生产设备或一条生产线的设备，实现一机多用或一线多用的目的，力求以最少的投资，取得最佳的经济效益。

② 在"三废"治理和环境保护方面必须符合国家有关规定。对废水、废杂、废气处理的措施恰当与否，关系到产品质量和环境保护的问题，必须予以十分重视。

③ 尽可能减轻员工的劳动强度，使员工有一个良好的劳动工作条件。

④ 考虑食品生产的季节差异性。食品工厂设计时要注意机械设备对不同季节的原料和产品的适应性，能进行柔性生产。

第二节　项目建议书

一、项目建议书目的

食品工厂项目建设前期的第一项工作就是编制项目建议书。项目建议书是项目拟建单位或业主根据国民经济发展规划、行业发展规划和地区社会经济、产业发展规划以及本单位的具体情况，经初步调查研究，提出的基本建设项目立项建议。项目建议书表达的是对建设项目的轮廓设想和投资意愿，须经有关部门批准立项后才能进行下一步的可行性研究。项目建议书主要目的如下。

① 提出初步设想　项目建议书是投资决策前对建设项目的轮廓性设想，通过初步调查研究，为项目的后续发展提供一个明确的方向和框架。

② 确定产品与生产规模　明确项目将生产哪些产品以及预期的生产规模，为后续的设备选型、生产线配置等提供基础数据。

③ 分析建设项目的必要性　阐述项目建设的背景、市场需求、资源条件等因素，分析项目建设的必要性，即为什么需要建设这个项目。

④ 分析建设项目的可行性　从技术、经济、社会等多个角度对项目进行可行性研究，评估项目实施的可行性和风险。

⑤ 作为投资决策依据　项目建议书是投资决策的重要依据，它为投资者提供了关于项目的全面信息，帮助投资者做出是否投资的决策。

⑥ 指导后续设计工作　项目建议书明确了项目的基本情况和要求，为后续的设计工作（如扩大初步设计、施工图设计等）提供了指导和依据。

⑦ 环境保护与可持续发展　在项目建议书中，需要初步分析项目对环境的影响，提出环境保护的措施和建议，确保项目在建设和运营过程中符合环保要求。

二、项目建议书内容

项目建议书的内容主要包括以下几个方面：①产品需求初步预测；②产品方案和拟建规模；③工艺技术初步方案，如原料路线、生产方法、技术来源；④主要原料、燃料、动力的供应；⑤建厂条件和厂址初步方案；⑥公用工程和辅助工程的初步方案；⑦环境保护；⑧工厂组织和劳动定员；⑨工厂项目实施初步规划；⑩工厂投资估算和资金筹措方案；⑪工厂经济效益和社会效益的初步估算；⑫结论与建议。

第三节　可行性研究报告

一、可行性研究重要性

项目建议书经过审定批准后，对选定的项目就要开始进行认真的准备工作，提出项目可行性研究报告，为项目评估与决策奠定基础。

可行性研究是对拟建项目在工程技术、经济及社会、环境保护等方面的可行性和合理性进行的研究。具体地说，项目可行性研究是对拟议中的若干项目实施备选方案，组织有关专家从市场营销、技术、组织管理、社会及环境影响、财务、经济等方面进行调查研究，分析各方案是否可行，并对它们进行比较，从中选出最优方案的全部分析研究活动。

食品工厂建设项目的可行性研究是一项复杂细致的工作，它需要搜集大量有关资料进行科学的分析和论证。花费的时间比较长，一般需要半年到一年甚至两年。所需时间长短与项目规模的大小、项目的性质及内容的复杂程度、项目分析人员的经验与能力、项目单位及项目区现有的文化水平及经营管理水平等因素有关。

项目可行性研究和评估的结论关系到项目的投资决策，又是项目上马以后实施过程中进行管理工作的重要指导性文件和项目竣工时验收的主要依据。国家明确规定："各类项目都要做好可行性研究，所有投资都要讲求效益"。这充分表明了项目可行性研究工作的重要性。

二、可行性研究工作程序

可行性研究的内容涉及面很广，既有工程技术问题，又有经济财务问题，在进行可行性研究时，一般应有工业经济、市场分析、工业管理、工艺、设备、土建和财务等方面的人员参加。可行性研究的工作程序可分为以下五个步骤。

1. 筹划准备

建议书批准后，项目单位即可筹划准备进行项目可行性研究。其方式有两种：一种是采用竞争招标方式，将可行性研究工作委托给有能力的专门咨询设计单位，双方签订合同，由专门的咨询设计单位承包可行性研究任务；另一种是由项目单位组织有关专家参加的项目可行性研究小组进行此项工作。

承担可行性研究的单位或专家组，应获得项目建议书和有关资料、批示文件，了解项目单位的意图和要求，制订详细的工作计划，以便着手从事项目研究工作。应根据投资方对项目承担单位的要求和有关项目审批部门的工作计划进行可行性研究工作，收集有关项目的各种资料，如此类项目建设的政策，项目地区的历史、文化、风俗习惯、自然资源条件、社会经济状况，国内外市场相关项目技术经济指标和信息，项目直接参与者和受益者对项目的要求，项目开展条件等。收集资料的方式要保证以客观实际为基础，注重调查研究，访问项目参加者和受益者，查阅各种统计会计资料、技术档案资料，力求掌握资料详细、全面、客观、准确。

2. 调查研究

在收集资料和各种数据的基础上，应按照项目可行性研究所要求的内容进行科学的分类整理、计算加工、分析研究，结合项目的具体情况，对项目建设涉及的技术方案、产品方案、组织管理、社会条件、市场条件、实施进度、资金测算、财务效益、经济效益、社会生态效益等各方面进行可行性论证。同时，还应设计几套可供选择的方案，进行比较分析，筛选出最优的可行性方案，形成可行性研究的结论性意见。

3. 优化和选择方案

这是可行性研究的一个主要步骤，要把前阶段每一项调查研究的各个不同方面的内容进行组合，设计出几种可供选择的方案，决定选择方案的重大原则问题和选择标准，并经过多方案的分析和比较，推荐最佳方案。对推荐方案进行评价，对放弃的方案说明理由。对一些方案选择的重大原则问题，要与委托者进行深入的讨论。经过分析研究，要说明所选方案在设计和施工方面是可以顺利实现的，在财务、经济上是有利的，是令人满意的一个方案。为检验建设项目的效果和风险，还要进行敏感性分析，说明成本、价格、销售量、建设工期等不确定因素变化时，对企业收益率所产生的影响。

4. 编写可行性研究报告

承担可行性研究任务的单位或专家组应根据分析研究所得的结论性意见，对项目是否可行编制出规范的可行性研究报告，委托或组织该项研究的项目单位，由项目单位再上报，以便进一步进行项目评估。

5. 资金筹措

筹措资金的可能性，在可行性研究之前就应有一个初步的估计，这也是财务经济分析的基本条件。如果资金来源得不到保证，可行性研究也就没有多大意义。在这一步骤中，应对建设项目资金来源的不同方案进行分析比较，最后对拟建项目的实施计划做出决定。

三、可行性研究主要内容

项目可行性研究涉及项目建设的方方面面，但一般地说，主要从市场营销、技术、社会与生态环境影响、财务4个方面是否可行进行分析研究。可行性研究的内容，随行业不同有所差异，侧重点各有不同，但其基本内容是相同的，可行性研究一般要求具备以下主要内容。

1. 物资供应和市场营销方面

建厂首先要保证物资供应，其次产出品能否适销对路，决定着项目建设是否必要。因此，项目产品能否在有利价格条件下通畅地销售出去，在项目准备过程中要精心进行预测分析。

（1）从项目所需投入物的供给分析 项目所需投入物的供给分析要重点解决以下问题。

① 项目所需投入物的供给渠道和供应能力，能否保证项目所需。有无新的供应渠道，是当地供应，还是从外地采购。

② 物资供应方面的资金融通状况，项目要取得这些供应物资采用什么支付手段，有无支付能力，如何解决。

③ 是否能符合项目在质量、数量、价格、送货时间等方面的要求，如何保证项目有效执行。

④ 物资采购的具体安排及方式，公开的竞争性招标投标是否落实。

⑤ 项目建成投产后所需投入的原材料供应有无保证。

（2）从项目产品的销售分析 销售分析主要从以下几方面着手。

① 项目产品需求量的分析，其核心问题是确定在确保有利价格的前提下的有效需求量。分析中应同时考虑项目产品的市场竞争状况以及项目产品替代物的市场状况。

② 项目产品的销售市场在哪里，市场吸收能力有多大。全部项目产品进入某市场，会不会引起价格变化，变化程度有多大，项目在新价格条件下的赢利能力如何。

③ 项目产品数量和规格、花色、品种、款式、质量等与市场需求是否相符。

④ 项目产品的市场占有率及其发展前景，其左右市场的能力有多大。

⑤ 项目产品的储藏、加工和保鲜问题是否得到合理解决，是否需要另立加工项目。

⑥ 项目产品是供国内消费还是供出口使用，出口渠道是否畅通、落实。

⑦ 政府对产品销售尤其是一些名优土特产在价格、信贷、税收、补贴等方面有什么样的优惠政策。

2. 技术方面

任何一个项目都必须有技术设计，要根据项目目标，对于项目的规模、地点、时间安排、技术措施、资源需求等做出计划。它涉及项目的人力、物力、财力、科技等资源的投入和项目的产出，是进行其他方面分析的起点。

（1）食品加工项目在技术方面的主要问题

① 项目规模　最经济合理的规模应该多大，工厂占地面积和原料基地区域有多少等。

② 项目具体的地点和布局　这些地点的自然条件（包括地形、地貌、植被、土地土壤、水源、种养习惯、耕作制度等）、交通条件、资源条件（包括植物、动物、矿产、水等资源）以及它们与项目的关系。

③ 地质情况　地质结构、利用情况、开发潜力、水土保持情况、土地坡度及植被等。

④ 水源情况　天然供水（包括降雨量、地下水及分布）、人工供水（包括自来水工程及排水工程）、水源水质的情况。

⑤ 农业生产现状　种植的作物种类、产量，饲养牲畜种类及产量，农林牧副渔生产发展情况。

⑥ 技术保障　加工技术来源、技术的可靠性与先进性、技术开发能力、技术保障措施。

⑦ 技术方案　工艺、设备、建筑、交通运输、节能节水、环境保护等技术方案以及是否合理可行等。

（2）在进行以上技术方面的分析过程中要注意以下3个方面。

① 目标明确，围绕着项目目标进行。如果从纯技术角度分析某项技术可行，但不利于甚至危害项目目标的实现，从项目角度考虑，该项技术仍然是不可行的。

② 项目采用的关键技术不仅应具先进性，而且要求技术成熟适用，符合投资控制、成本控制的要求，能够保证技术的顺利实施。

③ 要有不同的可供选择的方案进行对比分析。技术上最好的方案不一定经济上最好，所以只有把可供选择的技术方案成本效益加以比较后，才能确定哪个最好。

3. 社会与生态环境影响方面

社会可行性分析应重点考虑的问题有以下几个方面。

（1）是否有利于提高农民的收入水平，缩小贫富之间的差别。食品加工业与农业有着最紧密的联系，是农业产业链中的关键环节。国家大力提倡的农业产业化发展道路就是希望通过加工业的发展带动农业的发展、农民的增收。

（2）是否能有效地创造就业机会。食品工业是劳动密集型行业，在我国从业人数众多，对社会起到了极大的稳定作用。项目在考虑通过技术进步提高劳动生产率的同时，还要尽量考虑提供更多的劳动岗位，创造就业机会等。

（3）是否能够提高人们的生活质量。从营养、食品安全与卫生的角度看，是否能够有效提供优质产品的供应；从方便性考虑，是否能减轻家庭劳动负担，是否具有旅游、野外、军备等适用性。

（4）是否能改善生态环境，促进经济可持续发展。食品加工项目，有可能会减少作坊式生产给环境造成的污染及无组织、不规范的农业生产方式给生态带来的破坏，有利于环境保护。

4. 财务方面

任何一个食品项目的开展，投资者首先而且最普遍关心的问题是有没有足够的资金来保证完成项目，并能够保证以后继续经营和保持这个项目；这个项目能给投资者带来多大的经济利益。在投资者的事业处于起步和发展阶段，经济实力还不够强时，财务问题就显得更为突出和重要。这种从项目投资者的立场出发，围绕着参加者们的利益而进行的项目效益分析，称为财务分析。

在财务分析中，要为所有投资者分别编制财务预算，并判定项目对投资者的投资能否带来合理的收益，对他们有无足够的刺激作用，项目有无足够的周转资金来满足项目业务开展的要求，项目偿还债务的能力如何，等等。具体分析应考虑以下几方面。

（1）分析投资估算与资金筹措的方式　企业资金的投入，是项目建设的必备条件。分析项目建设与各生产年份需要多少资金，资金的主要用途，资金的筹措方式和可能性。对银行贷款需要做进一步的分析。

① 贷款的种类　包括生产设备性贷款、长年生产费用贷款、营运费用的季节性短期贷款等。

② 贷款数量　业主自有投资占多大比重，贷款占多大比重，金额多少。

③ 贷款优惠条件　宽缓期的规定、利率的高低、偿还办法及期限等。

④ 贷款回收期及还贷能力是否符合贷款银行的要求等。

（2）分析项目对受益者在财务上所产生的影响　估算项目建设期和生产期的收入和支出、财务赢利能力和项目的经济风险性等。项目的赢利能力应达到行业的标准收益率，如果赢利能力不强，经营风险比较大，则项目对投资者来说经济意义就不大了。

（3）分析项目对国家财政的影响　项目新增加的产出能否给政府带来新的税收或出口外汇收入。如果项目的投资来自国外组织的捐赠或贷款，而营运维修费由国内筹资，这对国家财政会产生何种影响。

总而言之，财务分析是站在项目投资者这个微观经济单位的立场上，分析考虑项目是否能盈利，不能给投资者带来切身利益尤其是经济利益的项目，是没有生命力的。

第四节　项目评估

一、项目评估与可行性研究的关系

项目评估与项目可行性研究有着密切的关系。项目可行性研究是项目评估的基础，没有项目可行性研究，就没有项目评估；不经过项目评估，项目的可行性研究也不能最后成立，二者是紧密相连的。项目评估与可行性研究的相同点在于下述几个方面。

1．二者的相同点

（1）二者的目的相同　都是为了减少项目投资决策的失误，提高有限资源的利用效果，提高投资的效益。

（2）二者的理论基础、评价分析的内容和要求、使用的基本方法相一致。

（3）二者的工作性质相同都是项目投资决策前期的工作，为项目投资决策提供经济依据。

2．二者的不同点

项目评估和项目可行性研究又是两个不同的概念。它们的不同点在于下述几个方面。

（1）发生的时间不同　可行性研究作为项目准备的核心内容，发生在先，而项目评估是在可行性研究的基础上进行的。项目评估的对象是项目可行性研究报告，可以说项目评估是项目可行性研究工作的延续。

（2）内容详简程度不同　项目可行性研究内容全面细致，而项目评估是在项目准备的基础上有所侧重地进行评价，通常要对项目的技术、组织、财务、经济四大方面做重点审查评估。

（3）需要的时间不同　由于可行性研究内容全面、细致，构成项目准备的核心内容，所费时间较长，一般要花半年到一年的时间，有的甚至花两年时间。而项目评估工作，如果准备工作做得好的话，则可以较快完成，一般 3～4 周进行实地考察，再用 1～2 个月进行分析并完成项目评估报告。

（4）从事工作的单位不同　项目可行性研究多数由项目单位委托设计部门或技术部门进行，较多地受项目单位的制约影响。有的项目可行性研究较多地偏重技术及财务效益，这也是由于可行性研究工作者站在各自的立场上从事工作而产生的。项目评估则是由决策机关或向项目提供贷款的金融机构委托有关专家组进行，它较少地受项目单位的影响，而是站在投资方的立场上审查项目的经济效益，对于大型的政府投资项目来说，对国民经济效益的分析将是其中的一个重点。

（5）决策意义不同　项目评估对项目可行性研究工作的质量和项目可行性研究报告的可靠程度要做出评价，提出修改意见或要求重新进行项目可行性研究，有的评估机构还具有某种决策的权力。可以说，项目评估比项目可行性研究更接近于决策，更具有权威性。

二、项目评估内容

1. 项目必要性的评估

这是项目评估首先要解决的问题，应认真审查项目可行性研究报告关于项目必要性的论证，并着重调查研究和评估以下内容。

（1）项目是否符合国家经济发展的总目标、食品工业发展规划和产业政策，是否有利于增强农村地区经济活力，促进农业可持续发展，项目在这方面起什么样的作用。

（2）项目是否有利于合理配置和有效利用资源，并改善生态环境。

（3）项目产品是否适销对路，是否符合市场的需求，是否有发展前途。对于食品加工项目建设项目来说，项目产品是否有市场前景，是项目有无建设必要的前提条件。项目产品无市场，项目建设则无必要。否则，劳民伤财，造成社会资源浪费。

（4）项目投资的总体效益如何，尤其要看项目建设能否解决"三农"问题和给整个国民经济带来好的效益，从而判定项目投资建设的必要性。

2. 项目建设条件的评估

任何食品加工项目都是在特定的条件下进行的，它决定了项目实施是否可能。一个理论上分析研究认为很好的项目，如果所要求的条件不具备，项目仍然很难成功。因此，在评估中要重视项目条件的研究评价，主要内容有以下几个。

（1）资源条件评估　重点评价项目所需资源是否落实，是否适合项目要求，有无利用条件和价值。

（2）项目所需投入供应条件评估　重点检查评价项目建设所需的原材料、燃料、动力资源等能否有条件保质保量按项目要求及时供应，供应渠道是否通畅，采购方案是否可行。

（3）项目产品销售条件评估　这是保证项目效益实现的重要内容。要重点评价主要产品生产地的布局是否合理，产品的销路如何，市场、交通、运输、储藏、加工等各方面条件是否适应项目要求。

（4）科学技术条件评估　重点评价科技基础设施及科技人员力量的条件如何，生产工人和原料产地农民文化程度，能否适应项目所采用的新工艺、新技术、新设备使用方面的要求，有何改善此种条件的措施。

（5）政策环境条件评估　重点评价国家对加工项目内容有什么特殊优惠政策，项目开展有无良好的政策环境条件。

（6）组织管理条件评估　重点评估项目组织管理机构是否健全、是否合理高效；项目组织方式是否合适；科技培训及推广措施是否落实；是否能为项目的顺利实施提供良好的组织管理条件。

3. 建设方案的评估

建设方案是一个食品加工项目设计中的主要内容。建设方案涉及项目的规模及布局、产品结构、技术方案、工程设计以及时序安排。主要要重评估以下内容。

（1）项目规模及布局评估　重点评价项目建设的格局及范围大小，布局的地域范围及合理性，农户数量，项目规模与项目具备的资源条件、技术条件等各种条件是否相适应。

（2）产品结构评估　重点评价项目的产品结构和生产结构是否合理，是否符合产业政策，是否有利于增强农村经济发展的综合生产能力。

（3）技术方案评估　科学技术是现代经济开发项目的重要内容。要克服只重视资金物资投入，而忽视科学技术、智力开发的倾向。要实行资金、科学技术、物资、信息和人才的配套投入。所以在评估过程中要重视科学技术的评估，重点评价项目技术方案所采用的工艺、技术、设备是否经济合理，是否符合国家的技术发展政策，是否有利于提高产品质量和生产效率，是否能节能并取得好的效益，是否符合当地实际情况。

（4）工程设计评估　重点是根据项目的要求，审查工程设计的种类、数量、规格标准，进行不同设计方案的比较，做出设计合理性的鉴定。

（5）时序评估　这是保证项目在规定起止时间内有条不紊地按计划执行的重要措施，是项目建设方案中又一重要内容。重点应评估项目周期各阶段在时序上安排是否合理；项目的资金投入、物资设备采购及投放是否安排就绪，符合项目时间要求；项目实施的时间进度是否科学合理，达到最佳时间安排。

4. 项目投资效益的评估

投资效益评估是项目评估的核心内容，以上的许多评估内容也都是为了保证项目有好的效益，围绕着效益这一核心内容来进行的。项目投资效益评估主要着重以下方面。

（1）基本经济数据的鉴定　这是效益评估的基本依据，一定要经过鉴定，确定其科学合理程度，如各项投入成本的估算，项目效益的估算，基本经济参数，如贴现率、影子汇率、影子工资等的确定是否科学合理。

（2）财务效益评估　重点评价项目建设给项目投资者带来的利益大小。项目单位财务投资利润率、贷款偿还期、投资回收期、净现值及财务内部报酬率等，都应进行计算分析，对参加项目的农户收入提高的状况也应进行计算，评估其是否达到要求。

（3）经济效益评估　重点评价项目建设对整个国民经济带来的利益大小，如有限资源是否得到了合理有效的利用，经济净现值、经济内部报酬率是否达到要求。

（4）社会生态效益评估　食品加工项目与农业生产紧密相连，既要注意各种农业资源的开发利用，又要特别注意生态效益。因此，必须结合具体项目的目标和内容，选择适当的指标（如就业效果、地区开发程度、森林覆盖率、水土保持等指标）进行分析评价。

（5）不确定性及风险分析评价　食品加工项目受自然及社会的制约，涉及不确定性因素较多，具有一定的风险性，项目投资的效益不稳定。究竟一个项目可行与否，在评估中应注意项目的敏感性分析。各种不确定性因素发生变化后项目的财务效益和经济效益相应会发生什么变化，变化的程度有多大，项目单位以及涉及的农户有无承受力，都应做出分析判断，尽量选择风险性小的项目。

5. 对有关政策和管理体制的评估

评估中在完成以上分析评价的同时，会涉及有关的政策和体制问题。食品工业是国家的支柱产业，对农业具有很大的带动作用，因此有相应的扶持政策。食品加工项目如何利用这些政策，还应做什么修改和补充，应做出评估并提出建议，以利项目的顺利进行。

6. 评估结论

在完成以上评估内容后，要综合各种主要问题做出项目总评估，并提出结论性意见。主要内容如下。

① 项目是否必要。

② 项目所需条件是否具备。

③ 项目建设方案是否科学合理。

④ 项目投资是否落实，效益是否良好，风险程度有多大。

⑤ 项目开展应有什么政策措施。

⑥ 评估结论性意见　明确表明同意立项；或不同意立项；或可行性研究报告及项目方案需作修改或重新设计；或建议推迟立项，待条件成熟后再重新立项。

项目评估工作结束，应做出《项目评估报告》。

第五节　设计任务书

设计计划任务书简称计划任务书或设计任务书，是确定建设项目及其建设方案，包括建设规模、建设依据、建设布局和建设进度的重要文件，是编制工程设计文件的主要依据。设计任务书是在对可行性研究报告中最佳方案做进一步的实施性研究，并在此基础上形成的制约建设项目全过程的指导性文件。建设项目经可行性研究，证明其建设是必要和可行的，则编制设计任务书。

编制设计任务书由建设单位委托专业设计单位、工程咨询单位来承担，也可以由建设单位主管部门组织专门人员来进行。

一、设计任务书内容

编制设计任务书的主要目的是根据可行性研究的结论，提出建设一个食品工厂的计划，它的内容大致如下。

（1）建厂理由　叙述原料供应、产品生产及市场销售三方面的市场状况。同时，说明建厂后对国民经济的作用，即调查研究的主要结论。

（2）建厂规模　说明项目产品的年产量、生产范围及发展远景。工厂建设是否分期进行，若分期建设，则应说明每期投产能力及最终生产能力。

（3）产品　包括产品品种、规格标准和各种产品的产量。

（4）生产方式　提出主要产品的生产方式，应说明这种方式在技术上是先进的、成熟的、有根据的，并对主要设备提出订货计划。

（5）工厂组成　新建厂包括哪些部门，有哪几个生产车间及辅助车间，有多少仓库，使用哪些交通运输工具。哪些半成品、辅助材料或包装材料是与其他单位协同解决的，以及工厂中人员的配备和来源状况等。

（6）工厂的总占地面积和地形图。

（7）工厂总的建筑面积和要求。

（8）公用设施　包括水、电、汽、通风、采暖及"三废"治理等方面的要求。

（9）交通运输　说明交通运输条件（是否有公路、码头、专用铁路），全年吞吐量，需要多少厂内外运输设备。

（10）投资估算　包括各方面的总投资。

（11）建厂进度　设计、施工由什么单位负责，何时完工、试产，何时正式投产。

（12）经济效果　设计任务书中经济效益应着重说明工厂建成后应达到的各项技术经济指标和投资利润率。技术经济指标包括：产量、原材料消耗、产品质量指标、生产每吨成品的水电汽耗量、生产成本和利润等。投资利润率表示工厂建成投产后每年所获得的利润与投资总额的比值。投资利润率越大，说明投资效果越好。

二、设计任务书的审批

（1）大中型项目的设计计划任务书，要按隶属关系，由国家有关主管部门或省、自治区、直辖市提出审查意见，报部级主管部门批准，其中有些重大项目，由部级主管部门报国务院批准，地方项目的设计计划任务书，凡产供销涉及全国平衡的项目，上报前要征求国家有关主管部门的意见。国务院直属及下放、直供项目的计划任务书，上报前要征求所在省、市、自治区的意见。有些产供销在省（区）内自行平衡的地方工业项目，部级主管部门也可以委托省、自治区、直辖市或主管部门审批。

（2）小型项目设计计划任务书的审批权限及具体审批办法，按国务院各部门、省、自治区、直辖市的规定执行。建设项目的设计计划任务书批准后，如果在建设规模、产品方案、建设地区、主管协作关系等方面有变动，以及突破投资控制数时，应经原批准机关同意。若有些项目建设条件比较简单，建设方案明确单一，也可在审批设计计划任务书以前，经国家主管部门或省、自治区、直辖市有关部门批准后，提前委托设计，做好设计准备。在项目列入建设计划以前，仍需要任务书的审批手续。

批准设计计划任务书，并不等于同意列入基本建设计划。建设项目能否列入计划，要根据各项条件和财力、物力的可能，进行综合平衡，在长期或年度计划中统一考虑，同意列入基本建设计划时，该项目就成立，并成立筹备建设单位。

第六节　初步设计或扩大初步设计

一、工厂设计的任务和要求

设计单位接受设计任务后，必须以已批准的可行性报告、设计任务书以及其他有关资料为依据。设计工作是在市场预测（包括建设规模）和厂址选择之后的一个工作环节。在市场、规模和厂址这几个因素中，市场和原料是项目存在的前提，也是建设规模的根据。而规模和厂址又是工厂设计的前提。只有当规模和厂址方案都确定了，才能进行工厂设计；工厂设计完成后，才能进行投资、成本的概算。

二、工厂设计内容

食品工厂的设计工作一般是在收集资料以后进行的。首先拟定设计方案，而后根据项目的大小和重要性，一般分为二阶段设计和三阶段设计两种。对于一般性的大、中型建设项目，采用二阶段设计，即扩大初步设计和施工图设计。对于重大的复杂项目或援外项目，采用三阶段设计，即初步设计、技术设计和施工图设计。小型项目有的也可指定只做施工图设计。目前，国内食品工厂设计项目，一般只做二阶段设计。

扩大初步设计简称扩初设计。所谓扩初设计，就是在设计范围内做详细全面的计算和安排，使之足以说明本食品厂的全貌，但图纸深度不深，还不能作为施工指导，而可供有关部门审批，这种深度的设计叫扩初设计。

1. 扩初设计的深度要求

（1）满足对专业设备和通用设备的订货要求，并对需要试验的设备，提出委托设计或试制的技术要求。

（2）主要建筑材料、安装材料（钢材、木材、水泥、大型管材、高中压阀门及贵重材料等）的估算数量和预安排。

（3）控制基本建设投资。

（4）征用土地。

（5）确定劳动指标。

（6）核定经济效益。

（7）设计审查。

（8）建设准备。

（9）满足编制施工图设计要求。

2. 扩初设计文件（或叫初步设计文件）的编制

根据扩初设计的深度要求，设计人员通过设计说明书、附件和总概算书三部分的形式，对食品工厂整个工程的全貌（如厂址、全厂面积、建筑形式、生产方法与方式、产品规格、设备选型、公用配套设施和投资总数等）做出轮廓性的定局，供有关上级部门审批。我们把扩初设计说明书、附件和总概算书总称为"扩初设计文件"。

扩初设计说明书中有按总平面、工艺、建筑等各部分分别进行叙述的内容；附件中包括图纸、设备表、材料表等内容；总概算书是将整个项目的所有工程费和其他费用汇总编写而成，下面以初步设计文件中工艺部分的内容为例加以说明。

（1）初步设计说明书的内容应根据食品工业的特点、工程的繁简条件和车间的多少分别进行编写。其内容如下。

① 概述　说明车间设计的生产规模、产品方案、生产方法、工艺流程的特点；论证其技术先进、经济合理和安全可靠；说明论证的根据和多方案比较的要求；说明车间组成、工作制度、年工作日、日工作小时、生产班数、连续或间歇生产情况等。

② 成品或半成品的主要技术规格或质量标准。

③ 生产流程简述　叙述物料经过工艺设备的顺序及生成物的去向，产品及原料的运输和储备方式；说明主要操作技术条件，如温度、压力、流量、配比等参数（如果是间歇操作，需说明一次操作的加料量、生产周期及时间）；说明易爆工序或设备的防护设施和操作要点。

④ 说明采用新技术的内容、效益及其试验鉴定经过。

⑤ 原料、辅助材料、中间产品的费用及主要技术规格或质量标准，单位产品的原材料、动力消耗指标（如水、电、汽等）与国内已达到的先进指标的比较说明。

⑥ 主要设备选择　主要设备的选型、数量和生产能力的计算，论证其技术先进性和经济合理。需引进设备的名称、数量及说明。

⑦ 物料平衡图、热能平衡图及说明。

⑧ 节能措施及效果。

⑨ 室外工艺管道有特殊要求的应加以说明。

⑩ 存在问题及解决办法意见。

（2）附件

① 设备表。

② 材料估算表。

③ 图纸　工艺流程图（标明原料、辅助材料、各种介质的流向和工艺参数等）；

设备布置图（标明平面、剖面布置）；项目内自行设计的关键设备草图。

（3）总概算书。

三、设计的分工与组织

1. 设计的准备工作

设计单位接受设计任务后，首先对与项目设计有关的资料进行分析研究，然后对其不足的部分资料，再进一步进行收集。

（1）到拟建项目现场收集资料　设计者到现场对有关资料进行核实，对不清楚的问题加以了解直至弄清为止。如：拟建食品工厂厂址的地形、地貌、地物情况，四周有否特殊的污染源，水源水质问题，等等。要与当地水、电、热、交通运输部门研究和了解对新建食品工厂的供应和对设计的要求。要了解当地的气候、水文、地质资料，同时向有关单位了解工厂所在地的发展方向，新厂与有关单位协作分工的情况和建筑加工的预算价格等。

（2）到同类工厂工程项目收集资料　到同类工程项目的食品工厂了解一些技术性、关键性问题，使设计水平不断提高。

（3）到政府有关部门收集资料　从政府有关部门收集国民经济发展规划、城市发展规划、环境保护执行标准、基础设施现状与规划资料等。

2. 扩初设计的审批权限

扩初设计完成后，将设计文件交有关部门审批。主管单位在审批设计文件时，往往要召集会议，组织有关单位，并邀请同类工厂有经验的人员参加，对设计提出意见和问题。设计单位应阐述设计意图，回答所有提出的问题，最后由上级主管部门加以归纳，并以文件的形式批发给各单位。若城市规划、质量技术监督、卫生监督、消防、环境保护等单位，认为设计不符合相关的规范和规定，可对设计提出否定意见，也可对设计的不合理部分提出修改意见。

设计文件经批准后，全厂总平面布置、主要工艺过程、主要设备、建筑面积、安全卫生措施、"三废"处理、总概算等需要做修改时，必须经过原设计文件批准部门同意。未经批准，不可更改。

四、施工图设计

在初步设计文件或扩初设计文件批准后，就要进行施工图设计。在施工图设计中只是对已批准的初步设计在深度上进一步深化，使设计更具体、更详细地达到施工指导的要求。所谓施工图，是一个技术语言。它用图纸的形式使施工者了解设计意图，使用什么材料和如何施工等。在施工图设计时，对已批准的初步设计，在图纸上应将所有尺寸都注写清楚，便于施工。而在初步设计或扩初设计中只注写主要尺寸，仅供上级审批。在施工图设计时，允许对已批准的初步设计中发现的问题做修正和补充，使设计更合理化。但对重大设施和主要设备等不能更改。若要更改调整时，必须经批准机关同意方可；在施工图设计时，应有设备和管道安装图、各种大样图和标准图等。例如食品工厂工艺设计的扩初设计图纸中没有管道安装图（管路透视图、管路平面图和管路支架等），而在施工图中就必不可少。在食品工厂工艺设计中的车间管道平面图、车间管道透视图及管道支架详图等都属工艺设计施工图。对于车间平面布置图，若无更改，则将图中所有尺寸注写清楚即可。在施工图设计中，不需另写施工图设计说明书，而一般将施工说明注写在有关的施工图上，所有文字必须简单明了。

食品工厂工艺设计人员不仅要完成工艺设计施工图，而且还要向有关设计工种提出各种数据和要求。施工图完成后，交付施工单位施工。设计人员需要向施工单位进行技术交底，对相互不了解的问题加以说明磋商。如施工图在施工有困难时，设计人员应与施工单位共同研究解决办法，必要时在施工图上做合理的修改。

三阶段设计中的初步设计近似于扩初设计，深度可稍浅一些。通过审批后再做技术设计。技术设计的深度往往较扩初设计深，特别一些技术复杂的工程，不仅要有详细的设计内容，还应包括计算公式和参数选择。施工图设计深度应满足以下要求：全部设备材料的订货和交货安排；各种非标设备的订货、制作和交货安排；能作为施工安装预算和施工组织设计的依据；控制施工安装质量，并根据施工说明要求进行验收。

第七节　施工、安装、试产、验收、交付生产

一、施工、安装

项目开工准备阶段的工作较多，主要工作包括申请列入固定资产投资计划及开展各项施工准备工作。这一阶段的工作质量，对保证项目顺利建设具有决定性作用。

（1）施工准备　施工准备工作包括：征地、拆迁；采用招标、承包方式选定施工单位；落实施工用水、电、路等外部协作条件；进行场地平整；组织大型、专用设备预安排和特殊材料订货；落实地方建筑材料的供应；准备必要的施工图。

这一阶段工作就绪，即可编制开工报告，申请正式开工。

（2）开工报告　开工报告由建设单位和施工单位共同提出并上报。其基本内容如下：初步设计的批准文件；场地四通一平情况；满足年度计划要求的投资和物资落实情况；施工图（包括施工图预算）和施工组织设计；建设资金落实文件；与施工单位或总承包单位签订施工合同；其他建设准备情况。

（3）施工阶段　无论是新建项目还是技改项目，工程施工均可分为两大部分，一是建筑工程的施工，二是安装工程的施工。按照建设程序，原则上是在建筑工程施工结束验收后才能进行安装工程的施工，但两者有相互联系，如设备基础的砌筑、管道的留孔埋件等均宜在建筑施工过程中配合进行。特殊情况下，也有安装工程施

工赶在土建工程未最后结束就进行的，但要注意因安装工程引起建筑装修上的损坏等，需由建筑施工单位进行最后修补工作。施工前设计单位要对施工图进行技术交底，施工单位要对施工图进行会审，明确质量要求。大、中型工程项目组织施工、安装时，设计单位一般都派有现场设计代表。施工单位要严格执行设计规定和施工及验收规范，确保工程质量。施工图在施工中出现困难时，施工单位无权更改图纸，应由设计人员与施工单位共同商讨，必须更改时，由设计单位出具设计变更联系单，对施工图做合理的修改和补充。整个施工过程中由有资质的项目管理公司或监理公司全程监管。

二、试产、验收、交付生产

（1）试产准备及试生产 建设单位在建设项目完成后，应及时组织专门班子或机构，抓好生产调试和生产准备工作，保证项目或工程建成后能及时投产。要经过负荷运转和生产调试，以期在正常情况下能够生产出合格产品。试产准备工作主要内容如下。

① 招收和培训必要的生产人员,组织生产人员参加设备安装、调试和工程验收,特别要掌握好生产技术和工艺流程。

② 落实原、辅材料以及燃料、水、电、汽等公用设施工程的协作配合条件。

③ 组织工具、器具、备品、备件的制造和订货。

④ 组织生产指挥管理机构，制定必要的管理制度，收集生产技术资料、产品样品等。试生产是衔接基本建设和生产的一个重要程序，通过试生产，可使项目尽快达到设计能力，保证项目建成后及时投产，充分发挥投资效果，及时组织验收。

（2）竣工验收阶段 这一阶段是项目建设实施过程的最后一个阶段，是考核项目建设成果，检验设计和施工质量的重要环节，也是建设项目能否由建设阶段顺利转入生产或使用阶段的一个重要阶段。

① 竣工验收的范围 根据国家规定,建设项目按照批准的设计文件所规定的内容全部建成，并符合验收标准，即生产运行合格，形成生产能力，能正常生产出合格产品；或项目符合设计要求能正常使用的。应按竣工验收报告规定的内容，及时组织竣工验收和投产使用，并办理固定资产移交手续和办理工程决算。

② 竣工验收报告的内容 设计文件规定的各项技术、经济指标经试生产初步考核的结论；全部工程竣工图；实际建设工期和建筑、安装工程质量评定结果；各项生产准备工作的落实状况；工程总投资决算；各项建设遗留问题及处理意见。

竣工项目验收交接后，应迅速办理固定资产交付使用的转账手续，加强固定资产的管理。

③ 后评价阶段 随着以建设为重点转移到以投资效益为重点,国家开始对一些重大建设项目在竣工验收若干年后，要进行后评价工作，并正式列为基本建设

的程序之一。这主要是为了总结项目建设成功和失败的经验教训，供以后项目决策借鉴。

项目后评价是对投资项目建成投产后或交付使用后的经济效益、社会效益、环境效益所进行的总体的综合评价。它一般在项目生产运营一段时间后（一般为2年）进行。

通过项目的后评价，既能考察项目在投产后的生产经营状况是否达到投资决策时确定的目标，又可以对项目投资建设全过程的经济效益、社会效益和环境影响进行总体和综合评价，并反映出项目在经营过程中存在的问题。因此，项目的后评价是项目建设程序中不可缺少的组成部分和重要环节。我国目前开展的建设项目后评价一般都按三个层次组织实施，即项目单位的自我评价、项目所在行业的评价和各级发展计划部门（或主要投资方）的评价。

第二章

食品工厂
厂址选择

食品工厂的建设必须根据拟建设项目的性质对建厂地区及地址的相关条件进行实地考察和论证分析，最后确定食品工厂建设地点。食品工厂的建设条件是保证工厂建设和生产经营顺利进行的必要条件，包括工厂本身的建设施工条件和工厂建成后交付使用的生产经营条件。工厂建设条件既包括工厂本身系统内部的条件，也包括与工厂建设有关的外部协作条件。工厂建设条件的重点是工厂建设的外部条件，包括工厂建设的资源条件、厂址条件和环境条件等。

厂址选择是在可行性研究的基础上进行的一项重要工作。厂址选择的好坏，直接影响到食品工厂建设的投资、建设进度、投产后的生产条件和经济效益以及生产卫生、职工劳作环境等各方面。在决定厂址选择方案时，应当在筹建部门的主持下，组织主管部门、土建部门、地质部门、环保部门等有关单位共同参加，经过对多个选址方案的认真充分研究论证、全面详细比较，从中选择优点最多的地点作为建厂地址。在选择厂址时应遵循厂址选择原则，而后进行技术勘查，最后写出厂址选择报告。

第一节　厂址选择概述

厂址选择，即建厂地理位置的合理选定。其根据国民经济建设、技术经济政策，结合资源情况和工业布局的要求确定，是落实工业生产力分布、实现建厂计划的重要环节。

厂址选择是指在适当的区域内选择建厂的地区，并从几个可供考虑的厂址方案中选择最优厂址方案的分析评价过程。厂址选择一般包含地点和场地选择两个概念。所谓地点选择就是对所建厂在某地区内的方位（即地理坐标）及其所处的自然环境状况，进行勘测调查、对比分析。所谓场地选择，就是对所建厂在某地点处的面积大小、场地外形及其潜藏的技术经济性，进行周密的调查、预测、对比分析，作为确定厂址的依据。

一、厂址选择原则

1. 主要原则

厂址选择应遵循的原则有下述几个方面。

（1）厂址的地区布局应符合区域发展规划、国土开发及管理的有关规定。食品工厂的厂址应设在当地的规划区内，以适应当地发展规划的统一布局，并尽量不占或少占良田，做到节约用地。所需土地可按基建要求分期分批征用。食品工厂应设在环境洁净，绿化条件好，水源清洁的区域。

（2）厂区的自然条件要符合建设要求。厂区应通风、日照良好、空气清新、地势高且干燥、排水方便，所选厂址附近应有良好的卫生环境，没有有害气体、放射源、粉尘和其他扩散性的污染源（包括污水、传染病医院等），特别是在上风向地区的工矿企业，更要注意它们对食品厂生产有无危害。厂址不应选在受污染河流的下游，要远离可能或者潜在污染的加工厂。还应尽量避免在文物、风景区和机场附近建厂，并避免高压线、国防专用线穿越厂区。所选厂址要有可靠的地质条件，应避开地震断层和基本烈度高于九度地震区。应避免将工厂设在流沙、淤泥、土崩断裂层上，在矿藏地表处不应建厂。厂址应有一定的地耐力，一般要求不低于 $2 \times 10^5 N/m^2$。建筑冷库的地方，地下水位不能过高。厂区应地面平坦而又有一定坡度、土质坚实。厂区的标高应高于当地历史最高洪水位0.5m以上，特别是主厂房及仓库的标高更应高出当地历史最高洪水位。厂区自然排水坡度最好在4/1000～8/1000之间。建筑冷库的地方，地下水位更不能过高。

（3）厂址选择应根据原料、市场、能源、技术、劳动力等生产要素的限度区位来综合分析确定。食品工厂一般建在原料产地附近的大中城市郊区，个别产品为有利于销售也可设在市区。这不仅可获得足够数量和质量的原料，有利于加强食品企业对农村原料基地生产的指导和联系，而且还可以减少运输费用。选择农业基础较好的地区建设食品工厂，工厂的原料供应充足，可有利于工厂以后的经营和发展，降低生产成本。

（4）要考虑各种其他资源供应情况，如水、电、汽、煤等应能保证供应。

（5）所选厂址附近不仅要有充足的水源，而且水质要好。水质必须符合生活饮用水水质标准。水源、水质是食品工厂选择厂址的重要条件，特别是饮料厂和酿造厂，对水质要求更高。废水经处理后排放。

（6）厂址选择要考虑交通运输和通信设施等条件。综合考虑交通运输和通信设施等条件以利于工厂货运，降低物流费用。若需要新建公路或专用铁路时，应选最短距离为好，以减少投资。

（7）厂址周围应有较好的生活服务设施，如住房、商业网点、学校、公共交通、医疗机构等。

（8）要注意保护环境和生态平衡，注意保护自然风景区、名胜古迹和历史文物。

2. 厂址选择原则举例

（1）罐头食品厂厂址的选择原则

① 原料　厂址要靠近原料基地，原料的数量和质量要满足建厂要求。关于"靠近"的尺度，厂址离鲜活农副产品收购地的距离宜控制在汽车运输 2h 路程之内。

② 周围环境　厂区周围应具有良好的卫生环境。厂区附近不得有有害气体、粉尘和其他扩散性的污染源，厂址不应设在受污染河流的下游和传染病医院近旁。

③ 地势　地势应基本平坦，厂区标高应高出通常最高洪水水位，且能保障排水顺利。

④ 劳动力来源　季节产品的生产需要大量的季节工，厂址应靠近城镇或居民集中点。

（2）饮料厂厂址选择原则

① 符合国家方针政策、行业布局、地方规划等。

② 要有充足可靠的水源，水质应符合国家《生活饮用水卫生标准》。天然矿泉水应设置于水源地或由水源地以管路接引原料水之地点，其水源应符合《饮用天然矿泉水》之国家标准，并得到地矿、食品工业、卫生等部门的鉴定认可。

③ 要有良好的卫生环境，厂区周围不得有有害气体、粉尘和其他扩散性污染源，不受其他烟尘及污染源影响（包括传染病源区、污染严重的河流下游）。

④ 要有良好的工程地质、地形和水文条件，地下避免流沙、断层、溶洞；要高于最高洪水位；地势宜平坦或略带倾斜，排水要畅。

⑤ 要有方便的交通运输条件。

⑥ 除了浓缩果汁厂、天然矿泉水厂处于原料基地之外，一般饮料厂由于成品量及容器用量大，占据的体积大，均宜建在城市或城市近郊。

二、厂址选择的工作程序和要求

1. 厂址区域的选择

选择建厂地区要考察的因素有自然方面的，也有社会方面的；有政治方面的，也有经济方面的。

（1）自然环境　自然环境包括气候条件和生态要求两个方面。

① 气候条件　在选择建厂地区时气候是一个重要因素。除了直接影响项目成本以外，对环境方面的影响也很重要。在厂址选择时，应注意气温、湿度、日照时间、风向、降水量等气候条件。

② 生态要求　有些食品厂可能本身并不对环境产生不利影响，但环境条件则可能严重影响着食品厂的正常运行。食品厂多数为农产品加工项目，明显依赖于使用的原材料，这些原材料可能由于其他因素（如被污染的水和土壤）而降低等级。有

的食品项目，用水量很大，而且对水质要求也很高，如果附近的工厂将废水排入河中，影响工厂水源的卫生质量，则该项目将受到严重损害。

（2）社会经济因素

① 国家政策的作用　政府从城市工业集中所造成的外部不经济性的角度考虑，要求国内工业分散布局。即使公共政策方面并未过分限制某一特定区域（地区）工业的增长，仍有必要了解有关选择建厂地区的政策知识，以适当地考虑可能获得的各种特许及鼓励政策，分析其能否满足建厂要求。

② 财政及法律问题　对各种建厂地区方案所涉及的财政、法律条例及程序应加以解释。了解项目所适用的税种及税率，同时还应了解新建工业项目所能得到的鼓励和优惠政策。

（3）基础设施条件

食品企业的正常运行对各种基础设施条件有很强的依赖性。

① 水资源和燃料动力　项目所需的用水量可以根据工厂生产能力及工艺确定。首先，必须确定供水的来源能否满足供应以及所要花费的成本。其次，对不同地区的水质，应就其不同用途进行分析和鉴定。电力供应是工业项目的重要制约因素。电力需要可以根据工厂生产能力确定，应对不同地区的电力供应能力和成本加以分析。对燃料的数量、质量、热量值以及化学组成（以确定排污量）、来源、与不同厂址的距离、运输设施以及在不同厂址之间的成本进行比较分析。

② 人力资源　对一个项目来说，能否聘用到管理人员及技术人员是一个极其重要的因素。在考虑各个建厂地区时应把人力资源考虑在内，大多数项目还包括培训规划，或是在工厂建设期间培训，或在工厂内部进行岗位培训。

③ 基础服务设施　对某些项目来说，应考虑到不同地区的可供土建工程、机械安装及工厂设备维修的设施。这在很大程度上取决于承包商及建筑材料的来源和质量。

④ 排放物及废物处理　工业项目产生的废物或排放物可能对环境造成重大影响，这些废物的处理及排放物的净化，对项目的社会经济及财务上的可行性来说，可能会成为一个关键因素。应特别考虑可供选择的建厂地区的排放物的排放范围及可能的处理方法。食品项目须考虑处理费用、泵及管道设施费用以及建设与维护排污场的费用等。

2. 厂址选择程序

在可能的情况下，尽可能确定几个备选方案，然后从自然条件、基建条件、生产条件、环境保护和成本费用等方面进行综合比较论证，从中选择一个最佳的厂址方案。

厂址选择工作程序一般分为三个阶段，即准备阶段、现场调查阶段和编制厂址选择报告阶段。

（1）准备阶段　由主管建厂的国家部门组织建设、设计（包括工艺、总图、给排水，供电、土建、技经分析等）、勘测（包括工程地质、水文地质、测量等）等单位有关人员组成选厂工作组。

① 根据项目建议书提出的产品方案和生产规模，确定工厂组成（包括主要生产车间、辅助车间和公共工程等各个组成部分），做出工艺、总平面方案，初步确定厂区外形和占地面积（估算）。

② 根据生产规模、生产工艺要求估算全厂职工人数，由此估算出工厂生活区的组成和占地面积。

③ 根据生产规模估算主要原辅材料及成品运输量（包括运入及运出量）。

④ "三废"排放量及其主要有害成分。

⑤ 预计今后的发展趋势，提出工厂发展设想。

⑥ 根据上述各方面的估计与设想，勾画出所选厂址的总平面简图并注明图中各部分的特点和要求，作为选择厂址的初步指标。根据这些指标拟定收集资料提纲，包括地理位置地形图、区域位置地形图、区域地质、气象、资源、水源、交通运输、排水、供热、供汽、供电、弱电及电信、施工条件、市政建设及厂址四邻情况等。

（2）现场调查阶段 首先，通过广泛深入的调查研究，取得现场建厂的客观条件，建厂的可能性和现实性。其次，通过调查核实准备阶段提出的建厂条件是否具备和收集资料齐全与否；最后，通过调查取得真实的直观形象，并确定是否需要进行勘测工作等。这阶段的工作主要有以下几点。

① 根据现场的地形和地质情况，研究厂区自然地形利用和改造的可能性，以及确定原有设施的利用、保留和拆除的可能性。

② 研究工厂组成部分在现场有几种设置方案及其优缺点。

③ 拟定交通运输干线的走向和厂区主要道路及其出入口的位置，选择并确定供水、供电、供汽、给排水管线的布局。

④ 调查厂区历史上洪水发生情况，地质情况及周围环境状况，工厂和居民的分布情况。

⑤ 了解该地区工厂的经济状况和发展规划情况。

现场调查是厂址选择工作中的重要环节，对厂址选择起着十分重要的作用，一定要做到细致深入。

（3）编制厂址选择报告阶段 分析、整理已采集的各种资料，比较、选择最佳厂址方案，呈送相关上级部门。厂址选择报告的内容大致如下。

① 概述 说明选址的目的与依据；说明选址的工作过程。

② 主要技术经济指标 全厂占地面积，包括生产区、生活区面积等；全厂建筑面积，包括生产区、生活区、行政管理区建筑面积；全厂职工计划总人数；用水量、水质要求；原材料、燃料用量；用电量；运输量；"三废"处理措施及其技术经济指标等。

③ 厂址条件 厂址的坐落地点，四周环境情况（厂址在地理图上的坐标、海拔高度、行政归属等）；地质与气象及其他有关自然条件资料（土壤类型、地质结构、

地下水位、全年气象、风速风向等）；厂区范围、征地面积、发展计划、施工时有关的土方工程及拆迁民房情况，并绘制1∶1000的地形图；原料、辅料的供应情况；水、电、燃料、交通运输及职工福利设施的供应和处理方式；给排水方案，水文资料，废水排放情况；供热、供电条件，建筑材料供应条件等。

④ 厂址方案比较　依据选择厂址的自然、技术经济条件，分析对比不同方案，尤其是对厂区一次性投资估算及生产中经济成本等综合分析，通过选择比较，确认某一个厂址是符合条件的。

⑤ 有关附件资料　各试选厂址总平面布置方案草图（比例1∶2000）；各试选厂址技术经济比较表及说明材料；各试选厂址地质勘探报告；水源地水文地质勘探报告；厂址环境资料及建厂对环境的影响报告；地震部门关于厂址地区地震烈度的鉴定书；各试选厂址地形图及厂址地理位置图（比例1∶50000）；各试选厂址气象资料；试选厂址的各类协议书，包括原辅料、材料、燃料、交通运输、公共设施等。

三、厂址选择的基本方法

1. 技术分析方法

厂址条件分析的基本内容与建厂地区分析基本一致。实践证明，厂址选择的优劣直接影响工程设计质量、建设进度、投资费用大小和投产后经营管理条件。对在选定的区域内的可能的厂址来说，应当分析下列需要和条件：厂址的生态条件（土壤、场地上的危险因素和气候等）；环境影响（限制、标准、准则）；社会经济条件（限制、鼓励、要求）；厂址所在地的基础设施；战略问题（有关将来可能的发展、供应和销售政策的战略）；土地费用。

这些因素的重要性，随着项目的性质，拟进行的土建工程种类，排污物的种类和工人人数而定。在一个区域内原材料的取得和供应，公用设施、运输方式和通信条件有着明显的差异。对此，需要进一步分析。

因此，我们要学习厂址选择的基本方法。厂址选择可采用的技术分析方法较多，在此介绍几种常用的方法。

（1）统计学法　所谓统计学法，就是把厂址的诸项条件（不论是自然条件还是技术经济条件）当作影响因素，把要比较的厂址编号，然后对每一厂号厂址的每一个影响因素，逐一比较其优缺点，并打上等级分值，最后把诸因素比较的等级分值进行统计，得出最佳厂号的选择结论。进行比较的内容详见表2-1～表2-3。

表2-1　厂址技术性方案比较表

序号	项目名称	1#			2#			3#		
		A	B	C	A	B	C	A	B	C
1	地理位置（靠近城镇）	—				—				—
2	面积、外形		—				—			—

序号	项目名称	1#			2#			3#		
		A	B	C	A	B	C	A	B	C
3	地势（海拔、坡度）		—			—				—
4	地质（地耐力=N/m², 地下水位）		—			—		—		
5	土方量（挖填平衡否）		—							—
6	建筑施工条件（方便、困难）	—			—					
7	建筑材料（就地取材、有协作）						—	—		
8	交通运输条件（陆地，水路）	—						—		
9	给水条件（有水源地？深井水？水质？）		—		—					
10	排水条件（有排放系统？污水站？）	—			—					
11	热电供应（充足？有协作关系？）	—			—					
12	环卫条件（邻近污染源？"三废"处理？）					—			—	
13	职工生活（有公共设施？自建生活区？）					—				
小计	以上单项累积数									
总计	技术性比较级差									
结论										

注：A表示优，B表示较优，C表示一般。

表2-2　厂址经济性方案比较表——基建费用

序号	项目名称	1#			2#			3#		
		A	B	C	A	B	C	A	B	C
1	铁路专用线费用（线路、桥梁、通洞）		—			—				
2	码头建筑费用			—			—	—		
3	公路建筑费用			—	—					
4	土地征用费用	—			—					—
5	土方工程费用（挖土、填方、夯土、运土）				—			—		
6	建筑材料费（钢筋、水泥、木石）	—			—			—		
7	建筑厂房及设备基础费用				—			—		
8	住宅及文化设施建筑费				—			—		
9	给水设施费用（水泵房、给水管线，水塔）				—					—
10	排水设备费用（排水管线、污水处理）				—			—		
11	供热设施（锅炉房、蒸汽管线）				—			—		
12	供电设施（变电器、配电设备、供电线路）		—			—			—	
13	临时建、构筑费用		—			—				—
小结	基建费用									

注：A表示优，B表示较优，C表示一般。

表2-3　厂址经济性方案比较表——经营费用

序号	项目名称	1#			2#			3#		
		A	B	C	A	B	C	A	B	C
1	运输费用（原料、材料、成品等）		—							
2	水耗量费用		—							
3	汽耗量费用							—		
4	电耗量费用				—					—
小计	经营费用									
结论										

注：A表示低费用等级，B表示中费用等级，C表示高费用等级。

（2）方案比较法　这种方法是通过对项目不同选址方案的投资费用和经营费用的对比，做出选址决定。它是一种偏重经济效益方面的厂址优选方法。

其基本步骤是先在建厂地区内选择几个厂址，列出可比较因素，进行初步分析比较后，从中选出两三个较为合适的厂址方案，再进行详细的调查、勘察，并分别计算出各方案的建设投资和经营费用。其中，建设投资和经营费用均为最低的方案为可取方案。

如果建设投资和经营费用不一致时，可用追加投资回收期的方法来计算（公式2-1）：

$$T = (K_2 - K_1) / (C_1 - C_2) \tag{2-1}$$

式中　T ——追加投资回收期；

　　　K_1、K_2 ——甲、乙两方案的投资额；

　　　C_1、C_2 ——甲、乙两方案的经营费用。

节约的经营费用（$C_1 - C_2$）来补偿多花费的投资费用（$K_2 - K_1$），需要多少年抵消完，即增加的投资要多少年才能透过经营费用的节约收回来。计算出追加投资回收期后，应与行业的标准投资回收期相比，如果小于标准投资回收期，说明增加投资的方案可取，否则不可取。

（3）评分优选法　这种方法可分三步进行，首先，在厂址方案比较表中列出主要判断因素；其次，将主要判断因素按其重要程度给予一定的比重因子和评价值；最后，如公式（2-2）所示，将各方案的所有比重因子与对应的评价值相乘，得出指标评价分，其中评价分最高者为最佳方案。采用这种方法的关键是确定比重因子和评价值。评分优选法法则如下。

① 综合考虑影响选址的各种因素，并在众多的因素中权衡各种因素，看哪一个更重要。

② 决策时需要将所有相关因素都列出，并根据各因素对企业决策的相对重要性加以权重分析。

③ 为每一个设定的因素规定出打分范围，并根据设定的范围为每个因素打分。

④ 将得分与权重相乘，以计算出每一个地址总得分情况。

⑤ 根据各个地址的得分结果，选取最高得分者作为最佳选择。

该法则优点为决策比较客观。

例如，某食品厂址选择有两个可供比较选择的方案。厂址选择时，首先确定方案比较的判断因素。接着，根据各方案的实际条件确定比重因子和指标评价值。指标评价值的确定，有的可根据经验判断，有的可根据已知数据计算出其中一个方案的指标值在总评价值中的比重。最后，再根据比重因子求出各方案每项指标的评价分和不同方案的评价分总和。

$$评价分=比重因子×评价值 \qquad (2-2)$$

（4）重心法　如果在生产成本中运输费用占很大比重，则常常采用重心法来选择厂址。它的基本思想是所选厂址可使主要原材料或货物总运量距离最小，从而使运输或销售成本降至最低。选择最佳的运输模式，以能够将货物从几个供应地发送到几个需求地，从而实现整个生产与运输成本的最低。此法特别适用于那些拥有很多供需网络的厂商，以帮助他们决策复杂的供求网络。要求首先求出一个初始可行解，然后一步步地深入，直到找出最优解。与线性规则法则相比，其优点是运输模型计算起来相对更为容易些。

例如建立销售中心时，大批货物需要经常运送到某几个地区，那么在选择地址时，就必须考虑如何使得总运量距离最小，从而降低运输成本并提高运输速度。同样，企业在建立原材料或成品仓库，在各大城市建立物流中心或配送中心时，选址也需要采用重心法，运用重心法选址主要包括以下几个步骤。

① 首先准备一张标有主要原材料供应基地（或货物主要运送目的地）位置的地图。地图必须精确并且满足比例。将一个直角坐标系重叠在地图上并确定各地点在坐标系中的相应位置，也就是确定它们的坐标。

② 确定新建工厂与现有各原材料供应基地的运输量。重心法的基本前提是假设运输到每个目的地的商品相对数量是基本固定的。

③ 求出其重心坐标。即计算选址位置坐标，使得新厂址与各原材料供应基地或货物目的地之间的总运量距离最小。

④ 选择重心所在位置为最佳厂址。重心计算公式如下

$$X' = \sum_{i=1}^{n} X_i Q_i \Big/ \sum_{i=1}^{n} Q_i \qquad (2-3)$$

$$Y' = \sum_{i=1}^{n} Y_i Q_i \Big/ \sum_{i=1}^{n} Q_i \qquad (2-4)$$

式中　X'，Y'——重心坐标值；

X_i，Y_i——第i个运送目的地或第i个材料供应基地坐标；

Q_i——送至第i个运送目的地或来自第i个原材料供应基地的货物数量；

n——运送目的地或原材料供应基地数目。

【例】一家处理危险垃圾的公司需要建立一个新处理中心，以降低其将垃圾从5个接收站运至处理中心的运输费用。把市中心作为原点，5个垃圾站的坐标和每日将向新处理中心运送垃圾的数量如表2-4所示。

表2-4　5个接收站位置和日送垃圾

接收站	坐标（X，Y）/km	每日送来垃圾量/t
A	（10，5）	26
B	（4，1）	9
C	（4，7）	25
D	（2，6）	30
E	（8，7）	40

解：根据计算公式（2-3）、（2-4）可计算5个接收站的重心坐标。

$$Y' = \sum_{i=1}^{n} Y_i Q_i \Bigg/ \sum_{i=1}^{n} Q_i$$

$$= \frac{5 \times 26 + 1 \times 9 + 7 \times 25 + 6 \times 30 + 7 \times 40}{26 + 9 + 25 + 30 + 40}$$

$$= 5.95$$

$$X' = \sum_{i=1}^{n} X_i Q_i \Bigg/ \sum_{i=1}^{n} Q_i$$

$$= \frac{10 \times 26 + 4 \times 9 + 4 \times 25 + 2 \times 30 + 8 \times 40}{26 + 9 + 25 + 30 + 40}$$

$$= 5.97$$

因此，新的处理在中心应该建在距离市中心X方向6000m，Y方向6000m的地方。

重心法要则如下。

① 属于一种数学分析方法。

② 将所有预选地址放在一个坐标中，坐标的原点和长度可根据预选地址之间的实际距离按照比例设定，并通过将货物送到各个地址所花费的各种费用，找出一个最佳的位置作为分配中心。

③ 找出一个最佳位置，而非从众多位置中选择一个相对较好的位置。

④ 运货数量与距离是选址决策的主参考因素。

2. 厂址的定性比选

（1）重要因素排除法　备选厂址所对应重要因素的建设条件凡不能满足国家

和地方有关法律法规及工程技术要求的，均不再参与比选。一些重要因素如下。

① 不符合国家产业布局和地方发展规划。

② 地震断裂带和抗震设防烈度高于九度的地震区。

③ 有海啸或湖涌危害的地区。

④ 有泥石流、滑坡、流沙、溶洞等直接危害的地段。

⑤ 采矿沉陷区界限内；爆破危险范围内。

⑥ 坝或堤决溃后可能淹没的地区；重要的供水水源卫生保护区。

⑦ 国家或地方规定的风景区和自然保护区；历史文物古迹保护区。

⑧ 国家划定的机场净空保护区域以及军事设施等规定有影响的范围内。

⑨ 很严重的自重湿陷性黄土场地或厚度大的新近堆积黄土等地质条件恶劣地区。

⑩ 具有开采价值的矿藏区（压煤问题）。

⑪ 全年主导风向（注意沿海选址，风频与风速）。

⑫ 卫生防护距离和安全防护距离（注意光气及光气化产品）。

⑬ 原料供应可靠性（如天然气）。

⑭ 公用工程供应可靠性（如水）。

⑮ 环境保护。

⑯ 交通运输。

⑰ 公众是否支持。

一个地方的主导风向，就是风吹来最多的方向，如无锡的主导风向是东南风，就是说从东南方向吹来的风最多。为了考虑主导风向对建筑总平面布置的影响，常将当地气象台（站）观测的风气象资料，绘制成风玫瑰图供设计使用。风玫瑰图有风向玫瑰图和风速玫瑰图两种，一般多用风向玫瑰图。图2-1所示为风向玫瑰图。

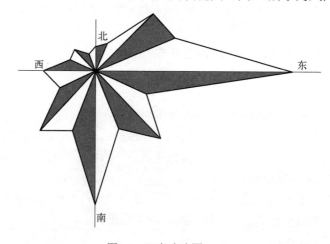

图2-1　风向玫瑰图

风向玫瑰图表示风向和风向频率。风向频率是在一定时间内各种风向出现的次数占所观测总次数的百分比。根据各方向风的出现频率，以相应的比例长度，以风向中心为中心描在8个或16个方位所表示的图线上，然后各相邻方向的端点用直线连接起来，绘成一个形似玫瑰花样的闭合折线，这就是风向玫瑰图，图中最长者即为当地的主导风向。在读玫瑰图时，它的风向是由外缘向中心，绝不是中心吹向外围。风速玫瑰图也是用类似于制作风向玫瑰图的方法绘制而成的，其不同点是在各方位的方向线上不是按风向频率比例取点，而是按平均风速（m/s）取点。

工厂或车间所散发的有害气体及微粒对厂区和邻近地区空气的污染，不但与风向频率有关，同时也受到风速的影响，如果一个地方在各个方位的风向频率差别不大，而风向平均速度相差很大时，就要综合考虑某一方向的风向、风速对其下风向地区污染的影响，其污染程度可用污染系数表示。

污染系数=风向频率/平均风速

上式表明：污染程度与风向频率成正比，与平均风速成反比。也就是说，某一方向的风向频率越大，其下风向受到污染的机会越多，而该方向的平均风速越大，其来自上风向的有害物质越快被风带走或扩散，下风向受到污染的程度就越小。因此，从污染系数来考虑食品工厂总平面布置，就应该将污染性大的车间或部门布置在污染系数最小的方位上。当然，从环境友好的角度考虑，要尽可能应用清洁生产的工艺，确保车间不产生有害气体及微粒。如表2-5和图2-1所示，若仅考虑风向，工厂应设在居住区东面（最小风频方向）；从污染系数考虑，应设在西北方向。

表2-5　各方向的风频和相对污染系数

风向	风频/%	风速/（m/s）	污染系数	相对污染系数/%
北	14	3	4.7	20.1
东北	8	3	2.7	11.5
东	7	3	2.3	10.1
东南	12	4	3.0	12.9
南	15	5	3.0	12.9
西南	16	6	2.8	12.2
西	15	6	2.5	10.8
西北	13	6	2.2	9.4
合计	100		23.2	100

（2）防护距离基本概念

① 安全防护距离　主要是指在发生火灾、爆炸、泄漏等安全事故时，防止和减少造成人员伤亡、中毒、邻近装置和财产破坏所需的最小的安全距离。

② 卫生防护距离　主要是指装置或设备等无组织排放源，或称面源（高于15m

的烟筒或排气筒为有组织排放，或称高架点源），排放污染物的有害影响从车间或工厂边界至居住区边界的最小距离。其主要作用就是为无组织排放的大气污染物提供一段稀释距离，使之到达居住区时的浓度符合大气环境质量标准的要求。

③ 大气环境防护距离 为保护人群健康，减少正常排放条件下大气污染物对居住区的环境影响，在项目厂界以外设置的环境防护距离。

④ 防火间距 防止着火建筑的辐射热在一定时间内引燃相邻建筑，且便于消防扑救的间隔距离。

3. 厂址比选结论

（1）总体评价 对备选厂址总体上进行评价。

（2）备选厂址主要优劣势 结合前雨的定性和定量比选，对各厂址的主要优劣势进行分析。

（3）厂址推荐意见 在全面分析、权衡各种因素的基础上，××厂址符合国家产业布局；符合地方发展规划；厂址开阔平整，不占用基本农田，搬迁费用较低，地质条件良好；环境容量较大；有较大的发展空间。因此本报告推荐××厂址。

四、厂址选择报告编制

根据上述方法对所选厂址进行分析比较，从中选出最适宜者作为定点，而后向有关上级部门呈报厂址选择报告。报告的内容大致如下。

① 厂址的坐落地点，四周环境情况。

② 地质及有关自然条件资料。

③ 厂区范围、征地面积、发展计划、施工时有关的土方工程及拆迁民房情况，并绘制1∶1000的地形图。

④ 原料供应情况。

⑤ 水、电、燃料、交通运输及职工福利设施的供应和处理方式。

⑥ "三废"排放情况。

⑦ 经济分析，对厂区一次性投资估算及生产中经济成本等综合分析。

⑧ 选择意见，通过选择比较，经济分析，认为哪一个厂址是符合条件的。

1. 厂址选择报告的基本内容

（1）概述

① 说明选厂的目的与依据。

② 说明选厂工作组成员及其工作过程。

③ 说明厂址选择方案并论述推荐方案的优缺点及报请上级机关考虑的建议。

（2）主要技术经济指标

① 全厂占地面积（m²），包括生产区、生活区面积等。

② 全厂建筑面积（m²），包括生产区、生活区、行政管理区建筑面积。

③ 全厂职工人数控制数。

④ 用水量（t/h或t/年）、水质要求。

⑤ 用电量（包括全厂生产设备及动力设备的定额总需要量）（kW）。

⑥ 原材料、燃料耗用量（t/年）。

⑦ 运输量（包括运入及运出量）（t/年）。

⑧ "三废"处理措施及其技术经济指标等。

（3）厂址条件

① 地理位置及厂址环境　说明厂址所在地在地理图上的坐标、海拔高度；行政归属及名称；厂址近邻距离与方位（包括城镇、河流、铁路、公路、工矿企业及公共设施等），并附上地理位置图及厂址地形测量图。

② 厂址场地外形　地势及面积说明、地势坡度及现场平整措施，附上总平面布置规划方案图。

③ 厂址地质与气象　说明土壤类型、地质结构、地下水位，以及厂址地区全年气象情况。

④ 土地征用及迁民情况　说明土地征用有关事项、居民迁居的措施等。

⑤ 交通运输条件　依据地区条件，提出公路、铁路、水路等可利用的运输方案及修建工程量。

⑥ 原材料、燃料情况　说明其产地、质量、价格及运输、贮存方式等。

⑦ 给排水方案　依据地区水文资料，提出对厂区给水取水方案及排水或污水处理排放的意见。

⑧ 供热供电条件　依据地区热电站能力及供给方式，提出所建厂必须采取的供热供电方式及协作关系问题。

⑨ 建筑材料供应条件　说明场地施工条件及建筑厂房的需要，提出建筑材料来源、价格及运输方式问题，尤其就地取材的协作关系等。

⑩ 环保工程及公共设施　说明厂址的卫生环境和投产后对地区环境的影响，提出"三废"处理与综合利用方案，以及地区公共福利和协作关系的可利用条件等。

（4）厂址方案比较　提出选择意见，通过比较分析，确定最佳厂址。概述各厂址自然地理、社会经济、自然环境、建厂条件及协作条件等。对各厂址方案技术条件、建设投资和年经营费用进行比较，并制作技术条件比较表、建设投资比较表（表2-6）和年经营费用比较表（表2-7）。

技术条件比较表包括的内容如下：通信条件；地点、地形、地貌特征；区域稳定情况及地震烈度；总平面布置条件（风向、日照）等；占地面积，目前使用情况和将来发展条件；场地特征及土石方工程量；场地、工程地质、水文条件及基地处理工程；水源及供水条件；交通运输条件；动力供应条件；排水工程条件；"三废"处理条件；附近企业对本厂（场）的影响；拆迁情况及工作量；与邻近企业的生产协作条件；与城市规划的关系，生活福利区的条件；原料、产品（进、出）的运距（运输条件）；安全防护条件；施工条件；资源利用与保护；其他可比的技术条件；

结论及存在问题。

表2-6　建设投资比较表

序号	项目名称	方案甲	方案乙	方案丙
1	场地开拓费			
2	交通运输			
3	给排水及防洪设施费			
4	供电、供热、供气工程费			
5	土建工程费			
6	抗震设施费			
7	通信工程费			
8	环境保护工程费			
9	生活福利设施费			
10	施工及临时建筑费			
11	协作及其他工程费用			
合计				

表2-7　年经营费用比较表

序号	项目名称	方案甲	方案乙	方案丙
1	原料、燃料成品等运输费用			
2	给水费用			
3	供电、供热、供气费用			
4	排污、排渣等排放费用			
5	通信费用			
6	其他			
7	合计			

2. 有关附件资料

（1）各试选厂址总平面布置方案草图（1∶2000）。

（2）各试选厂址技术经济比较表及说明材料。

（3）各试选厂址地质水文勘探报告。

（4）水源地水文地质勘探报告。

（5）厂址环境资料及建厂对环境的影响报告。

（6）地震部门对厂址地区地震烈度的鉴定书。

（7）各试选厂址地形图（1∶10000）及厂址地理位置图（1∶50000）。

（8）各试选厂址气象资料。

（9）各试选厂址的各类协议书，包括原料、材料、燃料、产品销售、交通运输、公共设施。

第二节　建厂条件评价

一、建厂所需条件

任何食品工厂项目的建设与实施，均离不开一定的资源、能源和原材料等条件。资源是指项目建设所需要的自然资源，一般是指土地、矿产、水资源、生物资源、海洋资源等天然存在的自然物，评价的重点在于考察资源的产量、质量、品位等是否具有开发利用价值，是否具备开发条件。能源是指能产生机械能、热能、光能、化学能及各种形式能量的自然资源和物质资料。原材料是指工业生产中所投入的包括未加工或加工的原料、经过加工的工业材料、制成品（如半成品等）、辅助材料等。食品工厂建设须根据不同项目类型的生产特点和不同生产规模的要求，分析研究各种资源、能源、原材料和其他投入的供应是否能落实，以及物资供应的运输和通信条件的保证程度和经济性。

二、原料供应条件评价

原材料包括各种原料、主要材料、辅助材料、半成品等。原材料中有的是未经加工的原材料，有的是经过加工的中间产品、辅助材料（如包装材料等）。原材料的供应状况是项目建成后能否正常稳定地发挥设计生产能力的决定性条件。原材料供应条件指投资项目在建设施工和建成投产后生产经营过程中所需的各种原材料的供应数量、质量、供应来源、运输距离、仓储设施等方面的条件。任何一个投资项目所需要的原材料必然是多种多样的，在实际工作中没有必要面面俱到，只需根据需要对项目关键性的、耗用量大的原材料进行分析评价。原材料供应条件评价应着重做以下工作。

1. 分析评价原材料供应数量能否满足项目生产能力的要求

工业项目如果没有长期稳定的原材料供应来源，则项目的设计生产能力的发挥将受到极大的影响。在项目评价分析中应根据项目的设计生产能力、选定的工艺技术及设备来估算项目所需的原材料的数量，并分析预测原材料在项目期内供应的稳定性及保证程度。

2. 分析评价原材料的质量是否符合项目生产工艺的要求

对项目所需主要原材料的名称、品种、规格、理化性状等质量方面的要求进行了解和分析，项目的生产工艺、产品质量及资源的综合利用在很大程度上取决于投入物品的质量和性能。在项目评价分析中，应注意分析原材料的各种加工性能和原材料的营养成分及其在加工过程中的变化等。

3. 分析评价原材料的价格是否合理

一般情况下，项目主要投入物品的价格是影响项目产品生产成本的关键因素，因而不仅应分析评价投入物品目前的价格，而且应分析投入物品未来时期的价格变化趋势，对未来的价格做出科学的预测，充分估计到原材料供应的弹性和互补性，为原材料的选择和替换提供依据。如果项目需使用进口的原材料，还必须注意人民币汇率、关税税率的现状及未来的变化趋势，人民币汇率和关税税率不但直接影响进口的原材料价格，而且会影响国内同类原材料的价格。

4. 分析评价原材料的运输费用是否合理

项目所需主要原材料的运输费用的高低，对项目产品生产的连续性、产品成本的高低及产品的质量都有影响。远距离运输不但会提高项目产品的生产成本，而且会造成某些种类原材料质量的变化。运输费用取决于项目所需原材料的运输距离和运输方式。为减少运输费用，降低项目产品成本，项目所需原材料应就地取材。对用量较多的原材料应着重考察能否就近满足供给。

5. 分析评价原材料的存储是否经济合理

为了减少存储费用，原材料的存储应适量。原材料的存储数量主要取决于原材料的周转量与周转期，一定时期内原材料的周转期越短，周转次数越多，需要的存储量就越小。可通过计算来确定项目原材料的存储定额。

6. 分析评价原材料的来源是否合理

项目所需原材料应主要从国内市场上获取，尤其是项目所需数量较多的原材料，更应立足国内市场。如果立足国际市场，依靠进口解决，可能会增加项目产品成本，项目将受到国际政治、经济形势的影响，项目的风险较大。

总之，评价原材料的供应条件的目的是选择适合项目要求的、来源稳定可靠的、价格经济合理的原材料作为项目的主要投入物，这样可以保证项目生产的连续性和稳定性。

三、水资源和劳动力供应条件评价

1. 水资源条件评价

一般项目用水量较大，用水范围广泛，在进行项目评估时首先应根据项目对水源、水质的要求，估算项目的用水量；然后结合项目所在地水资源的具体状况，分析评价水的供应量是否能够满足项目施工、生产需求，水的质量能否达到生产、生活用水标准，耗用水费对项目产品成本的影响等。目前在我国许多地方水资源比较缺乏，供水能力不足，属于相对稀缺资源，因此，必须对项目的供水条件进行认真的评估。供水条件评价从以下几个方面入手。

（1）根据国家有关规定，按照各行业及产品的用水定额核定项目的用水量，凡高于用水定额的应采取节水降耗措施，凡低于用水定额的应总结节水降耗的有效方法。

（2）拟建项目均应选用节水生产工艺、设备，项目节约用水的工程措施应与项目的主体工程同时设计、同时施工、同时投产。

（3）根据项目的特点选择节水措施，工业项目用水可采取循环用水，争取一水多用，对项目所产生的废水应进行处理并综合利用，提高工业用水利用率。同时减少跑、冒、滴、漏，将管网损失率控制在一定幅度以内。

（4）凡使用地下水的拟建项目，必须按照当地水资源管理机构的要求，有计划地开发利用地下水资源。

（5）坚持地表水和地下水结合使用的原则，珍惜水资源。

（6）使用城市自来水的项目，应取得项目所在地城市自来水公司的同意，并报请主管部门审核批准，还要在项目的总投资中增列相关的工程建设费用。

（7）项目所在地区水源的质量应符合环保及项目工艺的要求。如果水质不符合项目的要求，则需要考虑水处理设备投资。

（8）分析评价项目给排水设施投资的落实。根据有关规定，新建项目用水须缴纳给水工程建设费、排水设施有偿使用费、地下水开采补偿费等。

2. 劳动力供应条件评价

劳动力供应条件评价不仅涉及劳动力的数量、技能水平，还涵盖了劳动力的成本、稳定性以及未来的发展潜力等多个方面。

（1）劳动力数量与技能水平　评估项目所在地及周边地区的劳动力供应数量是否充足，能否满足工厂未来生产和运营的需求。这需要通过调研当地劳动力市场、就业统计数据以及相关部门的报告来获取准确信息。考察劳动力的技能水平是否符合工厂的生产工艺和技术要求。技能水平的高低直接影响生产效率和产品质量。因此，需要对当地劳动力的教育背景、职业培训情况以及专业技能进行评估。

（2）劳动力成本　劳动力成本是企业运营成本的重要组成部分。评估劳动力成本时，需要考虑当地的工资水平、福利待遇、社保缴纳标准等因素。同时，还需要比较不同地区的劳动力成本差异，以便企业做出更合理的选择。较低的劳动力成本有助于降低企业的运营成本，提高竞争力。

（3）劳动力稳定性　劳动力的稳定性对于企业的持续发展和生产运营至关重要。评估劳动力稳定性时，需要关注当地的就业环境、劳动法律法规的完善程度以及企业用工文化的建设情况。一个稳定的劳动力市场能够为企业提供可靠的劳动力资源，减少因员工流失带来的损失和成本。

（4）劳动力发展潜力　除了当前的劳动力供应条件外，还需要评估未来的劳动力发展潜力。这包括当地教育资源的投入情况、职业教育的发展状况以及劳动力的流动性等因素。一个具有良好发展潜力的劳动力市场能够为企业提供源源不断的高素质劳动力资源，支持企业的长期发展。

四、交通运输和通信条件评价

项目的运输条件分为厂外运输条件和厂内运输条件两个方面。

厂外运输涉及的因素包括地理环境、物资类型、运输量大小及运输距离等。根据这些因素合理地选择运输方式及运输设备，对铁路、公路和水运做多方案比较。

厂内运输主要涉及厂区布局、道路设计、载体类型、工艺要求等因素。如厂内运输合理适当，可使货物进出通畅，生产流转合理。对交通运输条件的分析和评价，重点应注意运输成本、运输方式的经济合理性、运输中各个环节（即装、运、卸、储等）的衔接性及运输能力等方面。

现代社会已经步入信息社会，企业要在激烈的市场竞争中处于不败之地就必须掌握大量的经济信息，同时，也要经常与客户、供应商保持密切联系，这就需要先进的通信设施为其服务。在分析评价时，应考察通信设施能否满足项目的需要。

五、外部协作配套条件和同步建设评价

外部协作配套条件是指与项目的建设和生产具有密切联系、互相制约的关联行业，如为项目生产提供半成品和包装物的上游企业和为其提供产品的下游企业的建设和运行情况。

同步建设是指项目建设、生产相关交通运输等方面的配套建设，特别是大型项目，应考虑配套项目的同步建设和所需要的相关投资。另外，铁路专用线的铺设、道桥和水运码头的建设等，这些外部条件都是项目建设和生产必不可少的，需要与项目同步建设，才能保证项目投产后正常运行。分析评估的主要内容如下。全面了解关联行业的供应能力、运输条件和技术力量，从而分析配套条件的保证程度；分析关联企业的产品质量、价格、运费及对项目产品质量和成本的影响；分析评价项目的上游企业、下游企业内部配套项目在建设进度上、生产技术上和生产能力上与拟建项目的同步建设问题。

六、环境影响评价

环境影响评价简称环评，英文缩写EIA，即environmental impact assessment，是指对规划和建设项目实施后可能造成的环境影响进行分析、预测和评估，提出预防或者减轻不良环境影响的对策和措施，进行跟踪监测的方法与制度。通俗地说就是分析项目建成投产后可能对环境产生的影响，并提出污染防治对策和措施。

食品项目环境影响评价是指对项目在建设和生产过程中对环境所造成的影响进行的分析评判。具体分析在项目建设和生产过程中是否产生污染物，产生何种污染物，治理措施是否恰当，污染消除程度是否符合国家环境保护法的有关要求。

对环境产生有害影响或向环境排放有害物质的场所、设备或装置,总称污染源。污染物分为气态、液态和固态几种形态，即通常所说的废气、废水、固体废弃物，

总称为"三废"。环境污染的对象可以是自然环境，也可以是社会环境，通常所说的环境污染是指由于人类的社会经济活动对自然界造成破坏，从而恶化人类生活环境的现象。按其性质可将污染物分为化学性、物理性和生物性3类。常遇到的化学性污染物有汞、镉、铬、砷、铅、氰化物等无机物，以及有机磷、有机氯、多氯联苯、酚、多环芳烃等有机物。常遇到的物理性污染有噪声、震动、核辐射、高温、低温等。常遇到的生物性污染物为有害微生物等。不同的污染物和污染源需要采取不同的治理措施。

环境保护是指采取行政、法律、经济、科学技术等多方面措施，合理地利用自然资源，防止环境污染和破坏，以求保持和发展生态平衡，扩大有用自然资源的再生产，保障人类社会发展。按照我国环境保护法的规定，在进行新建、改建和扩建工程等项目之前，必须进行严格的项目可行性研究并形成报告，其中必须提出反映项目环境效果的环境影响报告书，经过有关部门审查批准，才能进行项目的设计。对食品厂的环境影响评价一般有以下几方面。

1. **主要污染源和污染物**

食品厂对周围地区环境的影响包括对周围地区的地质、水文、气象等可能产生的影响，对周围地区的自然保护区、风景区、名胜古迹、温泉等文化设施等可能产生的影响，对周围地区大气、水、土壤和环境质量的影响，以及噪声、电磁波、震动等对周围生活区的影响等。食品工业项目也有可能成为环境的重要污染源。

食品工业项目对自然环境和生态平衡可能造成的破坏，主要来自以下3个方面：一是来自生产中投入的物料，例如有害或腐蚀性的投入物，在没有密封和安全设施的情况下，会污染自然环境；二是生产过程中产生的污染，如生产过程中产生的"三废"直接对空气、土壤、水质等自然环境产生污染等；三是来自项目的产出物，有些产出物对周围环境产生有害影响，有些产出物对生态产生不良影响。如某些食品添加剂在使用时若不遵守使用规则，将会对产品和环境产生不良影响。

2. **控制污染的方法与措施**

在分析评价时，应着重分析评价这些环保措施是否能达到环境保护的目的。具体步骤如下。

（1）在拟建食品工业项目可行性研究报告的附件中必须有环境影响评价报告书和各级环保部门的审查意见。

（2）全面分析项目对环境的影响，并提出治理对策。在分析产生污染的种类、可能污染的范围及程度的基础上，提出治理污染的可行的具体方法。特别是要提出控制生产过程污染的科学方案。

（3）保证、落实投入环保工程的资金。应贯彻环保工程与主体工程同时设计、同时施工、同时投产使用的方针，以达到控制环境污染和恶化的目的。

（4）分析评价治理后能否达到有关标准要求。项目在规划治理措施时，必须保证各种污染物的排放低于国家环保部门规定允许的最大排放量。

3. 环境影响评价结论

食品建设项目的性质、大小和所处的区域不同,对环境的影响也有很大的差异。编制报告书应根据项目的具体情况,略有侧重。环境影响评价报告书一般包括以下基本内容。

（1）建设项目的一般情况

① 建设项目名称、建设性质。

② 建设项目地点。

③ 建设项目规模（扩建项目应说明原有规模）。

④ 产品方案和主要工艺方法。

⑤ 主要原料、燃料、水的用量和来源。

⑥ 废水、废气、废渣、粉尘、放射性废物等的种类、排放量和排放方式。

⑦ 废弃物回收利用、综合利用以及污染物处理方案、设施和主要工艺原则等。

⑧ 职工人数和生活区布局。

⑨ 占地面积和土地利用状况。

⑩ 发展规划。

（2）建设项目周围地区的环境状况

① 建设项目的地理位置。

② 周边区域地形地貌和地质情况,江河湖海和水文情况,气象情况。

③ 周边区域矿藏、森林、草原、水产和野生植物等自然资源情况。

④ 周边区域的自然保护区、风景游览区、名胜古迹、温泉、疗养区以及重要的政治文化设施情况。

⑤ 周边区域现有工矿企业分布情况。

⑥ 周边区域的生活居住分布情况和人口密度、地方病等情况。

⑦ 周边区域大气、水的环境质量状况。

（3）建设项目对周围地区的影响分析与预测

① 对周边区域的地质、水文、气象可能产生的影响,防范和减少这种影响的措施,最终不可避免的影响。

② 对周边区域自然资源可能产生的影响,防范和减少这种影响的措施,最终不可避免的影响。

③ 对周边区域自然保护区等可能产生的影响,防范和减少这种影响的措施,最终不可避免的影响。

④ 各种污染物最终排放量,对周围大气、水、土壤的环境质量的影响范围和程度。

⑤ 噪声、震动等对周围生活居住区的影响范围和程度。

⑥ 绿化措施,包括防护地带的防护林和建设区域的绿化。

⑦ 专项环境保护措施的投资估算。

第三章

食品工厂
总平面设计

第一节　总平面设计的任务和内容

一、总平面设计的任务

总平面设计是食品工厂总体布置的平面设计，其任务是根据工厂建筑群的组成内容及使用功能要求，结合厂址条件及有关技术要求，协调研究建筑物、构筑物及各项设施之间空间和平面的相互关系，正确处理建筑物、交通运输、管路管线、绿化区域等布置问题，充分利用地形，节约场地，使所建工厂布局合理、协调一致，生产井然有序，并与四周建筑群形成相互协调的有机整体。

食品工厂总图设计的主体专业在我国各设计院中是总图与运输专业，通常是总图与运输专业的技术人员根据工厂规模、产品方案和工艺专业所提供的工艺流程、车间及工段的配置图，厂内外及车间、工序间的物料流量，运送方式等资料，综合厂址的地理环境、自然环境等条件，设计出符合国家现行有关规程、规范的总平面布置图。总平面布置图是用各建筑物、构筑物、工程管线、交通运输设施（铁路、道路、港口等）、绿化美化设施等的中心线、轴线或轮廓线作正投影图，并标注有定位的平面坐标及标高。主要考核指标包括厂区占地面积、建构筑物占地面积、建筑系数、道路铺砌面积、铁路铺轨长度、绿化占地率等，这些指标成为评价总平面布置图设计质量的基本参数。

一个优秀的食品工厂总图布置，应该是在满足建设项目生产规模的前提下，具有最简化和便捷的生产流程，能量消耗最少的物料和动力输送，最有效地利用建设场地及其空间，最节省的投资和运行费用，最安全和最满意的生产和工作环境。

工厂总平面设计是在选定厂址后进行的。正确合理地设计总平面，不仅使基建工程既省又快地完成，而且对投产后生产经营也提供了重要基础。

二、总平面设计的内容

现代食品工厂，不论其生产规模、产品结构及工艺技术等差异如何，总平面设计一般包括平面布置设计、竖向布置设计、运输设计、管线综合设计、绿化布置和环保设计等5项程序。

（1）平面布置设计　平面布置就是在用地范围内对规划的建筑物、构筑物及其他工程设施就其水平方向的相对位置和相互关系进行合理的布置。通过合理确定全厂建筑厂房、构筑物、道路、堆场、管路管线及绿化美化设施等在厂区平面上的相互位置，使其适应生产工艺流程的要求，方便生产管理的需要。

（2）竖向布置设计　平面布置设计不能反映厂区范围内各建筑物、构筑物之间在地形标高上配置的关系和状态，虽然这一点对于厂区地形平稳、标高基本一致的厂址总平面设计并不重要，但是对于厂区内地形变化较大，标高有显著差异的场合，仅有平面布置是不够的，还需要进行竖向布置并对布置方案进行较直观的铅直方向显示。竖向布置设计就是确定厂区建筑物、构筑物、道路、沟渠、管网的设计标高，使之相互协调并充分利用厂区自然地势地形，减少土石方挖填量，使运输方便和地面排水顺利。

（3）运输设计　食品工厂运输设计，首先要确定厂内外货物周转量，制订运输方案，选择适当的运输方式和货物的最佳搬运方法，统计出各种运输方式的运输量，计算出运输设备数量，选定和配备装卸机具，相应地确定为运输装卸机具服务的保养修理设施和建筑物、构筑物（如库房）等。对于同时有铁路、水路运输的工厂，还应分别按铁路、公路、水运等不同系统，制订运输组织调度系统。确定所需运输装卸人员，制定运输线路的平面布置和规划。分析厂内外输送量及厂内人流、物流组织管理问题，据此进行厂内输送系统的设计。

（4）管线综合设计　管线综合布置是根据工艺、水、汽（气）、电等各类工程线的专业特点，综合规定其地上或地下敷设的位置、占地宽度、标高及间距，使厂区管线之间，以及管线与建筑物、构筑物、铁路、道路及绿化设施之间，在平面和竖向上相互协调，既要满足施工、检修、安全等要求，又要贯彻经济和节约用地的原则。

（5）绿化布置和环保设计　绿化布置对食品厂来说，可以美化厂区、净化空气、调节气温、阻挡风沙、降低噪声、保护环境等，从而改善员工的劳动卫生条件。但绿化面积增大会增加建厂投资，所以绿化面积应该适当。绿化布置主要是绿化方式（包括美化）选择、绿化区布置等。食品工厂的四周，特别是在靠马路的一侧，应有一定宽度的树木组成防护林带，起阻挡风沙、净化空气、降低噪声的作用。种植的绿化树木花草，要经过严格选择，厂内不栽产生花絮、散发种子和特殊异味的树木花草，以免影响食品质量，一般来说选用常绿树较为适宜。

三、影响企业总平面布置的因素

总平面布置是一项政策性、系统性、综合性很强的设计工作。涉及的知识范围很广，遇到的矛盾也错综复杂，所以影响总平面布置的因素甚多，见表3-1。因此，总平面设计必须从全局出发、结合实际情况，进行系统的综合分析，经多方案的技术经济比较，择优选取，以便创造良好的工作和生产环境，提高投资经济效益和降低生产能耗。

表3-1 影响企业总平面布置的因素

方针政策	企业生产及使用功能	建设场地条件
1. 节约用地 2. 环境保护 3. 降低能耗 4. 综合利用	1. 生产工艺流程和使用功能要求 2. 企业预留发展和扩建要求 3. 生产管理和生活方便要求 4. 安全、卫生要求 5. 建筑艺术要求 6. 环境质量要求	1. 地形、地质、水文、气象等自然条件 2. 交通运输条件 3. 动力供应和给排水条件 4. 施工建设条件 5. 厂际协作条件 6. 城镇或工业区、居住区规划条件

四、总平面设计的基本原则

食品工厂尽管原料种类、产品性质、规模大小以及建设条件不同，但总平面设计都是按照一定的基本原则结合具体实际情况设计的。

1. 总平面设计要符合厂址所在地区的总体规划

特别是用地规划、工业区规划、居住规划、交通运输规划、电力系统规划、给排水工程规划等方面，要求了解拟建食品工厂的环境情况和外部条件，使总平面布置与其适应，使厂区、厂前区、生活居住区与城镇构成一个有机的整体。食品工厂总平面设计应按任务书要求进行布置，做到紧凑合理、节约用地，分期建设的工程应一次布置、分期建设，还必须为远期发展留有余地。

2. 总平面设计必须符合工厂生产工艺的要求

① 主车间、仓库等应按生产流程布置，并尽量缩短运输距离，避免物料往返。

② 全厂的货物、人员流动应有各自路线，力求避免交叉，合理加以组织安排。

③ 动力设施应接近负荷中心。如变电所应靠近高压线网输入本厂的一边，同时，变电所又应靠近耗电量大的车间。如制冷机房应接近变电所，并紧靠冷库。肉类罐头食品工厂的解冻间亦应接近冷库，而杀菌等用汽量大的工段应靠近锅炉房。

3. 食品工厂总平面设计必须满足食品工厂卫生要求

① 生产区（加工车间、仓库等）和生活区（食堂、浴室等）、厂前区（化验室、办公室等）分开。特别是饲养场和屠宰场应远离主车间，使食品工厂有较好的卫生条件。

② 生产车间应注意朝向，保证阳光充足、通风良好。我国大部分地区车间最佳

朝向为南偏东或西30°角的范围内。相互间有影响的车间，尽量不要放在同一建筑物里，但相似车间应尽量放在一起，提高场地利用率。

③ 生产车间与城市公路有一定的防护区，一般为30～50m，中间有绿化带，阻挡尘埃。

④ 根据生产性质不同，动力供应、货运周转和卫生防火等应分区布置。同时，主车间应与对食品卫生有影响的综合车间、废品仓库、煤堆及有大量烟尘或有害气体排出的车间间隔一定距离。主车间应设在锅炉房的上风向。

⑤ 总平面中要有一定的绿化面积，但不宜过大。

⑥ 公用厕所与主车间、食品原料仓库或堆场及成品库保持一定距离，并采用水冲式厕所，以保持厕所的清洁卫生。

4. 厂区布置要合理利用地质、地形和水文等自然条件

① 厂区道路应按运输量及运输工具的情况决定其宽度，一般厂区道路应采用水泥或沥青路面，以保持清洁，运输货物道路应与车间间隔，特别是运送煤和煤渣，容易产生污染。一般道路应为环形道路，以免在倒车时造成堵塞现象。

② 厂区道路之外，应从实际出发考虑是否需有铁路专用线和码头等设施。

③ 厂区建筑物间距（指两幢建筑物外墙面相距的距离）应按有关规范设计。从防火、防震、防尘、降噪、日照、通风等方面来考虑，在符合有关规范的前提下，使建筑物间的距离最小。

建筑间距与日照关系如图3-1所示。冬季需要日照的地区，可根据冬至日太阳方位角和建筑物高度求出前幢建筑的投影长度，作为建筑日照间距的依据。不同朝向的日照间距D约为$(1.1～1.5)H$（D为两建筑物外墙面的距离，H为布置在前面的建筑遮挡阳光的高度），α为太阳方位入射角。

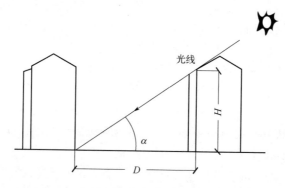

图3-1　建筑间距与日照关系示意图

建筑间距与风向关系（图3-2）。当风向正对建筑物时（即入射角为0°时），希望前面的建筑不遮挡后面建筑的自然通风，那就要求建筑间距 D 在$(4～5)H$以上。当风向的入射角为 30°时，间距 D 可采用 $1.3H$。当入射角为 60°时，间距 D 采用

$1.0H$，一般建筑选用较大风向入射角时，用 $1.3H$ 或 $1.5H$ 就可达到通风要求，在地震区 D 采用（$1.6\sim2.0$）H。

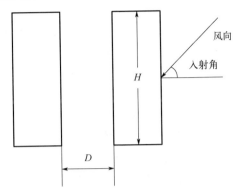

图3-2　建筑间距与风向关系示意图

④ 合理确定建筑物、道路的标高，既保证不受洪水的影响，使排水畅通，同时又节约土方工程。在坡地、山地建设工厂，可采用不同标高安排道路及建筑物，即进行合理的竖向布置。但必须注意设置护坡及防洪渠，以防山洪影响。

5. 总平面设计必须符合国家有关规范和规定

如《工业企业总平面设计规范》《工业企业设计卫生标准》《建筑设计防火规范》《工业建筑供暖通风和空气调节设计规范》《锅炉房设计规范》《食品生产质量控制与管理通用技术规范》等。

第二节　总平面布局

一、单位工程在总平面中的相互关系

食品工厂的单位工程主要包括建筑物、构筑物等，根据它的使用功能可分为以下几类。

① 生产车间　如实罐车间、空罐车间、糖果车间、饼干车间、面包车间、奶粉车间、炼乳车间、消毒奶车间、种子车间、发酵车间、浓缩汁车间、脱水菜车间、综合利用车间等。

② 辅助车间　机修车间、中心试验室、化验室等。

③ 仓库　原料库、冷库、包装材料库、保温库、成品库、危险品库、五金库、各种堆场、废品库、车库等。

④ 动力设施　发电间、变电站、锅炉房、制冷机房、空压机和真空泵房等。

⑤ 供水设施　水泵房、水处理设施、水井、水塔、水池等。

⑥ 排水系统　废水处理设施。

⑦ 全厂性设施　办公室、食堂、医务室、哺乳室、托儿所、浴室、厕所、传达室、汽车房、自行车棚、围墙、厂大门、厂办学校、员工俱乐部、图书馆、员工宿舍等。

食品工厂是由上述这些功能的建筑物、构筑物所组成的，而它们在总平面上的排布又必须根据食品工厂的生产工艺和上述原则来设计。

食品工厂生产区主要使用功能的建筑物、构筑物在总平面布置中的关系示意图如图3-3所示。

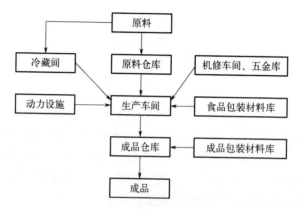

图3-3　主要使用功能的建筑物、构筑物在总平面布置中的关系示意图

由图3-3可以看出，食品工厂总平面设计一般围绕生产车间进行排布，也就是说生产车间是食品工厂的主体建筑物，一般把生产车间布置在中心位置，其他车间及公共设施都围绕主体车间进行排布。不过，以上仅仅是一个比较理想的典型，实际上由于地形地貌、周围环境、车间组成以及数量上的不同，都会影响总平面布置图中的建筑物的布置。

二、厂区划分

在明确总平面设计内容后，须考虑建（构）筑物的位置、平面图形式、总体布置的质量标志等。为此，往往先把厂区进行区域划分。

厂区划分就是根据生产、管理和生活的需要，结合安全、卫生、管线、运输和绿化的特点，把全厂建（构）筑物群划分为若干联系紧密且性质相近的单元。这样，既有利于全厂性生产流水作业畅通（可谓纵向联系），又利于邻近各厂房建（构）筑物设施之间保持协调、互助的关系（可谓横向联系）。

通常将全厂场地划分为厂前区、生产区、厂后区及左右两侧区，如图3-4所示。如此划分，体现出各区功能分明、运输联系方便、建筑井然有序的特点。厂前区的建筑，基本上属于行政管理及后勤职能部门等有关设施（食堂、医务室、车库、俱乐部、大门传达室、商店等），生产区包括主要车间厂房及其毗连紧密的辅助车间厂房和少量动力车间厂房。生产区应处在厂址场地的中部，也是地势地质最好的地带。厂后区主要是原料仓库、露天堆场、污水处理站等，根据厂区的地形和生产车间的特殊要求，可将机修、给排水系统、变电所及其有关仓库等分布在左右两侧区而尽量靠近主要车间，以便为其服务。

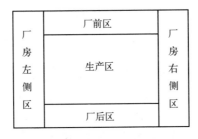

图3-4　食品工厂典型厂区划分示意图

全厂运输道路设置在各区域之间，主干道应与厂大门通连。根据城市卫生规范，厂前区、主干道两侧应设置绿化设施并注意美化环境。必要时，要根据地区主风向，在左右两侧区域或厂后区设置卫生防护地带，以免污染厂外环境并降低噪声的影响。

三、建筑物、构筑物的位置布置

各有关建筑物应相互衔接，并符合运输线路及管线短捷、节约能源等原则。生产区的相关车间及仓库可组成联合厂房，也可形成各自独立的建筑物。

（1）主生产车间建筑物的布置　主生产车间建筑物的布置是决定全厂布置的关键，应按生产工艺过程的顺序进行配置，生产线路尽可能做到径直和短捷。但并不是要求所有生产车间都安排在一条直线上，否则会给仓库等辅助车间的配置及车间管理等方面带来困难和不便。为使生产车间的配置达到线性的目的，同时又不形成长条，可将建筑物设计成T形、L形或U形等不同形状。

主生产车间应首先考虑布置在生产区的中心地带，其所在位置应当地势平坦，地耐力达到或超过$(1.5\sim2)\times10^5N/m^2$；其朝向应当正面朝阳或偏南向布置，以加强车间内通风采光和改善操作环境。车间生产线路一般分为水平和垂直两种，此外也有多线生产的。加工物料在同一平面由一车间送到另一车间的称作水平生产线路；而由上层（或下层）车间送到下层（或上层）车间的称作垂直生产线路。多线生产线路：开始为一条主线，而后分成两条以上的支线；或者开始是两条或多条支线，而后汇合成一条主线。但不论选择何种布置形式，希望车间之间的距离是最小的，并符合食品卫生要求。当然，由于厂址地形和四周情况的限制，为达到美化环境与城市建设规划的要求，常将主要生产车间设计成高层建筑或沿街道直线布置的形式。这样生产集中，便于管理，但通风采光欠佳。

（2）辅助车间建筑物的布置　辅助车间建筑物等的位置应靠近其服务的主车间

厂房或其服务对象的等距离处。如啤酒厂内，瓶、箱堆场因其储量较大而占地面积较大，应布置在厂后区，但又紧靠啤酒包装车间的部位，这样可减少输送距离。而给水设施（水泵房、水池或水塔等）应靠近啤酒车间的糖化麦汁冷却间、麦芽车间的浸渍及冷冻站的冷凝器部位，最好布置在等距的位置上，即布置在厂后区，从而减少输水管线。又如酒精厂的酒精处理厂房应靠近蒸馏间；二氧化碳回收厂房应靠近发酵间，并且两者还应同居于下风向，这样既减少酒糟液、二氧化碳输送中的障碍，又可保证厂区的环境卫生。依据上述要求，两者可布置在厂区左侧或右侧处。

（3）动力车间建筑物的布置 动力车间（包括锅炉房、冷冻站、空压站、变电站）应尽量靠近其服务的具体部门，可以大部分集中在厂区左侧和右侧，少数也有布置在生产区内的。这样，可最大限度地减少管路管线的铺设以及输送动力的管线损耗。除此之外，动力车间还应布置在厂区的下风向，以免烟尘污染厂区和引起火灾。例如，罐头厂的锅炉房应靠近杀菌间，并且处在地势较低处和厂区的下风向。这样可以减少供汽的热量与压力损失，有利于凝结水的回收及环境卫生。

（4）行政管理和后勤部门建筑设施的总体布置 行政管理和后勤部门建筑设施应集中在厂前区。因为其职能性质规定，对厂内要方便于全厂性的行政业务和生产技术管理及后勤服务；对外在建筑上要适应城市规划、市容整齐的要求，所以多设置在工厂的大门附近及两侧。首先，办公大楼要正对着入口并且附以大型花池绿化及侧旁美化，有体现厂址方位朝向的作用。此建筑物内包括行政、技术管理部门及中心试验室，并且通风采光充分，其他公共设施可布置在办公大楼的两侧。

（5）确定厂区建筑物与构筑物之间的距离 厂区建筑物与构筑物的位置在总平面图上的确定，还必须考虑相邻建筑物与构筑物之间的距离。当厂址方位朝向在地形图上确定之后，就应该划分建筑物与构筑物群，依次确定其方位朝向，然后分析、比较并确定它们之间的距离，计算出全厂利用面积与建筑面积。

四、厂内运输

厂内运输是工厂总平面设计的一个重要内容，完善合理的运输不仅保证生产中的原料、材料及成品及时进出，而且对节约基建投资及投产后提高劳动生产率、降低成本、减轻劳动强度等有着重大意义。同时，运输方式选择、道路的布置形式等对厂区划分、车间关系、仓库堆场的位置都起着决定作用。

1. 厂内运输的任务

厂内运输的任务是通过各种运输机械工具，完成厂内仓库与车间、堆场与车间、车间与车间之间内货物分流。也就是通过运输组织以保证生产中原材料、燃料等陆续供应，生产的产品和副产品源源不断地运出。厂内运输是联系各生产环节的纽带。

厂内运输设计就是根据原材料、燃料、产品、副产品的种类、运输量，结合厂区运输条件，选择运输工具和运输方式，并进行合理布置。

2. 厂内运输方式的选择

由于现代工业生产技术的发展，自动控制理论及电子技术的大量运用，带来了生产过程的连续化和自动化。因而，厂内运输方式日趋增多。目前厂内较为广泛采用的运输方式有铁路运输、道路运输、带式运输、管道运输、辊道运输等（表3-2）。选择厂内运输方式时除了考虑各运输方式本身的特点外，还必须考虑生产，如生产的性质、生产对运输的要求等。选择运输方式时，还应考虑运输货物的属性（固体、液体、气体、热料、冷料）、运输的环境条件等。

表3-2　厂内常见的几种运输方式比较

比较内容	运输方式				
	铁路运输	道路运输	带式运输	管道运输	辊道运输
输送物料的属性	固体、液体	固体、液体	散状料	液体、粉料	固体
与生产环节的衔接性	差	差	好	好	好
运输的连续性	间断运输	间断运输	连续运输	连续运输	连续运输
运输的灵活性	差	好	差	差	差
对场地的适应性	差	较好	好	好	好
建设投资	大	小	大	大	大
运营成本	低	较高	—	—	—
对环境的污染	大	大	小	小	小

3. 道路布置的形式

厂内道路布置形式有环状式、尽头式和混合式3种（图3-5）。

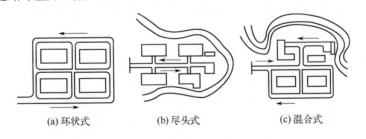

(a) 环状式　　　(b) 尽头式　　　(c) 混合式

图3-5　厂内道路布置形式示意图

（1）环状式道路布置　环状式道路围绕着各车间布置，而且多平行于主要建筑物、构筑物而组成纵横贯通的道路网，如图3-5（a）所示。这种布置形式使厂区内各组成部分联系方便，有利于交通运输、工程管网铺设、消防车通行等。但厂区道路长、占地多，又由于道路是环状系统，所以对场地坡度要求较为平坦一些。这种形式适用于交通运输频繁、场地条件较为平坦的大、中型工厂。

（2）尽头式道路布置　尽头式道路不纵横贯通，根据交通运输的需要而终止于某处，如图3-5（b）所示。这种布置形式厂区道路短，对场地坡度适应性较大。但运输的灵活性较差，而且尽头处一般需要设置回车场。回车场是用于汽车掉头、转向的设施。根据总平面布置形式及场地条件，回车场的布置形式有圆形、三角形与T形等，如图3-6所示。总平面布置时应避免回车场在坡道或曲线上而应设于平直道上；同时为了汽车行驶安全，竖曲线应设置在回道路起点10 m以外。

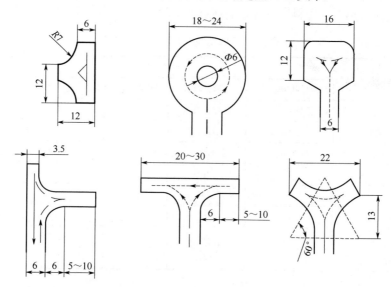

图3-6　尽头式回车场（单位：m）

（3）混合式道路布置　这种形式为以上两种形式的组合，即在厂内有环状式道路布置，也有尽头式道路布置，如图3-5（c）所示。这种形式具有环状式和尽头式布置的特点，能够很好地结合交通运输需要、建设场地条件及总平面布置情况进行厂内道路布置。这是一种较为灵活的布置形式，在工业企业中广泛采用。

道路布置还有些辅助布置形式：

① 在线路长的单车道路上应补上会让车道，如图3-7所示。

② 在道路的交叉口处，应做圆形布置。其最小曲率半径：双车道为7m，单车道为9m。

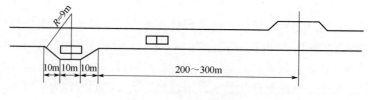

图3-7　会让车道示意图

③ 在办公楼、成品库前，车辆需要停放和调转，此处的道路要加宽成停车场。

五、管线综合布置

在食品工厂总平面布局中，管线综合布置是一项关键任务，它直接影响到工厂的生产效率、安全性及维护便捷性。

1. 管线布置原则

满足生产需求：管线的布置应首先满足食品生产流程的需要，确保物料、能源和废弃物的顺畅流动。

安全性：管线的布置需考虑安全因素，避免管线破裂、泄漏等潜在风险对生产环境和人员造成危害。

易于维护：管线布置应便于日常维护和检修，减少因检修工作对生产的影响。

经济性：在满足上述原则的前提下，尽可能降低管线布置的成本，提高经济效益。

2. 管线布置方法

确定管线种类和数量：根据生产工艺流程和设备需求，确定需要布置的管线种类（如给水管、排水管、蒸汽管、压缩空气管等）和数量。

规划管线走向：根据工厂总平面布局，合理规划管线的走向，尽量做到平直、少转弯、少交叉，以减少能耗和损失。

确定管线埋设深度：根据管线种类和用途，确定合理的埋设深度。一般来说，弱电电缆、电力电缆等应埋在较浅的位置，而给水管、排水管等则可埋在较深的位置。

协调管线冲突：在管线布置过程中，可能会遇到不同管线之间的冲突。此时，应遵循小管让大管、软管让硬管、临时管让永久管、新管让旧管等避让原则，确保管线的顺利布置。

考虑未来扩展：在管线布置时，应预留一定的空间和接口，以便未来工厂扩展或改造时能够方便地进行管线的增加或调整。

3. 管线综合布置的具体要求

平行或垂直交叉：管线应尽量平行或垂直交叉布置，以减少交叉点数量，降低施工难度和维护成本。

集中布置：同类管线应尽量集中布置，如沿墙壁、柱子边或楼面底等位置，以节省空间并便于管理。

合理间距：管线之间应保持合理的间距，以确保安全和维护的便利性。同时，对于输送腐蚀性介质的管路，应与其他管路保持更大的距离，以防止腐蚀和泄漏。

标识清晰：在管线布置完成后，应对每条管线进行清晰的标识，包括管线种类、用途、流向等信息，以便于日常管理和维护。

六、绿化设计

在食品工厂总平面布局中，绿化设计不仅有助于提升工厂的整体环境质量，还能为员工创造一个更加舒适、健康的工作空间。

1. 绿化设计的目的

（1）美化环境　通过合理的绿化布局，使工厂环境更加美观、宜人。

（2）净化空气　植物能够吸收空气中的有害物质，释放氧气，改善空气质量。

（3）调节气候　绿化植物可以减缓风速，降低温度，增加湿度，从而调节微气候。

（4）减少噪声　密集的绿化带能够吸收和反射噪声，减少噪声对生产环境和员工的影响。

（5）防止污染　植被可以阻挡尘埃，吸收有害气体，防止污染扩散。

2. 绿化设计的原则

（1）适地适树　根据工厂所在地的气候、土壤等自然条件选择合适的树种和植物。

（2）合理规划　绿化布局应与工厂的总体规划相协调，不影响生产流程和建筑布局。

（3）易于维护　选择生长迅速、病虫害少、易于修剪和养护的植物品种。

（4）安全卫生　确保绿化设计不会对食品安全和员工健康造成潜在威胁。

3. 绿化设计的具体内容与要求

（1）厂区绿化　在厂区道路两旁、空地及建筑周围种植树木和花草，形成绿化带和草坪；选用常绿树种和开花植物相结合，增加绿化景观的层次感和多样性；注意保持绿化带的整洁和美观，定期修剪和除草。

（2）生产区绿化　对于易产生污染物质的车间，应选择生长迅速、抗污染能力强的树种密植构成绿化隔离带；贮水池、水井周围可选择常绿树和没有飞絮、花粉的落叶、阔叶树；仓库、堆料场和动力设施周围，可选择不含油脂的树种以防火灾。

（3）厂前区绿化　厂前区是工厂的门面，绿化设计应注重美观和整洁；可采用规则式和混合式相结合的绿化方法，如种植草坪、花卉和灌木丛等；中心建筑离大门较近时，可选择开花灌木或松柏类植物；离大门较远时，可选择乔木和灌木相结合的方式。

（4）道路绿化　厂区道路绿化是环境绿化的重要组成部分，应满足遮阴、防尘、降低噪声等要求；宜选择生长健壮、树冠整齐、分枝点高、遮阴效果好、抗性强的乔木作为行道树；道路两旁的绿化带宽度应适中，不影响车辆和行人的通行。

（5）环保与生态　绿化设计应注重环保和生态效益，选择具有吸收有害气体、净化空气功能的植物品种；避免使用有毒有害的植物和化学物质进行绿化养护；建立绿化养护管理制度，确保绿化设施的正常运行和良好维护。

第三节 总平面设计方法

一、总平面布置的形式

厂区总平面图是一个结合厂址自然条件和技术经济要求，进行规划布置的图纸。为了获得理想的总体效果，相继出现了许多工厂平面的布置形式。关于布置形式的分类法，在工厂设计理论中尚未完全统一。下面举实例予以说明。

1. 总平面水平布置形式

总平面水平布置就是合理地、科学地对用地范围内的建筑物、构筑物及其他工程设施水平方向相互间的位置关系进行设计。总平面水平布置因工厂规模、生产品种不同而各有不同，布置形式有整体式、区带式、组合式、周边式等，各具特色，因厂而异。

（1）整体式 将厂内的主要车间、仓库、动力等布置在一个整体的厂房内。这种布置形式具有节约用地、节省管路和线路、缩短运输距离等优点。国外食品工厂多用此形式。

（2）区带式 在厂区划分的前提下，保证区域功能分明的特点，以主要生产车间的定位布置，带起辅助车间和动力车间的逐一布置，称为区带式布置。这种布管形式的特点是突出了主要生产车间的中心地带位置，全厂各区布置得比较协调合理，道路网布置井然有序，绿化区面积得以保证。但是也存在着占地多，运输线路、管线长等缺点。我国的食品工厂多采用这种布置形式。

（3）组合式 组合式由整体式和区带式组合而成，主车间一般采用整体布置，而动力设施等辅助设施则采用区带式布置。

（4）周边式 由于厂址四周情况与城市规划的需要，将生产车间环绕厂区周边，首先从厂大门处开始布置，逐一带起辅助部门与动力部门，相随着布置，此称为周边式布置。其特点是厂房建筑沿周边布置，比较整齐美观；但厂房方位很难与主风向呈60°～90°的合适角度，因而通风术利，环境卫生须注意改善。

图3-8是总平面水平周边式布置形式的典型实例。这是年产量20000t的啤酒厂，其厂址三面邻街道，一面与另一厂毗连。场地呈近似等腰梯形，占地面积约为60000m²。厂区地势平坦，方位与地形坐标呈35°偏北向。全年风向玫瑰图上主风向为东南风。主要生产车间（指糖化间、发酵间、包装间）沿厂周边线布置，并依次带起锅炉房、制冷站、成品库等，以及办公楼、机修间、瓶堆场等。此种布置形式的主要特点是车间厂房沿街道布置，建筑物外形壮观，使市容整齐。厂区内生产车间靠拢，生产集中，便于联系管理。但采光与卫生要求须妥善处理。厂内绿化难以保证足够的面积，也须特殊考虑。总之，周边式布置形式较为紧凑，技术管理集中方便，但发展余地较少。

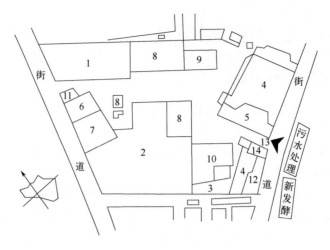

图3-8 某啤酒厂总平面布置图

1—糖化间；2—发酵间；3—灌装间；4—包装间；5—瓶堆场；6—锅炉房；7—制冷间；8—机修间；9—办公楼；

10—食堂；11—变电所；12—成品库；13—大门；14—传达室

2. 总平面竖向布置形式

厂区竖向布置的任务，主要是根据工厂的生产工艺要求、运输装卸的要求、场地排水的要求及厂区地形、工程地质、水文地质等条件，选择竖向设计的系统和方式；确定全部建筑物、构筑物、铁路、道路、广场、绿地及排水构筑物的标高等；保证工厂在物流、人流上有良好的运输和通行条件；使土方工程量尽量减少，并使厂区填挖土方量平衡或接近平衡。同时，要防止因开挖引起的滑坡和地下水外露等现象发生；合理确定排水系统，配置必要的排水构筑物，尽快地排除厂区内的雨水；尽量减少建筑物基础与排水工程的投资；解决厂区防洪工程问题。

（1）竖向布置形式分类　根据设计整平面之间连接方法的不同，竖向布置形式分为平坡布置形式、阶梯布置形式和混合布置形式。

① 平坡布置形式　平坡布置形式又可分成水平型、斜面型和组合型。

a. 水平型平坡式　场地整平面无坡度。

b. 斜面型平坡式　如图3-9所示。斜面型平坡式又分为4种：单向斜面平坡式；由场地中央向边缘倾斜的中高双向斜面平坡式；由场地边缘向中央倾斜的中低双向斜面平坡式；多向斜面平坡式。

c. 组合型平坡式　场地由多个接近于自然地形的设计平面或斜面所组成。

② 阶梯布置形式　设计场地由若干个台阶相连接组成阶梯布置，相邻台阶间以陡坡或挡土墙连接，且其高差在1m以上，如图3-10所示。阶梯布置形式又分为3种：单向降低的阶梯；由场地中央向边缘降低的阶梯；由场地边缘向中央降低的阶梯。

③ 混合布置形式　设计地面由若干个平坡和台阶混合组成。

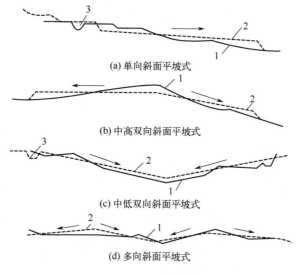

(a) 单向斜面平坡式

(b) 中高双向斜面平坡式

(c) 中低双向斜面平坡式

(d) 多向斜面平坡式

图3-9　斜面型平坡式布置形式

1—原自然地面；2—整平地面；3—排洪沟

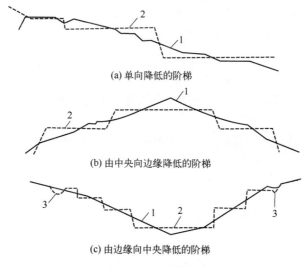

(a) 单向降低的阶梯

(b) 由中央向边缘降低的阶梯

(c) 由边缘向中央降低的阶梯

图3-10　阶梯布置形式

1—原自然地面；2—整平地面；3—排洪沟

（2）竖向布置形式比较　水平型平坡式能为铁路、道路创造良好的技术条件，但平整场地的土方最大，排水条件较差。斜面型平坡式和组合型平坡式能利用地形，便于排水，减少平整场地的土方量。一般平坡式布置在地形比较平坦，场地面积不大，暗管排水，场地为渗透性土壤的条件下采用。

阶梯式布置能充分利用地形，节约场地平整的土方量和建筑物、构筑物的基础工程量，排水条件比较好，但铁路、道路连接困难，防洪沟、排水沟、跌水、急流槽、护坡、挡土墙等工程量增加。一般阶梯式布置在地形复杂、高差大，特别是山区建厂的条件下采用。竖向布置形式比较见表3-3。

表3-3　竖向布置形式比较

比较项目		平坡式	阶梯式
铁路、道路及管线敷设的技术条件		良好	较差
土方和基础工程量	地形平坦	较小	较大
	地形起伏较大	往往出现大填、大挖和大量的深基础	工程量显著降低，往往仅局部需设深基础，有时需设挡土墙、护坡等
土方平衡情况		多为全厂平衡，运距较远	易就地平衡，运距较短
排水条件		排水条件较差，往往需要结合排水网	排水条件较好，但需要的防洪沟、排水沟、跌水、急流槽较多
适用范围		地形平坦时采用较多	山区和丘陵地区采用较多

（3）竖向布置形式选择　竖向布置形式应根据自然地形坡度、厂区宽度、构建物基础埋设深度、运输方式和运输技术条件等因素进行选择。

① 按自然地形坡度和厂区宽度选择。

a. 当自然地形坡度小于3%，厂区宽度不大时，宜采用平坡式布置。

b. 当自然地形坡度大于3%，或自然地形坡度虽小于3%，但厂区宽度较大时，用阶梯式布置。

c. 当自然地形坡度有缓有陡时，可考虑平坡与阶梯混合式布置。

② 按综合因素选择。按自然地形坡度、厂区宽度和建筑物、构筑物基础埋设深度的概略关系选择。

二、总平面设计的步骤

1. 设计准备

总平面设计工作开始前，一般应具备下列条件。

① 已经审批的设计任务书。

② 已确定的厂址，场地面积、地形、水文、地质、气象等资料。

③ 有关的城市规划和区域规划。

④ 厂区总体规划。

⑤ 对同类食品工厂调研所取得的资料。

⑥ 厂区区域地形图，比例为1∶500、1∶1000、1∶2000等。

⑦ 专业资料。各有关专业（包括参加整个工程设计项目的全部设计单位）提供

的工厂车间组成、主要设备、工艺联系和运输方式、运量情况及建筑物、构筑物平面（或外形尺寸）的资料。

⑧ 风玫瑰图。

2. 设计阶段

食品工厂总平面设计，亦如其他设计一样应按初步设计和施工图设计两个阶段进行。有些简单的小型项目，可根据具体情况，简化初步设计的内容。进行总平面设计，应先从确定方案开始，其次才是运用一定的绘图方式将设计方案表达在图纸上，方案构思和确定是做好总平面设计中一项很重要的工作，是总平面设计好坏的关键。为此，要进行不同方案的制定和比较工作，最后定出一个比较理想的方案。

（1）方案确定　首先先确定方案的主要工作，具体如下：厂区方位，建筑物、构筑物的相对位置的确定；厂内交通运输路线以及与厂外连接关系的确定；给排水、供电及蒸汽等管线布置的确定。然后确定方案的步骤。

在总平面方案确定时，通常做法是把厂区及主要建筑物、构筑物的平面轮廓按一定比例缩小后剪成同样形状的纸片，在地形图上试排几种认为可行的方案，再用草图纸描下来，然后分析比较，从中选出较为理想的方案。

排布方案中的各种建筑物、构筑物的顺序大致如下。

① 在生产区内，根据生产工艺流程先布置主要车间的位置，一般放在中心位置，坐北朝南。

② 根据厂区建设物、构筑物的功能关系设置辅助车间。

③ 根据风玫瑰图放置锅炉房的位置。一般放在主车间的下风向区，但要靠近负荷中心。

④ 确定原料库、成品库及其他库的位置，使各种库放在与生产联系距离最近的地方，但又不致交叉污染。

⑤ 确定厂区道路，使物流、人流有各自的线路和宽度。

⑥ 确定给水、排水和供电的方向及位置。

⑦ 布置厂前区的各种设施，同时考虑绿化位置及面积大小。

⑧ 布置厂大门以及其辅助建筑设施的位置。

（2）初步设计　在方案确定以后，就进入到初步设计，实际上就是对方案的具体化，即在方案确定的基础上按规定的画法绘制出初步设计正式图纸，然后编写出初步设计说明书，供有关主管部门审批。

① 图纸内容　一般仅有一张总平面布置图，图纸比例为1∶500、1∶1000，图内应有地形等高线，原有建筑物与构筑物和将来拟建的建筑物与构筑物的位置和层数、地坪标高、绿化位置、道路、管线、排水方向等，在图的一角或适当位置还应绘制风向玫瑰图和区域位置图，区域位量图按1∶2000到1∶5000绘制，它可以展示和表明厂区附近的环境条件及自然情况，它对审查和评判设计方案的优劣也有着一定的辅助作用。

② 设计说明书 在总平面的初步设计阶段应当附有关于各平面设计方案的设计说明书，在说明书中需要阐明：设计依据、布置特点、主要技术经济指标、概算等情况。

（3）施工图设计 在初步设计审批以后，就可以进行施工图设计，施工图是现场施工的依据和准则。进行施工图设计实际上是深化和完善初步设计，落实设计意图和技术细节，图纸用于指导施工和表达设计者的要求，图纸要做到齐全、正确、简明、清晰，保证施工单位能看清看懂。施工图一般不用出说明书，至于一些技术要求和施工注意事项只要用文字说明的形式附在总平面施工图的一角上，予以注明即可。

① 总平面布置施工图 比例1∶500，1∶1000等，图内有等高线，红色细实线表示原有建筑物和构筑物，黑色粗实线表示新设计的建筑物和构筑物，图按最新的《总图制图标准》绘制，而且要明确标出各建筑物和构筑物的定位、尺寸，道路、绿化等位置，做好竖向布置，确定排水方向等。

为使上述总平面布置资料图为现场施工服务，还必须有明确的尺寸标注，即标注各个建筑物、构筑物、道路等的准确位置和标高。为此，采用测量坐标网与建筑施工坐标网（也称设计坐标网）给予定位，这样，在上述两种坐标方格网的图纸上绘制的工厂总平面布置图，即是总平面布置施工图。此图能正确、简明、清晰、周全地标注尺寸及给出现场施工的要求。

总平面图是表明厂区范围内自然状况和规划设计的图纸。要说明的皆是总体性的问题，所以要表达的内容很多，主要包括以下内容：a. 厂址原有地形的等高线；b. 测量坐标网及建筑施工坐标网；c. 全年（或夏季）风向频率的风向玫瑰图；d. 全厂建筑物、露天作业场等平面位置坐标、地坪标高及厂区转角（方位角 θ）；e. 道路、铁路的平面布置、标高及坡度；f. 竖向设计、排水设施；g. 厂区围护设施及绿化规划等。

② 竖向布置图 竖向布置是否单独出图,视工程项目的多少和地形的复杂情况确定。一般来说对于工程项目不多、地形变化不大的场地，竖向布置可放在总平面布置施工图内（注明建筑物和构筑物的面积、层数、室内地坪标高，道路转折点标高、坡向、距离、纵坡等）。

③ 管线综合平面图 一般简单的工厂总平面设计，管线种类较少，布置简单，常常只有给水、排水和照明管线，有时就附在总平面施工图内，但管线较复杂时，常由各设计专业工种出各类管线布置图。总平面设计人员往往出一张管线综合平面布置，图内应标明管线间距、纵坡、转折点标高、各种阀门、检查井位置以及各类管线、检查井、窨井等的图例符号说明，图纸与总平面布置施工图的比例尺寸相一致。

④ 道路设计图 它也是仅对于地形较复杂的情况下才出图,一般在总平面施工图上表示。

⑤ 有关详图 如围墙、大门等图纸。

⑥ 总平面布置施工图说明　一般不单独出说明书,通常将文字说明的内容附在总平面布置施工图的一角上,主要说明设计意图、施工时应注意的问题、各种技术经济指标（同扩初设计）和工程量等。有时,还将总平面图内建筑物、构筑物的编号列表说明。

为了保证设计质量,施工图必须经过设计、校对、审核、审定会签后,才能交给施工单位按图施工。

第四节　总平面设计的技术指标

一、总平面设计的技术指标

总平面设计的内容丰富,最直观的表达形式是总平面布置图及竖向平面布置图,但是,还须有技术经济指标加以说明。总平面设计的技术经济指标,系用于多方案比较或与国内外同类先进工厂的指标对比,以及进行企业改、扩建时与现有企业指标对比,可以衡量设计的经济性、合理性和技术水平。

1. 总平面设计的技术经济指标项目

总平面设计的技术经济指标是在总平面设计时估算的,它作为设计阶段的控制指标,用于指导总平面施工图阶段的设计,在一定程度上,反映出总平面设计的正确性和合理性。对于食品工厂总平面设计,至关重要的技术经济指标有 12 项之多,如表 3-4 所示。

表3-4　总平面设计技术经济指标表

序号	项目名称	符号	单位	数量
1	厂区占地面积	A	m²	
2	建筑物与构筑物占地面积	A_1	m²	
3	堆场与作业场占地面积	A_2	m²	
4	道路、散水坡、管线占地面积	A_3	m²	
5	可绿化地占地面积	A_4	m²	
6	道路总长度	L_B	m	
7	围墙总长度	L_W	m	
8	建筑系数: $K_1 = \dfrac{A_1 + A_2}{A} \times 100\%$	K		
9	场地利用系数: $K_2 = \dfrac{A_1 + A_2 + A_3}{A} \times 100\%$	K		
10	绿地率: $K_4 = \dfrac{A_4}{A} \times 100\%$	K		
11	土方工程量	V	m³	
12	其他	—	—	—

2. 总平面设计的技术经济指标意义分析

（1）厂区占地面积　厂区占地面积 A 是指在一定生产规模前提下，采取一定的工艺技术方法，需要的场地面积（包括生产区、厂前区、厂后区和两侧区）。此值越大，说明土地征用费和基本建筑费用越高，反之，说明节省用地又节约基建投资费用，将生产规模（指年产量）G（t/年）与占地面积 A（m^2）相除即得工厂生产强度 q[t/(m^2·年)]。由工厂生产强度更容易分析出其技术经济效果来。

（2）建筑物与构筑物占地面积　建筑物与构筑物占地面积 A_1 是指建筑物与构筑物底层轴线所包围的面积。此值高低，说明建筑物与构筑物数量多少及建筑结构的复杂程度，从而说明建筑费用高低。现代化的食品工厂往往都要设计高层工业厂房，以适应高新工艺技术需要。虽然节省用地面积，但建筑费用有可能增加。在总平面设计中权衡建筑费用单价，即单位建筑物占地面积所投入的建筑费用，是十分重要的。

（3）堆场与作业场占地面积　堆场、作业场占地面积 A_2 是原材料、燃料及成品储存作业所需要的场所面积。其值高低与原材料、燃料等的进厂方式及储存周期长短有密切关系。全年内集中进料、储存周期长，势必需要较为充足的占地面积，分散进料或就地取材即可节约占地。采用立仓的露天作业场将比平仓明显节约占地，但是建筑费用却较高。这方面还反映了原材料的供需协作关系，协作关系好，原材料等储存周期短，可节省占地面积。应当指出，堆场、作业场等作为辅助车间，其能力应与主要生产能力相平衡，否则在技术上将失去可靠性。但是，也不能为了能力平衡贪求占地面积过大，而应提高其固有设备的机械化作业水平。

（4）道路、散水坡、管线占地面积　道路、散水坡、管线占地面积 A_3 是指工厂建筑物、构筑物群之间纵横通达的空场面积。

道路面积是全厂道路网的总占地面积，其中道路长度取决于全厂建筑物、构筑物占地面积及其外部形状，而道路宽度却取决于工厂规模及其规定的运输量（包括运入量与运出量）。如果厂房建筑物间距较大或者厂区划分过细或者主次干道规格不加区别地布置设计，都将导致道路占地面积过多。散水坡占地面积是建筑物、构筑物底层外缘至道路两边明沟，用于排放雨水的地带的面积。它的长度取决于所沿道路明沟之长度，宽度由总平面竖向布置确定。要求坡度在 2%～5% 之间比较合适，否则雨水排放不顺利。还要求其宽度须超过建筑物与道路间的最小间距，以保证防火、卫生的要求。

管线占地面积是各种技术管线由总平面图综合布置于建筑群与道路之间直埋地下或敷设地上的地带面积，其大小主要取决于总平面布置的形式。同等生产规模条件下，集中式布置要比分散式布置节省管线面积。对于食品工厂来说，有工艺料管、给排水管、汽管、风管、冷媒管、冷凝回水管等 30 余种。如果综合敷设时，没遵守管路互让布置原则，也可能造成管线占地面积过多。管线占地面积过大，则管材费及安装费较高，而且也将增加输送动力消耗费；反之，管线占地面积过小，对安全防火、现场维修不利。管线占地面积的技术经济性是否适宜，首先要求总平面紧凑布置，以控制管线长度，其次要求采取互利原则去布置综合管线。

（5）建筑系数　建筑系数 K_1 是建筑物、构筑物与堆场、作业场占地面积之和占全厂占地面积的百分率，即：

$$K_1 = \frac{A_1 + A_2}{A} \times 100\% \qquad (3\text{-}1)$$

K_1 值的高低说明厂内建筑物、构筑物的密集程度，K_1 值高说明厂内建筑密度高，相应的建筑费用就高，可能对防火、卫生与通风、采光不利；但是，车间之间联系方便，有利于生产技术管理，管线长度缩短，管材费和安装费及管线输送费较低。反之，K_1 值低说明厂内建筑密度低，相应的建筑费就低，对防火、卫生、通风，采光有利；但是对车间联系、技术管理不利，管线变长，导致管材费、安装费及管线输送费的增加。如此看来，建筑系数 K_1 值是权衡建筑投资费与操作管理费矛盾关系的技术经济性指标，在一定程度上，较好地反映出工厂总平面设计的合理性。不过，由于建筑投资费是投产前一次性支出的，而操作管理费则是投产后常年性支出的，所以，对新建工厂的总平面设计往往追求较高的建筑系数。K_1 通常控制在 35%～50%。

（6）场地利用系数　场地利用系数 K_2，是包括全厂建筑物、构筑物与土建设施在内的占地面积同全厂占地面积比值的百分率，即：

$$K_2 = \frac{A_1 + A_2 + A_3}{A} \times 100\% \qquad (3\text{-}2)$$

将道路、散水坡及管线占地面积除以全厂占地面积得土建设施系数 K_3，即：

$$K_3 = \frac{A_3}{A} \times 100\% \qquad (3\text{-}3)$$

土建设施系数表示道路、散水坡、管线等土建设施占用面积 A_3，在全厂总面积中占有的比例。

将式（3-1）与式（3-2）代入式（3-3），可知：

$$K_2 = K_1 + K_3 \qquad (3\text{-}4)$$

上式说明，场地利用系数 K_2 是建筑系数 K_1 与土建设施系数 K_3 之和。K_2 值高低表示厂区面积被建筑物、构筑物及土建设施有效利用的程度。若 K_2 值高，说明有效利用率高；反之，未被利用或尚未利用的厂区面积大。场地利用系数低，有可能是总平面布置中留有扩建余地，以图后期发展，也有可能是技术上不先进、经济上不合理，然而，随着食品工业发展与技术水平的提高，在总平面图布置设计中，多是追求技术经济性，使 K_2 值逐渐提高，目前，在我国，K_2 在 50%～70% 范围内，如使 K_2 值再提高，势必要提高建筑系数 K_1 和土建设施系数 K_3，这不仅增加建筑费用，而且余下的不需要建筑物、构筑物的面积就越来越小，比如绿化面积 A_4 就成问题了。

（7）绿地率 绿地率 K_4 是指全厂可绿化地面积 A_4 占全厂占地面积的百分率，即：

$$K_4 = \frac{A_4}{A} \times 100\%$$ （3-5）

合理的绿地率 K_4 是现代化食品工厂总平面设计不可少的技术经济指标之一。绿地率不合理，则工厂环境卫生和美化将无法保证。随着食品工业的发展，绿化工程设计逐渐被重视。目前，绿地率控制在 10%～15% 为宜。

（8）土方工程量 土方工程量 V 是指由于厂址地形凹凸不平或自然坡度太大，平整场地需要挖填的土方工程量。V 越大，施工费用越高。为此，要现场测量挖土填石工程量，最好能做到挖填土石方量平衡，这样，可尽量减少土石方的运出量或运入量，从而加快施工进程。食品工厂厂址大都在城市郊区，为节省平地、良田，土方工程量虽多些，但却能利用坡地、劣区建厂，总体看来是经济可行的。

二、运输设计的相关参数

（1）建筑物间距 建筑物间距如图 3-11 所示，在总图布置时，从建筑物防火安全出发，相邻建筑物间距必须超过最小间距 X。计算方法如下：

当 $a < 3m$ 时，则要求

$$X \geqslant X_{min} = (H_1 + h) / 2$$ （3-6）

当 $a > 3m$ 时，则要求

$$X \geqslant X_{min} = (H + h) / 2$$ （3-7）

式中，H 为甲建筑物的肩高，H_1 为甲建筑物的顶高，a 为甲建筑物的肩宽；h 为乙建筑物的肩高。

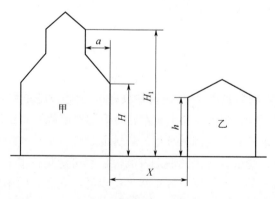

图3-11 建筑物间距示意图

例如，甲厂房顶高 27m，乙厂房顶高 24m 由于是平顶厂房，肩宽 $a = 0$，故由式（3-6）计算甲乙两间厂房间距应为：

$$X \geqslant (27 + 24) / 2 = 25.5 \text{(m)}$$

式（3-6）与式（3-7）适用于同类建筑，构筑物间最小间距计算。如果相邻建筑物、构筑物间有道路，其两侧地上或地下架设综合管线者，则上述间距 X 值加大：主干道路 X 为 30～40m；次主干道路 X 为 20～30m；而其他支道路 X 为 12～15m。

如果是露天堆栈与建筑物、构筑物的防火间距 X，不能用式（3-6）与式（3-7）计算，可由表 3-5 规定给出。

表3-5　食品厂露天堆栈与建筑物、构筑物的防火间距

堆储物质		堆储容量	由堆储处至各种耐火级的建筑物、构筑物之间的距离 /m		
			I 及 II	III	IV 及 V
煤块		5000～100000t	12	14	16
		500～5000t	8	10	14
		500t以下	6	8	12
泥煤	块状	1000～100000t	24	30	36
		1000t以下	20	24	30
	散状	1000～5000t	36	40	50
		1000t以下	30	36	40
木材		1000～10000m³	18	24	30
		1000m³以下	12	16	20
易燃材料等（锯末、刨花等）		1000～5000m³	30	36	43
		1000m³以下	24	30	36
易燃液体堆栈		500～1000m³	30	40	50
		250～500m³	24	30	40
		10～250m³	20	24	30
		10m³以下	16	20	24

对于大型食品工厂，由于综合管线地上地下敷设较多，交通运输较大，道路两侧相邻建筑物的底线间距要宽些。

（2）厂房建筑物正面与全年（或夏季）主风向主风的夹角 θ　θ 以 60°～90° 为宜，其迎风位置布置如图 3-12 所示，以改善通风条件。

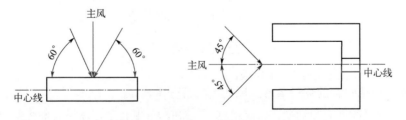

图3-12　厂房位置与主风向关系图

（3）建筑系数 K_1 与场地利用系数 K_2　其值与总平面布置形式有关，见表 3-6。

表3-6　建筑系数 K_1 与场地利用系数 K_2 经验值

形式	区带式/%	周边式/%	分离式/%	连续式/%	联合式/%
$K_1 = \dfrac{A_1 + A_2}{A} \times 100\%$	40～45	45～55	25～35	45～55	40～50
$K_2 = \dfrac{A_1 + A_2 + A_3}{A} \times 100\%$	50～65	60～75	40～50	60～75	60～75

表 3-6 中的 A 为厂区占地面积，A_1 为建筑物与构筑物占地面积，A_2 为堆场、作业场地占地面积，A_3 为道路、散水坡、管线的占地面积，均表示总平面水平向布置时场地利用的性状，并不表示竖向平面布置时的特性。例如，多层厂房建筑的建筑面积是层数的函数，即整体建筑物的建筑面积（A_0）是各层面积之和，或者是占地面积 A_1 与层数 N 的乘积，即

$$A_0 = \sum_{i=1}^{n} A_i = NA_1 \qquad (3-8)$$

如果将建筑物的建筑面积 A_0 与全厂占地面积 A 相除，可得竖向平面布置建筑系数 K_0，

$$K_0 = \frac{A_0}{A} \times 100\% \qquad (3-9)$$

如将式（3-8）代入式（3-9）可得：

$$K_0 = NK_1 \qquad (3-10)$$

式（3-10）说明竖向平面布置建筑系数 K_0 是水平向布置建筑系数 K_1 的 N 倍，说明高层建筑厂房提高了场地的空间利用程度，K_0 值是 K_1 值的 N 倍，而层数 N 不固定，故 K_0 的经验值不宜给出。

（4）堆场面积（A）　食品工厂对原料、材料及燃料的消耗量很大，往往需要堆场储放才能保证正常生产的进行，根据储存物类别、堆垛方式与储存时间，可计算相应的堆场面积。

① 原料堆场面积工厂生产所需要的储存原料量 Q 计算如下

$$Q = P(1 - \varPhi_0) \qquad (3-11)$$

式中　P——工厂生产所需要的原料量，t/年；

$\varPhi_0$——未储存的物料量占总原料量的百分率，%。

确立堆垛的剖面和类型、垛底宽度 b、高度 h、长度 l 及物料的堆放密度 γ，即可知道每堆所容纳的物料量 q（t/堆）：

$$q = bhl\gamma \qquad (3\text{-}12)$$

由此，总堆数 N 应为：

$$N = Q / q \qquad (3\text{-}13)$$

假设堆场上纵向堆数为 Y，横向堆数为 X，并且通过下式计算

$$X = \sqrt{\frac{(b + p_1)p}{(l + p)p_1}N} \qquad (3\text{-}14)$$

式中　b —— 堆的宽度（一般取 2~4m），m；

　　　l —— 堆的长度，m；

　　　p —— 纵向方向堆与堆之间及场地边界的距离（一般取 5~6m，以方便走装卸车），m；

　　　p_1 —— 横向方向堆与堆之间及场地边界的距离（一般取 2~4m），m。

由此可计算得纵向堆数：

$$Y = N / X \qquad (3\text{-}15)$$

则堆场的长度 L 为：

$$L = lY + (Y - 1)p + 2P \qquad (3\text{-}16)$$

堆场的宽度 B 为：

$$B = bX + (X - 1)p_1 + 2p_1 \qquad (3\text{-}17)$$

故堆场面积 A 为：

$$A = LB \qquad (3\text{-}18)$$

② 瓶箱堆场面积

新瓶箱堆场面积 A_1：新瓶储存是外销市场的需要，并且皆是一次性进厂储存，所需新瓶数量 N_1，可由下式计算：

$$N_1 = Pm\Phi_1\Phi_2 \qquad (3\text{-}19)$$

式中　P —— 产品年产量，t/年；

　　　m —— 每吨酒灌装的瓶量，个/t；

　　　Φ_1 —— 年产量中瓶装酒所占有的百分率，%；

　　　Φ_2 —— 计划外销新瓶占有的百分率，%。

堆垛先垫底层，后垛到某一高度（即人工或机械方法垛堆高度），令单位面积堆垛的瓶子数量为 m_A（个/m²），则所需净堆场面积 A_0 为：

$$A_0 = N_1 / m_A \qquad (3\text{-}20)$$

考虑堆垛纵横向皆须留出通道，故上述净面积将增加。

即

$$A_1 = A_0(1 + \varPhi_3) \tag{3-21}$$

式中　$\varPhi_3$——通道占堆场的裕量系数，%。

旧瓶箱堆场面积 A_2：旧瓶周转是近销市场的需要，这就要有箱的周转，并且多用塑料制品箱，以免周转中损坏。与此同时，厂内必须有旧瓶箱的储存量。

满足近销市场需求的最大旧瓶数 N_2 由下式计算

$$N_2 = Pm\varPhi_1\varPhi_2 \tag{3-22}$$

式中　$\varPhi_1$——旺季近销酒占年产量的百分率，%；

　　　$\varPhi_2$——近销酒中瓶装酒占有的百分率，%；

　　　P——产量，t/年；

　　　m——吨酒装瓶数，个/t。

相应地需要储存的瓶箱数，可由下式确定

$$N_3 = \frac{N_2}{24 \times 90}\tau \tag{3-23}$$

式中　24——每箱装 24 瓶酒；

　　　90——近销酒的旺季天数（30×3=90d）；

　　　τ——瓶箱的储存期，d。

根据瓶箱堆垛层数 Z 与每个瓶箱占地面积 f，可初步计算其所需要的净堆场面积 A_0：

$$A_0 = N_3 f / Z \tag{3-24}$$

考虑堆垛间留有纵横通道的需要，则旧瓶箱堆场面积 A_2 应为

$$A_2 = A_0(1 + \varPhi_3) \tag{3-25}$$

式中　$\varPhi_3$——堆垛通道占堆场的裕量系数，%。

【例】某新建 100000t/年啤酒厂，瓶装占 50%，其中 30%用于新瓶装外销；而近销旺季产量占全年的 20%，其中 75%为旧瓶装，试确定瓶、箱所需的堆场面积。

解：新瓶堆场面积 A_1 计算如下。

由式（3-19）可计算外销新瓶数

$$N_1 = 100000 \times 1580 \times 50\% \times 30\%$$
$$= 23700000（个）$$

（其中，1580 指每吨酒装 1580 瓶）

新瓶装堆垛方式为露天横卧叠放，堆垛高度按 25 层计算，则单位面积堆放瓶子数为

$$m_A = 13 \times 4 \times 25 = 1300（个/m^2）$$

（其中，通常 500mL 出口啤酒瓶，瓶身直径 75mm，高度 238mm，1000mm/75mm≈13，1000mm/238mm≈4，所以 1 平方米摆放 13×4 个）

根据式（3-20）计算新瓶的净堆场面积：

$$A_0=23700000/1300=18230.8（\mathrm{m}^2）$$

考虑堆垛间的通道，取裕量系数 $\varPhi_3$=30%，由式（3-21）计算可得新瓶需要的堆场面积

$$A_1=18230.8×(1+30\%)=23700（\mathrm{m}^2）$$

旧瓶箱堆场面积 A_2 计算如下。

近销市场需要的瓶数可由式（3-22）计算

$$N_2=100000×20\%×1580×75\%=23700000（个）$$

设旧瓶储存期为 60d，代入式（3-23）可计算旧瓶箱数：

$$N_3=23700000×60/(24×90)=658333（箱）$$

因为塑料制品瓶箱规格为长 l=530mm，宽 b=370mm，所以每个瓶箱占地面积 $f=l×b=0.53×0.37≈0.2（\mathrm{m}^2）$。取堆垛层数为 5 层，代入式（3-24）可得净堆场面积

$$A_0=\frac{658333}{5}×0.2=26333.3（\mathrm{m}^2）$$

同样考虑堆垛箱间有通道，取裕量系数 $\varPhi_1$=30%，则旧瓶箱堆场面积为

$$A_2=26333.3×(1+30\%)=34233（\mathrm{m}^2）$$

将以上新瓶和旧瓶箱所需的堆场面积加起来即为瓶箱堆场总面积

$$A=A_1+A_2=23700+34233=57933（\mathrm{m}^2）$$

（5）坐标网　为了标定建筑物、构筑物等的准确位置，在总平面设计图上，常常采用地理测量坐标网与建筑施工坐标网两种坐标系统。

① 地理测量坐标网——X-Y 坐标系　此坐标规定南北向以横坐标 X 表示，东西向以 Y 表示，在 X-Y 坐标轴上作间距为 50m 或 100m 的方格网上，标定厂址和厂房建筑物的地理位置，这是国家地理测量局规定的坐标系，全国各地都必须执行。

② 建筑施工坐标网——A-B 坐标系　由于厂区和厂房的方位不一定都是正南正北向，即与地理测量坐标网不是平行的（即有一个方位角 θ），为了施工现场放线的方便和减少每一点地形位置标记坐标时的烦琐计算，总平面设计时，常常采用厂区、厂房之间方位一致的建筑施工坐标网。规定横坐标以 A 表示，纵坐标以 B 表示，也作间距 50m 或 100m 的方格网，用来标定厂区、厂房的建筑施工位置。很明显，A-B 坐标系在施工现场上使用十分方便，但 A-B 坐标轴与原来的 X-Y 坐标轴成一夹角（即方位角 θ），并且坐标原点 O 与 X-Y 坐标原点 O 也不重合，如图 3-13 所示。

图 3-13 中 X 为南北方向轴线，X 的增量在 X 轴线上；Y 为东西方向轴线，Y 的增量在 Y 轴线上；A 轴相当于测量坐标中的 X 轴，B 轴相当于测量坐标中的 Y 轴。

（6）几项竖向布置参数

① 建筑物、构筑物的标高应高于最高洪水水位 0.5m 以上，保证企业建成后不受洪水威胁，例如锅炉房应位于全厂最低处，以利于回收凝结水，但也应至少高出

最高洪水位 0.5m。

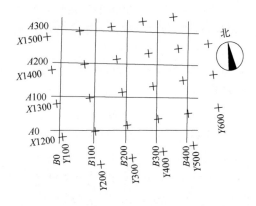

图3-13　坐标网络

② 综合管线埋设深度一般要达到冻土层深度以下，以免遇到极冷时刻被冻裂。

③ 散水坡的坡度应大于 3%，保证雨水顺利排出，但是也不能大于 6%，以免产生冲刷现象。

④ 厂区自然地形坡度大于 4%，车间之间高差达 1.5～4.0m，多采用阶梯竖向布置，这样有利于利用地形，节省基建投资。

三、总平面设计图的绘制

1. 总平面设计图绘制规程

（1）为了统一总图制图规则，保证制图质量，提高制图效率，做到图面清晰、简明，符合设计、施工、存档的要求，适应工程建设的需要，制定本规程。

（2）本规程适用于手工和计算机制图方式绘制的图样。

（3）本规程适用于总图专业的下列工程制图：新建、改建、扩建工程各阶段的总图制图；原有工程的总平面实测图；总图的通用图、标准图。

（4）总图制图，除应符合本规程外，还应符合《房屋建筑制图统一标准》（GB/T 50001—2017）以及国家现行的有关强制性标准的规定。

2. 一般规定

（1）图线

① 图线的宽度 b，应根据图样的复杂程度和比例，按《房屋建筑制图统一标准》中图线的有关规定选用。

② 总图制图，应根据图纸功能，按表 3-7 规定的线型选用。

表3-7　图线

名称		线型	线宽	用途
实线	粗	——————	b	主要可见轮廓线

名称		线型	线宽	用途
实线	中粗	————————	0.7 b	可见轮廓线、变更云线
	中	————————	0.5 b	可见轮廓线、尺寸线
	细	————————	0.25 b	图例填充线、家具线
虚线	粗	– – – – – –	b	见各有关专业制图标准
	中粗	- - - - - - -	0.7 b	不可见轮廓线
	中	- - - - - - -	0.5 b	不可见轮廓线、图例线
	细	- - - - - - -	0.25 b	图例填充线、家具线
单点长画线	粗	—·—·—·—	b	见各有关专业制图标准
	中	—·—·—·—	0.5 b	见各有关专业制图标准
	细	—·—·—·—	0.25 b	中心线、对称线、轴线等
双点长画线	粗	—··—··—	b	见各有关专业制图标准
	中	—··—··—	0.5 b	见各有关专业制图标准
	细	—··—··—	0.25 b	假想轮廓线、成型前原始轮廓线
折断线	细	—〜—	0.25 b	断开界线
波浪线	细	〜〜〜	0.25 b	断开界线

（2）比例

① 总图制图采用的比例，宜符合表 3-8 的规定。

表3-8　制图比例

图名	比例
地理、交通位置图	（1：25000）～（1：200000）
总体规划、总体布置、区域位置图	1：2000，1：5000，1：10000，1：23000，1：50000
总平面图、竖向布置图、管线综合图、土方图、排水图、铁路、道路平面图、绿化平面图	1：500，1：1000，1：2000
铁路、道路纵断面图	垂直：1：100，1：200，1：500 水平：1：1000，1：2000，1：5000
铁路、道路横断面图	1：50，1：100，1：200
场地断面图	1：100，1：200，1：500，1：1000
详图	1：1，1：2，1：5，1：10，1：20，1：50，1：100，1：200

② 一个图样宜选用一种比例，铁路、道路、土方等的纵断面图，可在水平方向

和垂直方向选用不同比例。

（3）计量单位

① 总图中的坐标、标高、距离宜以米（m）为单位，并应至少取至小数点后两位，不足时以"0"补齐。详图宜以毫米（mm）为单位，如不以毫米为单位，应另加说明。

② 建筑物、构筑物、铁路、道路方位角（或方向角）和铁路、道路转向角的度数，宜注写到秒（"），特殊情况，应另加说明。

③ 铁路纵坡度宜以千分计，道路纵坡度、场地平整坡度、排水沟沟底纵坡度宜以百分计，并应取至小数点后一位，不足时以"0"补齐。

（4）坐标注法

① 总图应按上北下南方向绘制，根据场地形状或布局，可向左或右偏转，但不宜超过45°。总图中应绘制指北针或风向玫瑰图。

② 坐标网格应以细实线表示。测量坐标网应成交叉十字线，坐标代号宜用"X，Y"表示，建筑坐标网应画成网格通线，坐标代号宜用"A，B"表示。坐标值为负数时，应注"-"号；为正数时，"+"号可省略。

③ 总平面图上有测量和建筑两种坐标系统时，应在附注中注明两种坐标系统的换算公式。

④ 表示建筑物、构筑物位置的坐标，宜注其三个角的坐标，如建筑物、构筑物与坐标轴线平行，可注其对角坐标。

⑤ 在一张图上，主要建筑物、构筑物用坐标定位时，较小的建筑物、构筑物也可用相对尺寸定位。

⑥ 建筑物、构筑物、铁路、道路、管线等应标注下列部位的坐标或定位尺寸：建筑物、构筑物的定位轴线（或外墙面）或其交点；圆形建筑物、构筑物的中心；皮带的中线或其交点；铁路道岔的理论中心，铁路、道路的中线或转折点；管线（包括管沟、管架或管桥）的中线或其交点；挡土端墙顶外边缘线或转折点。

⑦ 坐标宜直接标注在图上，如图面无足够位置，也可列表标注。

⑧ 在一张图上，如坐标数字的位数太多时，可将前面相同的位数省略，其省略位数应在附注中加以说明。

（5）标高注法

① 应以含有±0.00标高的平面作为总图平面。

② 总图中标注的标高应为绝对标高，如标注相对标高，则应注明相对标高与绝对标高的换算关系。

③ 建筑物、构筑物、铁路、道路、管沟等应按以下规定标注有关部位的标高：建筑物室内地坪，标注建筑图中±0.00处的标高，对不同高度的地坪，分别标注其标高[图3-14（a）]；建筑物室外散水，标注建筑物四周转角或两对角的散水坡脚处的标高；构筑物标注其有代表性的标高，并用文字注明标高所指的位置[图3-14（b）]；

铁路标注轨顶标高；道路标注路面中心交点及变坡点的标高；挡土墙标注墙顶和墙趾标高，路堤边坡标注坡顶和坡脚标高，排水沟标注沟顶和沟底标高；场地平整标注其控制位置标高，铺砌场地标注其铺砌面标高。

④ 标高符号应按《房屋建筑制图统一标准》（GB/T 50001—2017）中"标高"一节中有关规定标注。

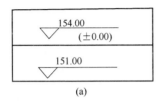 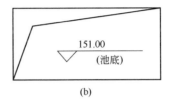

图3-14　标高注法

（6）名称和编号

① 总图上的建筑物、构筑物应注明名称，名称宜直接标注在图上。当图样比例小或图面无足够位置时，也可编号列表标注在图内。当图形过小时，可标注在图形外侧附近处。

② 总图上的铁路线路、铁路道岔、铁路及道路曲线转折点等，均应进行编号。

③ 铁路线路编号应符合下列规定：车站站线由站房向外顺序编号，站线用阿拉伯数字表示；厂内铁路按图面布置有次序地排列，用阿拉伯数字编号；露天采矿场铁路按开采顺序编号，干线用罗马字表示，支线用阿拉伯数字表示。

④ 铁路道岔编号应符合下列规定：道岔用阿拉伯数字编号；车站道岔由站外向站内顺序编号，一端为奇数，另一端为偶数。当编里程时，里程来向端为奇数，里程去向端为偶数。不编里程时，左端为奇数，右端为偶数。

⑤ 道路编号应符合下列规定：厂矿道路用阿拉伯数字，外加圆圈（如①②…）顺序编号；引道用上述数字后加—1、—2（如①—1，②—2…）编号。

⑥ 厂矿铁路、道路的曲线转折点，应用代号 JD 后加阿拉伯数字（如 JD1、JD2）顺序编号。

⑦ 一个工程中，整套总图图纸所注写的场地、建筑物、构筑物、铁路、道路等的名称应统一，各设计阶段的上述名称和编号应一致。

3. 总平面设计范例

图 3-15 所示是年产 5000t 肉类食品罐头厂总平面布置图，在这个设计方案中，生产、生活、管理区分开，生产区围绕实罐车间布置，动力车间和污水处理车间均布置在主生产车间附近，布局合理。生活区与生产区间用绿化带进行隔离，保证了各区域的相互独立性。

无论食品工厂的新建、改建和扩建，工艺技术人员都要进行食品工厂工艺设计，而食品工厂工艺设计必须对非工艺设计部分提供设计参数和要求。因此，食品工艺技术人员了解厂房建筑的基本知识，不仅有利于设计工作的正常进行，而且对工艺路线的合理安排、工艺方案的正确实施等方面都十分重要。

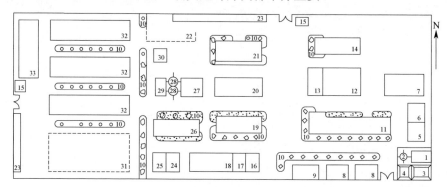

图3-15 年产5000t肉类食品罐头厂总平面布置图

1—锅炉房（112.5m²）；2—烟囱（φ3.5m）；3—煤场（150m²）；4—煤场（100m²）5—衣房（180m²）；6—浴室（厕所）（144m²）；7—食堂（375m²）；8—污水处理池（150m²，2处）；9—污水处理房（200m²）；10—绿化带、花坛（若干）；11—实罐车间（774m²）；12—成品房（540m²）；13—保温库（216m²）；14—包装车间（384m²）；15—门房（30；m²，2处）；16—包装材料库（225m²）；17—五金设备库（225m²）；18—机修车间（450m²）；19—空罐仓库（432；m²）；20—冷库（432m²）；21—办公楼（中心实验室）（540m²）；22—停车场（1500m²）；23—自行车棚廊（309m²，2处）；24—劳保用品仓库（150m²）；25—危险品仓库（150m²）26—空罐车间（32m²）；27—冷冻机房（180；m²）；28—冷却塔（φ4m，2座）；29—水泵房（90；m²）；30—配电所（81m²）；31—运动场（1800m²）；32，33—宿舍（900m²，4幢）

第四章

食品工厂工艺设计

通过本章学习，掌握和理解产品方案及班产量的确定、主要产品及综合利用产品生产工艺流程的确定、物料衡算、设备生产能力计算及设备选型、劳动力计算、生产车间工艺布置、生产车间用水和用汽量的估算、管路设计及布置8个方面的内容。建议在学习车间平面布置内容时，学习一些建筑基本知识，如建筑材料、建筑制图、建筑构件等，有利于理解领会本章内容。

第一节　产品方案及班产量的确定

一、产品方案

产品方案又称生产纲领。它是指食品工厂全年生产产品品种、数量、生产周期、生产班次等的计划安排。实际生产计划中工厂一般以销定产，产品方案既作为设计依据，又是工厂实际生产能力的确定及挖潜余量的计算。产品品种类型不同，生产工艺不同，其原料也随产地、产量、产品需求量的情况也有所差异；另外，产品的市场销售也和人们的生活习惯、地区的气候和不同季节的影响，甚至和一段时间人们的消费习惯和消费心理相关。因而要"因地制宜，因时制宜"地合理制定产品方案。

在制订产品方案时，要考虑原料、消费人群等因素，比如乳品工厂的主要原料是牛奶或羊奶，当工厂附近有大中城市时，可以生产短保质期的巴氏杀菌乳；而消费地或目标销售区域远离工厂时需要生产长保质期的高温杀菌乳或奶粉等产品。食品工厂产品产量在设定计划时除了原料供应量还要综合销售量、生产工艺、经济性等多方面的因素。在生产周期和生产班次安排上要充分考虑原料因素，如以季节性原料为加工品种的食品工厂，季节性强，生产有淡季和旺季。特殊的应季食品，诸如月饼、汤圆、粽子等，主要是为了在相应的节日供应市场，一般不设计单独的食品厂，而是糕点类厂在期间转产相应产品。该类产品应季性强，销售周期短，因而在产品方案安排时，需保证足够的原料储备和人员，组织充足的生产力量，来满足节日期间市场的集中消费需求。而诸如肉制品、蛋制品、零食类等全年的原料和销售均相对稳定，生产不分淡旺季。

在安排产品方案计划时，要尽量做到"四个满足"和"五个平衡"。

1. 四个满足

（1）满足主要产品产量的要求。

（2）满足原料综合利用的要求。

（3）满足淡旺季平衡生产的要求。

（4）满足经济效益的要求。

2. 五个平衡

（1）产品产量与原料供应量应平衡。

（2）生产季节性与劳动力应平衡。

（3）生产班次要平衡。

（4）产品生产量与设备生产能力要平衡。

（5）水、电、汽负荷要平衡。

在编列产品的生产方案时，应根据设计计划任务书的要求及原料供应的情况，并结合各生产车间的实际利用率。在编排产品方案时，每月可按 30d 计（员工可安排不同时间调休），全年的生产日为 300d；考虑原料供应方面等原因，全年的实际生产日数不宜少于 250d，淡季每天的生产班次一般为 1～2 班，季节性产品高峰期则要按 3 班考虑。

二、班产量的确定

食品工厂的设计运行时，对某种产品的总生产能力，即该产品的年产量，可在前期充分调研基础上，形成可行性报告。确定产品的年产量，再根据生产的排期，计划年生产的天数，淡旺季排班数量，可确定班产量的多少。

班产量确定是工艺设计的最主要的计算基础，也直接影响到生产工艺的设计、车间布置、设备的选型和配套、生产车间的占地面积、辅助设施和其他配套设施等，乃至影响到人员的配置及产品线的经济效益。

首先在确定产量时候，主要需要考虑以下几方面的因素。

① 目标销售地区对产品需求的预测，参考同类产品在其他食品厂生产能力的大小。

② 原料供应情况预测。

③ 经济效应分析。主要指生产规模或产量多大时，成本最低，利润最高，或投资效益最好。

一般来说，食品工厂班产量越大，即生产规模越大，单位产品的成本越低，效益更高。但在受到一些条件限制下，产量高，经济效益反而低。所以，班产量有限制的，应当达到或超过合理、适宜经济规模的班产量。最适宜的班产量实质就是经济效益最好的规模。

三、产品方案的制定

企业在产品方案的制定时，需要考虑以下几方面。

1. 方式的选择

产品的生产方式分为连续生产、间歇生产、联合生产方式。为达到规定的设计产量，可通过方案对比来确定具体采用的生产方式。通常情况下，连续生产方式具有生产产量大、产品质量稳定、易实现机械化和自动化、成本较低等优点。因此，当产品的生产规模较大、生产水平要求较高时，应尽可能采用连续生产方式。但连续生产方式的适应能力较差，装置一旦建成，要改变产品品种往往非常困难，有时甚至要较大幅度地改变产品的产量也不容易实现。间歇生产方式具有装置简单、操作方便、适应性强等优点，尤其适用于小批量、多品种的生产。联合生产方式是一种组合生产方式，其特点是产品的整个生产过程是间歇的，但其中的某些生产过程是连续的，这种生产方式兼有连续和间歇生产方式的一些优点。

2. 流程设计

食品的生产过程都是由一系列单元操作或单元反应过程组成的，在工艺流程设计中，保持各单元操作或单元反应设备之间的处理能力平衡，提高设备利用率，是设计者必须考虑的技术问题。设计合理的工艺流程，各工序的处理能力应相同，各设备均满负荷运转，无限制时间。由于各单元操作或反应的操作周期可能相差很大，要做到前一步操作完成，后一步设备刚好空出来，往往比较困难。为实现主要设备之间的衔接和能力平衡，常采用输送带带速调节和中间储罐进行缓冲，有时要求产量较高时，单纯依靠提高单个设备的处理量难以实现，并且不经济，因而可采用多条生产线并行生产的方式。

3. 能量的回收与利用

在工艺流程设计中，充分考虑能量的回收与利用，以提高能量利用率，降低能量单耗，是降低产品成本的又一重要措施。比如在牛乳的杀菌工艺中，在净乳前需要对牛乳预加热，而杀菌后牛乳要经过冷却贮藏。如果将杀菌后热牛乳用于预加热，既达到了工艺目的，又节省了能源。而浓缩饮料采用多效真空浓缩，对二次蒸汽加以利用，也起到了降低能耗的作用。

4. 技术措施

在工艺流程设计中，对所设计的设备或装置在正常运转及开车、停车、检修、停水、停电等非正常运转情况下可能产生的各种安全问题，应进行认真而细致的分析，制订出切实可靠的安全技术措施。如在含易燃、易爆气体或粉尘的场所可设置报警装置;在强放热反应设备的下部可设置事故贮槽,其内贮有足够数量的冷溶剂,遇到紧急情况时可将反应液迅速放入事故贮槽,使反应终止或减弱,以防发生事故;对可能出现超压的设备,可根据需要设置安全水封、安全阀或爆破片;当用泵向高层设备中输出物料时可设置溢流管,以防冲料;在低沸点易燃液体的贮罐上可设置阻火器以防火种进入贮罐而引起事故;当设备内部的液体可能冻结时,其最底部应设置排空阀,以便停车时排空设备中的液体,从而避免设备因液体冻结而损坏;对可产生静电火花的管道或设备,应设置可靠的接地装置;对可能遭受雷击的管道或设备,应设置相应的防雷装等。

5. 控制方案的选择

在工艺流程设计中,对需要控制的工艺参数如温度、压力、浓度、流量、流速、pH、液位等,都要确定适宜的检测位置、显示仪表及控制方案。现代食品企业对仪表和自控水平的要求越来越高,仪表和自控水平的高低在很大程度上反映了企业生产和管理水平。

一般来说,一种原料生产多种规格的产品时,应力求精简,以利于实现机械化。但是,为了提高原料的利用率和使用价值,或者为了满足消费者的需要,往往有必要将一种原料生产成多种规格的产品(即进行产品品种搭配)。下面列举若干种产品品种搭配的大体情况,供参考。

(1)冻猪片加工肉类罐头的搭配　3～4级的冻片猪出肉率在75%左右,其中可用于午餐肉罐头的为55%～60%,元蹄罐头1%～2%,排骨罐头5%左右或扣肉罐头8%～10%,其余可生产其他猪肉罐头。

(2)番茄酱罐型的搭配　尽可能生产70g装的小型罐,但限于设备的加工条件,通常是70g装的占13%～30%,198g装占10%～20%,300g或500g装的大型罐占40%～60%。现在番茄酱的生产已西迁至新疆、宁夏等地,他们生产的番茄酱有的运送到苏、沪一带再分装成小罐。

(3)蘑菇罐头中整菇和片菇、碎菇比例的搭配　一般整菇占70%,片菇和碎菇占30%左右。

(4)水果类罐头品种的搭配　在生产糖水水果罐头的同时,需要考虑果汁、果酱罐头的生产,其产量视原料情况和碎果肉的多少而定。

(5)速冻芦笋生产　中条笋和段笋比例的搭配对原料的综合利用和生产成本有着决定性的影响,一般条笋占70%,段笋占30%。

四、产品方案的比较与分析

实际生产情况下,确定的生产方案不能够随意更改。因而在设计和确定生产方案时要经过对比分析论证。通常情况下,设计人员应按照下达任务书中的年产量和品种,从生产可行性和技术先进性入手,制定出两种以上的产品方案进行分析比较,尽量选用先进的设备、先进的工艺并结合实际情况,考虑实际生产的可行性和经济上的合理性，作出决定。

在进行方案比较时首先应明确评判标准。许多技术经济指标，如目标产品的产量、原料消耗、能量消耗、产品成本、设备投资、运行费用等均可作为方案比较的重要评判标准。此外，环保、安全、占地面积等也是方案比较时应考虑的重要因素。当通过单一经济技术指标难以确定最优方案时，可采用综合评分的方式对每一项赋权值，并通过最终得分确定最佳方案。比较的情况及结论写成产品方案说明书报上级批准，以一个最佳方案作为设计依据。

产品方案比较与分析如表 4-1 所示。

表4-1　产品方案比较与分析

项目方案	方案一	方案二	方案三
产品产量/t			
所需生产工人数			
劳动生产率 （年产量/工人总数）			
每月原料、产品数之差/t			
平均每人每年产值（元/人·年）			
生产季节性因素			
基建总投资			
水、电、汽耗量			
环境保护因素			
社会效益的比较			
预计经济效益（元/年）			
结论			

第二节　工艺流程设计

一、工艺流程的选择

食品工厂的种类繁多，如烘焙食品工厂、方便食品工厂、饮料厂、罐头厂、啤酒生产厂和肉类制品厂等。由于原料不同和生产的目标产品等差异，导致食品加工工艺流程各不相同。但是部分食品采用的单元操作相同，设备原理近似，所选用设备也有近似之处。如饮料、乳品厂料液杀菌常采用高温杀菌，设备一般用管式和板式高温杀菌设备。而部分产品用于采用相同的原料，对原料的预处理是相同的。比如无论果汁、水果罐头还是水果脆片生产工艺都要对水果原料进行清洗和分选等工艺。又如，乳品工厂不管是生产牛乳、酸奶还是生产奶粉，都要经过原料乳验收、预处理、预热杀菌等工艺过程，这些产品不同时生产，其相同工艺过程的设备是可以公用的，后续目标产品不同则工艺流程和处理设备有所差异。

为了保证食品产品的质量，对不同品种的原料应选择不同的工艺流程。另外，即使原料品种相同，如果所确定的工艺路线和条件不同，不仅会影响产品质量，而且还会影响到工厂的经济效益。所以，我们对所设计的食品工厂的主要产品工艺流程应进行认真的探讨和论证。

在确定生产流程时，必须遵循以下几点。

① 根据产品规格要求和国家颁布标准、行业标准或企业标准或客户的特殊规格标准拟订。

② 尽量选用先进、成熟、高效率、低能耗的新设备，生产过程尽可能做到连续化，提高机械化和自动化生产能力，以保证产品的质量和产量。工艺流程应尽可能按流水线排布，使成品或半成品在生产过程中停留的时间最短，以避免半成品的变色、变味、变质；假如是需要进行杀菌的食品，为保证其产品质量，最好采用连续杀菌或高温短时杀菌的工艺。

③ 注意经济效益，应选投资少、消耗低、成本低、产品收效高的生产工艺。

④ 要充分考虑环保。利用原料，尽可能做到原料的综合利用，降低成本，减少"废渣"处理量。生产工艺选择达到国家规定的"三废"排放标准。

⑤ 对特产或名优产品不得随意更改其工艺过程；若需改动必须经过反复试验、专家鉴定后，上报相关部门批准，方可作为新技术用到设计中来；非定型产品或科研成果，要待技术成熟后，方可用到设计中；对科研成果，必须经过中试放大后，才能应用到设计中。生产工艺流程设计工作是一项重要而复杂的工作，所涉及的范围大，直接影响建厂的效益。工艺流程设计指的是确定生产过程的具体内容、顺序和组合方式，并最后以工艺流程图的形式表示出整个生产过程的全貌。

⑥ 根据所生产的产品品种确定生产线的数量，若产品加工的性质差别很大，就要考虑几条生产线来加工。

⑦ 确定主要产品工艺过程。

⑧ 在主要产品的工艺流程确定后，就要确定工艺过程中每个工序的加工条件。

⑨ 正确选择合理的单元操作，确定每一单元操作中的方案及设备的形式。

二、工艺流程方框图的绘制

生产工艺流程设计原则及设计步骤。生产工艺流程设计是工艺设计的一个重要内容。选用先进合理的工艺流程并进行正确设计对食品工厂建成投产后的产品质量、生产成本、生产能力、操作条件等产生重要影响。

工艺流程设计是原料到成品的整个生产过程的设计，是根据原料的性质、成品的要求把所采用的生产过程及设备组合起来，并通过工艺流程图的形式，形象地反映食品生产由原料进入到产品输出的过程，其中包括物料和能量的变化、物料的流向以及生产中所经历的工艺过程和使用的设备仪表。因此，生产工艺流程设计的主要任务包括两个方面：首先是确定生产流程中各个生产过程的具体内容、顺序和组合方式，达到由原料制得所需产品的目的；而在前面各项内容确定后，是绘制工艺流程图，其中包括绘制工艺流程方框图和设备工艺流程图。

工艺流程方框图，又称生产工艺流程示意图。一般在物料衡算前进行绘制。主要是定性表述由原料转变为半成品的过程及应用的相关设备。工艺流程方框图的内容应包括工序名称、完成该工序工艺操作的手段（手工或机械设备名称）、物料流向、工艺条件等。若条件成熟，也可列出欲选设备的型号及规格。在工艺流程方框图中，应以箭头表示物料流动方向。其中粗实线箭头表示物料由原料到成品的主要流动方向，可以细实线箭头表示中间产物（余料）、废料的流动方向。

一些食品的生产工艺流程方框图见图4-1～图4-6。

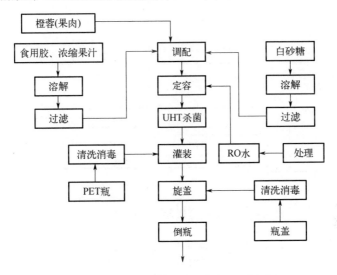

图4-1　含果肉饮料生产工艺流程方框图

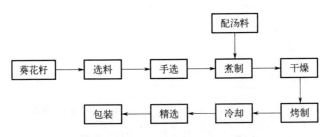

图4-2　五香瓜子生产工艺流程方框图

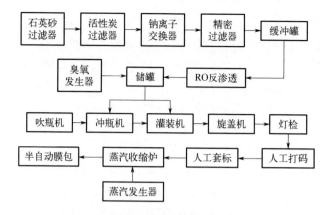

图4-3 纯净水生产工艺流程方框图

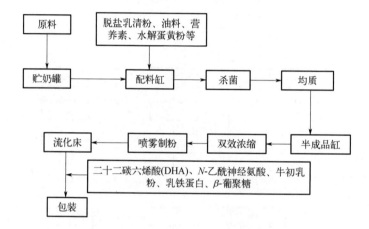

图4-4 婴幼儿配方奶粉生产工艺流程方框图

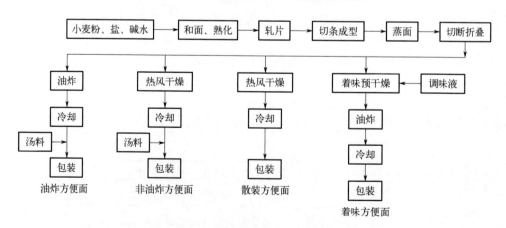

图4-5 方便面生产工艺流程方框图

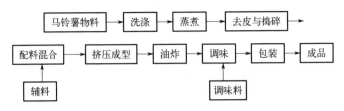

图4-6　马铃薯脆片生产工艺流程方框图

三、设备工艺流程图的绘制

工艺流程示意图不仅可以用以上方框文字示意图表示，而且还可以用简单的设备流程图表示（图 4-7～图 4-9）。由于没有进行计算，绘图时设备时要绘制设备基本外形，但对设备的大小比例没有要求。

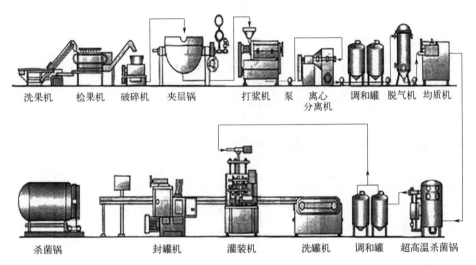

图4-7　果汁生产设备流程图

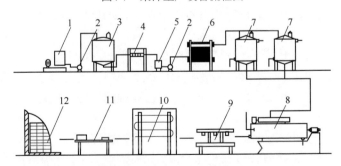

图4-8　酸奶生产设备流程图

1—高速搅拌器；2—奶泵；3—配料罐；4—高压均质机；5—平衡罐；6—板式杀菌、冷却机；7—老化罐；
8—凝冻机；9—注杯灌装机；10—速冻隧道；11—外包装机；12—冻藏库

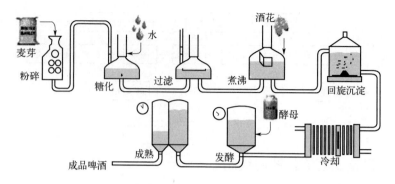

图4-9　啤酒生产设备流程图

更进一步可以在设备外形流程图的基础上，用粗实线画出物料流程管线，并画出流向箭头。用中粗线绘制其他介质（如水、蒸汽、压缩空气及辅料）等，仪表引线、基线等用细实线绘制。

工艺流程图的绘制包括以下几方面内容。

（1）标准　设备的编号、名称及特性数据。

（2）标题栏　图名、图号、设计阶段等。

流程图一般由四个部分组成：物料流程、图例、设备一览表和必需的文字说明，其制图要求如下。

（3）按国家制图要求的规定进行绘图。附注图例常采用 1∶50、1∶100、1∶200 等。

（4）用细实线画出设备示意图。

（5）绘制设备和管道上主要阀门、控制仪表及管路附件。

（6）对必要的部分，而又不能用图线表达时，用文字注释。如"三废"（废水、废气、废渣）、副产物的去向等。

（7）图例　将采用的介质代号、仪表代号、阀门及管件代号等在流程图的右上方列出图例，并说明用途。

在初步设计工艺流程方框图和设备流程图基础上可以，绘制带控制点的设备工艺流程图。带控制点的工艺流程图是在设备流程图的基础上，将工艺设备外形按工艺流程及位置高低，配以工艺管道、控制点，在平面图纸上展开，是设备、管道布置设计的依据，供施工、生产、安装、操作等参考的工艺流程图。其充分考虑实际生产要求设计而成。施工阶段带控制点的工艺流程图作为正式设计成果编入设计文件中。

生产工艺流程图的绘制步骤为：生产工艺流程框图→物料平衡计算→绘制设备工艺流程图→设备设计及计算→设备选型→带控制点的工艺流程图→车间设备设计→设计图的修改和完善→正式绘制生产工艺流程图。

由上述可知，生产工艺流程图是分阶段逐步完成的，流程图的设计是要经过多次反复比较、修改，确认设计合理无误后绘制正式设计结果，它更加全面、完整、合理，是设备布置和管道设计的依据，并可为施工安装、生产操作提供参考。在从事生产工艺设计时，必须全面、综合考虑问题，做到思路清晰，有条不紊，前后一致。

第三节　物料衡算

物料衡算包括生产某产品所需要的原辅料和包装材料的计算。通过物料衡算，可以计算出原料和辅助材料的用量，各种中间产品、副产品、成品的产量和组成及"三废"的排放量。依此确定主要物料的采购运输量和仓库储存量，并对生产过程中所需的设备和劳动力定员及包装材料等的需要量提供依据。

除此之外，实际设计中，物料衡算的意义还针对已有的生产线或生产设备进行标定，即利用实际测定的数据计算某些难以直接测定计量的参变量，进而对该生产线或生产设备的生产情况行分析，确定生产能力，衡量操作水平，提高产效率，提高成品收率，减少副产品、杂质和排放量，降低投入和消耗，从而提高企业经济效益。

物料衡算是工艺计算的基础，在整个工艺计算工作中开始得最早，并且是最先完成的项目。当生产方法确定并完成了工艺流程示意图设计后，即可进行物料衡算。

一、物料衡算的一般方法

物料衡算所依据的是质量守恒定律，即对于一定的衡算生产线，它的进出物料的总量不变，用公式表示为 $G_{进}=G_{出}$；而考虑损失的情况下，$G_{进}=G_{出}+G_{损}$，即进料量等于出料量和损失量的和。计算物料时，必须使原辅料的质量与经过加工处理后所得成品及损耗量相平衡。

绘制物料平衡图时，在加工过程中投入的原辅料按正值计算，而物料损失以负值表示，并为下一步设备计算、热量计算、管路设计、劳动定员、生产班次、成本核算等提供计算依据。因此，物料衡算在工艺设计中是一项既细致又重要的工作。

在食品工厂的工艺设计时以班产量作为标准，同样在物料衡算时也以班产量作为计算基准，其计算公式如下：

每班耗用原料量(kg/班)=单位产品耗用原料量(kg/t)×班产量(t/班)；

每班耗用辅助材料量(kg/班)=单位产品耗用各种辅助材料量(kg/t)×班产量(t/班)；

每班耗用包装容器量(只/班)=单位产品耗用包装容器(只/t)×班产量(t 班)。

以上衡算计算公式只针对一种原料生产一种产品的计算方法，如一种原料用于两种以上产品时，则需分别求出各产品的用量，再汇总求总量。

物料是根据设计的范围和需求来具体确定衡算范围，通常是一个从原料进入到成品出产的全过程，也适用于任一组分或任一元素的物料衡算。对于连续操作过程，系统内的物料积累量为零。所谓系统，是指所计算的生产装置，它可以是一个工厂、一个车间、一个工段，也可以是一个设备。

在物料衡算时恰当地选择计算基准可使整个计算过程得到简化。一般来说，生产过程中应选取物料不变化的一个物理量作为计算基准，如常以单位时间物料量（通常用班产量）作基准；间歇操作过程以每批处理的物料量为计算基准，即以单位质量、体积和摩尔数的产品或原料为基准，例如啤酒工厂物料衡算，可以 100kg 原料出发进行计算，或以 100L 啤酒出发进行计算。而在实际中也会根据单元操作的特点选取计算基准，如在干燥过程中计算中，常以干物料的质量为基准。

在物料衡算时得到原辅料消耗量，是在正常生产条件下，设备正常状况产品所耗用原辅料的平均值。在生产实践中因具体食品工厂的地域差异、气候不同、工人熟练度、设备状态、原料品种、新鲜度及操作条件等的不同会出现波动和变化，在实际运行时要根据具体情况进行调整。

二、物料平衡图

物料平衡图是根据任何一种物料的质量与经过加工处理后所得的成品及少量损耗之和在数值上是相等的原理来绘制的。平衡图的内容包括：物料名称、物料质量、成品名称、成品质量、物料的流向、投料顺序等。绘制物料平衡图时，实线箭头表示物料主流向，必要时用细实线表示物料支流向，实例见图 4-10 和图 4-11。

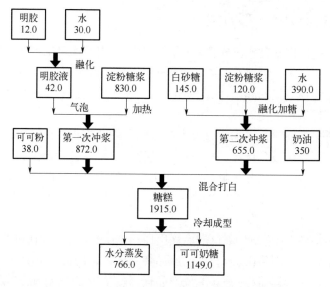

图4-10　班产1.15t可可奶糖物料平衡图（单位：kg）

三、物料平衡表

物料平衡表是以表格的形式体现物料平衡计算结果，其基本内容可与平衡图相同，其格式见表4-2。以核桃汁生产为例，其物料平衡表见表4-3。

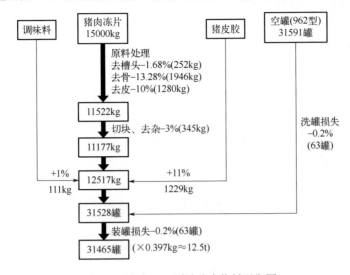

图4-11　班产12.5t原汁猪肉物料平衡图

表4-2　物料平衡表

序号	工艺过程及原辅料名称	处理量或料液量
1		
2		
3		

实例一、核桃汁生产物料平衡表

表4-3　核桃汁物料平衡表

序号	工艺过程	处理量/t	序号	工艺过程	处理量/t
1	拣选后核桃量	0.99	10	蔗糖脂肪酸酯	0.026
2	脱壳后核仁	0.574	11	果胶	0.011
3	脱皮后核仁量	0.528	12	卡拉胶	0.0006
4	清洗过后核仁量	0.525	13	均质	6.93
5	浸泡后核仁量	1.313	14	脱气后液量	6.91
6	磨浆后浆液量	6.553	15	杀菌	6.86
7	过滤后浆液量	6.455	16	灌装	6.84
8	砂糖	0.452	17	二次杀菌	6.82
9	单硬脂酸酯	0.0006	18	检测量	6.8

第四节　设备选型

一、设备选型原则

设备选型是在物料衡算的基础上，通过设备的计算确定生产线上每个单元操作的设备的具体型号、台数、尺寸等参数，并为后续的车间设备布置设计，以及车间和厂区平面图设计提供条件。

1. 设备选型时应考虑的原则

在设备的工艺选型时应考虑如下原则。

（1）安全性。设备要选取安全可靠的、操作稳定、无安全隐患，对安装所在厂房等无苛刻要求，例如重量负载、抗震程度等。工人在操作时劳动强度低，尽量避免露天、高温、高压、高空、高粉尘等作业环境。

（2）合理性。设备选取必须满足生产工艺要求，设备与工艺流程、生产规模、工艺操作条件、工艺控制水平相适应。

（3）先进性。要求设备的自动化水平、生产技术、生产效率、节能程度要尽可能达到先进水平。

（4）经济性。设备结构紧凑，易于维修，需维护周期间隔长，运行费用低。能一机多用，备品、备件供应方便。考虑到生产淡旺季的生产波动，设备要有一定可调整空间余量。

2. 设备选择必须遵循的行业性法规

根据《食品卫生则》以及《食品企业通用卫生规范》中对食品工厂设备选择的规定，是设备选择必须遵循的行业性法规。

（1）直接与食品接触的设备和容器（不是指一次性容器和包装）的设计与制作应保证在需要时可以进行充分的清理、消毒及养护，以使食品免遭污染。设备和容器应根据其用途，用无毒的材料制成，必要时还应是耐用的和可移动的或者是可拆装的，以满足养护、清洁、消毒、监控的需要，例如方便虫害检查等。

（2）除上述总体要求外，在设计用来烹煮、加热处理、冷却、贮存和冷冻食品的设备时，应从食品的安全性和适宜性出发，使设计的这类设备能够在必要时尽可能迅速达到所要求的温度，并有效地保持这种状态。在设计这类设备时还应使其能对温度进行监控，必要时还需要对温度、空气流动性及其他可能对食品的安全性和适宜性有重要影响的特性进行监控。这些要求的目的如下。

① 消除有害的或非需要的微生物，或者将其数量减少到安全的范围内，或者对其残余及生长进行有效控制。

② 在适当时，可对以 HACCP 为基础的计划中所确定的关键限值进行监控。

③ 能迅速达到有关食品的安全性和适宜性所要求的必要条件，并能保持这种状态。

（3）凡接触食品物料的设备、工具和管道的材质，必须用无毒、无味、抗腐蚀、不吸水、不变形的材料。

（4）设备的设置应根据工艺要求，布局合理。上下工序衔接要紧凑。各种管道、管线尽可能集中走向。冷水管不宜在生产线和设备包装台的上方通过，防止冷凝水滴入食品。其他管线和阀门也不应设计在暴露原料和成品的上方。

（5）安装应符合工艺卫生要求，与屋顶（天花板、墙壁）等应有足够的距离，设备一般应用脚架固定，与地面就有一定的距离。部分应有防水、防尘罩，以便于清洗和消毒。

（6）各类液体输送管道应避免死角或盲端，设排污阀或排污口，便于清洗、消毒，防止堵塞。

3. 生产线设备计算和选型可参考的步骤

（1）设备所担负的工艺操作任务和工作性质，工作参数的确定。

（2）设备基本的类别和性能确定。

（3）主要设备生产能力的确定。

（4）主要设备数量计算（考虑设备使用维修及必需的余量）。

（5）主要设备主要尺寸的选取和确定。

（6）涉及化工过程设备确定，包括输送、传热、干燥等计算。

（7）设备的转动搅拌装置确定，包括动力消耗计算，电机的选取和搅拌设备的选取。

（8）对于专用设备还包括设备结构的设计、支撑方式的计算选型、壁厚的计算选择、材质的选择和用量计算。

（9）其他特殊问题的考虑。

二、设备生产能力计算

食品厂中使用最多和最为广泛的即输送设备。输送设备的选择，要根据情况综合考虑分析，主要按照物料的状态考虑。固体和流体选用不同的输送设备。固体输送设备包括带式输送机、斗式提升机、螺旋输送机、气力输送系统等。液体输送设备包括泵（离心泵、螺杆泵、齿轮泵、滑片泵等）以及真空吸料装置等。

1. 带式输送机生产能力的计算

它是食品厂中广泛采用的一种连续输送机械，常用于块状、粒状及整件物品的水平或倾斜方向的运送，也可作为检查、包装、清洗和预处理操作台等。

特点：工作速度范围广，输送距离长，生产效率高，所需动力不大，结构简单，使用维护方便，噪声小，能在全机身任何地方装卸料。但工作不密封，不宜输送轻质粉状物料；倾斜度不大（一般小于 25°）。

带式输送机的生产能力可按以下公式计算：

$$G=3600Bh\rho v\varphi \qquad (4\text{-}1)$$

式中　G——水平带式输送机生产能力，t/h；

　　　B——带宽，m；

　　　ρ——物料堆积密度，kg/m^3；

　　　h——堆放物料的平均高度，m；

　　　v——带的运动速度，m/s，运输时取 v=0.8～2.5 m/s；

　　　φ——装载系数，取 φ=0.6～0.8，一般取 φ=0.75。

对于倾斜带式输送机的输送量，可以根据倾斜角度不同乘以校正系数 φ_o。倾斜系数 0～10°时 φ_o 选取 1.00，11°～15°选取 1.05，16°～18°选取 1.10，19°～20°选取 1.15。

2. 斗式提升机生产能力的计算

当提升倾角度大时要用斗式提升机。它将物料沿着垂直方向或接近垂直方向进行输送。其主要利用料斗把物料从下面的储藏中舀起，随着输送带或链提升到顶部，绕过顶轮后向下翻转，将物料倾入接收槽内。特点：占地小，可将物料升到较高的位置（30～50m），生产率范围大。但过载敏感，需连续供料。

斗式提升机生产能力的计算公式为：

$$G = 3600\,iv\rho\varphi/a \qquad (4\text{-}2)$$

式中　G——斗式升送机生产能力，t/h；

　　　i——料斗容积，m^3；

　　　a——两个料斗中心距，m（对于疏斗，可取斗深的 2.3～2.4 倍；对于连续布置的斗，可取斗深的 1 倍）；

　　　φ——料斗的充填系数（决定于物料种类及充填方法，对于粉状及细粒干燥物料取 0.75～0.95，谷物取 0.70～0.90，水果取 0.50～0.70）；

　　　v——牵引件（带子或链条）速度，m/s；

　　　ρ——物料的堆积密度，t/m^3。

3. 螺旋输送机生产能力的计算

其为非挠性连续输送机械，用于干燥松散的粉状、粒状、小块状物料输送。在输送过程中可对物料进行搅拌、混合、加热和冷却等等工艺。工作原理为当螺旋轴转动时，由于物料的重力及其与槽体壁所产生的摩擦力，使物料只能在叶片的推送下沿着输送机的槽底向前移动。

（1）螺旋输送机生产能力的计算公式

$$Q=15\pi D^2 Sn\rho\varphi C \qquad (4\text{-}3)$$

式中　D——螺旋直径，m；

　　　S——螺距，m，S=(0.5～1.0)D；

　　　n——螺旋轴的转数，r/min；

ρ——物料的堆积密度，t/m^3；

φ——填充系数，一般物料 $\varphi=0.125\sim0.40$，谷物 $\varphi=0.25\sim0.35$，面粉 $\varphi=0.35\sim$
0.40；

C——倾斜系数，见表4-4。

表4-4　螺旋输送水平倾角与倾斜系数关系表

输送机的水平倾角	0°	5°	10°	15°	20°
C	1	0.9	0.8	0.7	0.65

（2）液体输送泵的选择

① 根据生产要求和物料的性质来选泵的类型。

② 根据要求确定所需输送物料的流量及扬程量。当要求输送流量较大而黏度物料不大扬程不高时，可选用离心泵。当要求流量小而扬程大时，可选用往复泵。输送悬浮液时，选用隔膜式往复泵；输送黏度大的液体、酱体、糊状物时，可选用齿轮泵，也可用螺杆泵或高黏度泵。泵的类型选定后，再根据流量及扬程选出泵的型号，并确定材质和台数。

③ 核算泵的性能。确定泵的安装高度。其原则是使泵在指定操作条件下能正常运行而不发生气蚀。计算泵功率和选定电动机功率。

4. 离心泵的计算

离心泵流量 Q 的计算公式如下：

$$Q = \frac{102P\eta}{\rho H} \tag{4-4}$$

式中　Q——离心泵流量，m^3/s；

H——扬程，m；

ρ——液体密度，kg/m；

P——轴功率，kW；

η——泵的总效率，$\eta=0.4\sim0.6$。效率可从容积效率、水力效率、机械效率三方面考虑。

5. 螺杆泵的计算

螺杆泵流量 Q 的计算公式如下：

$$Q = qn \times 60\eta = \frac{neDT\eta}{4167} \tag{4-5}$$

式中　η——螺杆泵的容积效率，一般为 $0.7\sim0.8$；

T——螺腔的螺距，$T=2t$，t 为螺杆的螺距，cm；

e——偏心距，cm；

n——螺杆的转速，r/min；

D——螺杆的直径，cm。

6. 杀菌锅计算

（1）每台杀菌锅操作周期所需的时间 t。

$$t= t_1+ t_2+ t_3+ t_4+ t_5$$

式中　t_1——装锅时间，一般取 5min；

　　　t_2——升温时间，min；

　　　t_3——恒温时间，min；

　　　t_4——降温时间，min；

　　　t_5——出锅时间，一般取 5min。

（2）每台杀菌锅内装罐头的数量 n

$$n = Kaz d_1^2 / d_2^2 \text{（罐）}$$

式中　K——装载系数，随罐头的罐型不同而不同,常用罐型的 K 值可取 0.55～0.60；

　　　a——杀菌篮高度与罐头高度之比值；

　　　z——杀菌锅内杀菌篮的数目；

　　　d_1——杀菌篮外径，m；

　　　d_2——罐头外径，m。

（3）每台杀菌锅的生产能力 G。

$$G=60n/T \text{（罐/h）}$$

（4）1h 内杀菌 X 罐所需的杀菌锅数量 N

$$N=X/G \quad \text{（台）}$$

（5）制作杀菌工段操作图表。

① 首先计算装完一锅罐头所需时间 t

$$t=60n/X \text{（min）}$$

② 其次计算一个杀菌操作周期时间 T 和杀菌锅所需的数量 N，则可制定杀菌工段的操作图表。举例如下：

设第一个锅 8：00 开始装锅，则第二锅是 8：00+ t 后装锅，第三锅是 8：00+2t 后装锅，以此类推，直至第 N 锅。第一个锅杀菌后出锅完毕的时间是 8：00+T，第二个锅杀菌后出锅完毕的时间是 8：00+($T+t$)，第三个锅杀菌后出锅完毕的时间是 8：00+($T+t+t$)，以此类推，直至第 N 锅。这样即可制定出杀菌工段的操作图表。

假如根据计算需要 6 个杀菌锅，t=30min，杀菌式为（20—90—20）/118℃，第一个杀菌锅在 8：00 开始装锅，那么则其操作表如表 4-5 所示。

表4-5　杀菌工段的操作表

过程	第1杀菌周期						第2杀菌周期
	1	2	3	4	5	6	...
装锅开始	8：00	8：30	9：00	9：30	10：00	10：30	11：00

过程	第1杀菌周期						第2杀菌周期
	1	2	3	4	5	6	...
装锅结束	8:05	8:35	9:05	9:35	10:05	10:35	11:05
升温结束	8:25	8:55	9:25	9:55	10:25	10:55	11:25
杀菌结束	9:55	10:25	10:55	11:25	11:55	12:25	12:55
降温结束	10:15	10:45	11:15	11:45	12:15	12:45	13:15
出锅结束	10:20	10:50	11:20	11:50	12:20	12:50	13:20

从表 4-5 可知，第一号杀菌锅于 8：00 开始装锅到杀菌全过程结束时是 10：20，操作周期时间为 140min。第二个周期开始时间是 11：00，第 1 杀菌周期和第 2 杀菌周期间隔时间为 40min，第六号锅装锅结束时间是 10：35，而第一号锅出锅开始时间是 10：15，即装锅和出锅时间最少相差有 20min，进出锅时间不会冲突，工人可以顺利操作，不需要增加杀菌操作的工人数量。

注意，排气箱、二重锅生产能力也按杀菌锅生产能力计算，即：

$$G = 60n/T \text{（罐/h 或 kg/h）}$$

式中　n——排气箱容量或二重锅每次加料量，罐或 kg；

　　　T——排气时间或二重锅预煮循环一次周期时间，min。

三、设备选择配套实例

1. 饼干生产设备选取

根据饼干类产品的生产工艺可以看出，搅拌、烘烤这 2 个工序的设备对所有的饼干类产品是通用的，成型、包装这 2 个工序需要根据不同的产品类型或包装形式选型与配置，成型段以充填机为主，大规模的工厂采用自动化包装线。因而，饼干类生产工艺的搅拌、成型、烘烤、包装 4 个工序仍然可视作通用的。已知该拟建工厂年产 500t 饼干类产品，产品结构为薄饼类、曲奇类和其他类。对饼干类产品生产的各道工序逐一进行产能衡算与设备配置。

（1）搅拌　假设该工厂生产的饼干类单品有以下几类。

A 类：薄饼类，A_1，A_2，共 2 种；

B 类：曲奇类，B_1，B_2，B_3，B_4，B_5，B_6，共 6 种；

C 类：其他类，C_1，C_2，共 2 种。

搅拌因为每个人操作熟练度有差异，加上人流、物流的耗时，可以把搅拌时长取 30min，则每小时可搅拌 2 次。基于经验值，根据产量核算，基于存在部分产品产量大的状况，而且台数越少所需要人员也相对越少，建议 30L 搅拌机，可配置两台。

（2）成型　A类薄饼类品类较单一，成型依靠单机薄饼成型机，配置1台就已满足生产要求；而B类曲奇类和C类其他类主要是通过更换不同挤花嘴实现不同产品的成型，其中部分需要用切片机切成长条和方块。因此，成型段产能计算及设备配置以B、C类为主。本工厂充填设备配置选择常规400mm宽。

（3）充填机配置　B、C成型总时长为32.5h。以每天生产20h来计算，则需要充填机2台。综上分析，饼干类成型段配置设备为1台薄饼成型机、1台切片摆盘机和2台充填机（配不同花嘴）。

（4）烘烤　饼干类产品的烘烤特点为烘烤时间短，所需温度高，一般情况下，选用旋转炉，烘烤更均匀，产量大之后也可以使用隧道炉，产量再大也可以直接配钢带炉。产品经过切片，人工摆盘或充填机成型摆盘后，人工上台车，转运至旋转炉烘烤。根据搅拌产能与充填成型产能匹配，较小的值为前端生产产能。综合分析烤炉设备配置为4台单台车旋转炉。

（5）冷却　根据该拟建工厂的规模以及饼干产品的总产量，采用台车式冷却，前段每小时的台车数最大值为15台，而饼干类产品冷却时间较短，一般12min，可以便于周转。

（6）内包装　由于饼干类产品一般需要装罐或称重装袋，在产量不大的情况下，建议采用手工包装。

（7）外包装　采用人工填装的方式比较合理。

根据以上对饼干类产品生产线各道工序的产能衡算以及设备配置，可以得出以下关于饼干类产品生产区域的设备选型汇总表（表4-6）。

表4-6　年产500t饼干类产品生产设备选型表

序号	工艺	主要生产设备	主要生产辅助设施	备注
1	配料	自动配料系统1套	20m³冷藏库1个，40m³冷冻库1个	
2	搅拌	30 L搅拌机，可配置2台		
3	成型	切片排盘机1台，充填机2台，撒料机1台，薄饼成型机1台	—	
4	烘烤	旋转炉4台	—	
5	清洗	烤盘清洗机1台		
6	自然冷却			
7	包装	封口机1台，X射线异物检测仪2台，贴标机1台，打标机1台，喷码机1台		

2. 脱脂乳粉厂设备选取

所涉及工艺及单元操作如下。

（1）原料乳的验收　原料乳的质量情况直接影响各种产品的加工、产品质量及成本等问题。我国规定的生鲜牛乳收购的质量标准，验收的内容主要包括感官检验、密度测定，以及干物质、脂肪、酸度、微生物等项目的检验。

（2）乳的过滤　乳中含有杂质，可通过过滤介质将其分离。工厂可采用管式过滤器，目数在100目左右。

（3）牛乳的预热与分离　牛乳预热温度50℃左右。采用离心分离原理将牛乳分离机分离，高速旋转所产生的离心力，将密度不同的脱脂乳和稀奶油分开，分出的稀奶油储存在储罐中。

（4）巴氏预杀菌　脱脂乳中所含乳清蛋白热稳定性差，在杀菌和浓缩时易引起热变性。为使乳清蛋白质变性程度不超过5%，并且减弱或避免蒸煮味，又能达到杀菌抑酶目的，脱脂乳的巴氏杀菌温度为80℃，保温15s。

（5）真空浓缩　牛乳在干燥前采用真空浓缩，浓缩的程度直接影响乳粉的质量，特别是溶解度。一般浓缩至原乳的1/4左右，固形物含量在40%左右。

可采用三效降膜式蒸发器。

（6）喷雾干燥　干燥的目的是除去液态乳中的水分。乳粉中的水分含量为2.0%～3.0%，在这样低的水含量下延长了乳的货架期。同时采用喷雾干燥可以增加乳粉的溶解度。

喷雾干燥塔。喷雾压力：选定24.0MPa。进料温度：70℃。进风温度控制在160～180℃之间。干燥室温度控制在70～90℃之间。排风温度控制在75～85℃之间。

（7）冷却　喷雾干燥结束后，乳粉应及时冷却，避免乳粉受热时间过长，影响乳粉的质量。

（8）包装　包装车间应无污染，包装材料要适用于食品，应坚固、卫生，符合环保要求，不产生有毒有害的物质和气体，包装材料仓库应保持清洁，防尘，防污染。包装容器使用前应消毒，内外表面保持清洁。

日处理100t鲜奶脱脂乳粉厂生产设备见表4-7。

表4-7　日处理100t鲜奶脱脂乳粉厂生产设备

设备序号	设备名称	数量	处理能力或型号
1	离心泵	3	30t/h，扬程36m
2	双联过滤器	2	30t/h　100目
3	储奶罐	2	30t
4	流量计	2	30t/h
5	板式换热器	2	30m²
6	巴氏杀菌机组	1	15t/h，80℃，15s
7	蝶式分离机	6	脱脂3t/h
8	平衡缸	2	4000L
9	三效降膜式蒸发器	1	10t/h

设备序号	设备名称	数量	处理能力或型号
10	双联过滤器	1	
11	喷雾干燥系统	1	蒸发量1200kg/h
12	离心风机	1	
13	喷雾干燥塔体	1	
14	旋风分离器	1	
15	袋滤器	1	
16	排风机	1	
17	流化床风机	1	
18	振动流化床	1	
19	冷却风机	1	
20	全自动CIP系统	1	
21	浓酸碱缸	1	500L
22	浓酸（碱）泵	1	60L/min
23	酸罐	1	4000L
24	碱罐	1	4000L
25	热水罐	1	4000L
26	清水罐	1	4000L
27	清洗泵	1	30t/h，扬程36m
28	包装机	1	

第五节　劳动力计算

一、企业组织机构设置

企业组织机构是指企业内部各要素互相作用的方式与形式，是实施企业战略的组织保障，也是决定组织效率的首要因素。它是指企业组织内各个部分的空间位置、排列顺序、连接形式以及各要素之间相互关系的一种模式。现有的企业结构大多是以分工理论为核心原则，结合科学管理的方法所形成的科层结构，这种科层组织适应工业经济的大规模生产方式。但是并不意味着企业的组织机构已经永久固定化，作为管理基础的组织结构不断地尝试创新，以提高企业的管理水平。企业组织机构应服从生产经营管理的需要，建立统一领导、分级管理的体系，使各个管理部门合理分工。

建立企业组织机构应遵循以下几项原则。

1. 目标一致性原则

企业组织机构设置的根本目的是实现企业的战略任务和经营目标。组织机构的全部设置工作都必须以此为出发点。衡量组织机构设置的优劣，就是要以是否有利于实现企业任务和目标作为最终标准。当企业的任务、目标发生变化时，组织机构必须做相应的调整。建立企业组织机构所应遵循的原则有多项，但是，任务目标一致性的要求最重要的。

2. 分工协作原则

企业的管理，整体的工作量大，不同的专业部门具体负责的职责各有不同。在合理分工的基础上，各专部门要协作和配合，形成统一的整体，避免部门间分工的交叉和遗漏，保证各项工作的有效开展，实现整体目标。

3. 核心领导统一原则

无论企业部门多少和架构多么复杂，都需上层领导根据企业的整体目标，对企业的各项活动进行统一指挥和调度；要求企业组织机构在其组织关系上能够形成强有力的纵向指挥系统，实行一级管一级，避免越级指挥；实行直线参谋制，直线指挥人员可以向下级发号施令，参谋职能人员进行业务指导和监督，避免多头指挥，以保证权威命令的迅速贯彻和执行。

4. 控制幅度原则

控制管理幅度是指一名上级领导能够直接地、有效地领导的下级人数。在一般情况下，控制幅度与管理层次成反比关系。管理层次是指企业内部管理组织系统分级管理的各个层次。加大管理幅度，下级人数就多，管理层次就少；反之，缩小管理幅度，管理层次就要增加。管理幅度的大小，受到管理内容的相似程度和复杂程度、领导者条件的制约。建立组织机构，必须正确解决有效管理幅度与管理层次的关系，努力提高管理者的管理能力，实现管理业务的标准化。在服从生产经营活动需要的前提下，在有效管理幅度内，力求减少管理层次，提高工作效率。

5. 人员精简原则

组织机构是企业的核心系统。在设计和改革企业组织机构时，应在保证企业组织机构的功能要求和完成任务的前提下遵循精简原则，以保证工作效率和工作成绩。不可因人设机构、设职务、配人员。岗位与职责要统一，要有利于企业目标的实现，人员过于臃肿，造成分工不明确，拉低了平均待遇，反而降低总体效率。人员精简有利于调动职工的积极性。

6. 责权利明晰原则

企业组织机构的建立，要与相应的责权利明确和统一。一是要建立岗位责任制，明确规定每个管理层次、部门、岗位的责任和权力，保证管理有序。二是赋予管理人员的责任和权力要相对应，有多大的责任就应有相当的权力。责任过大，权力过小，或责任过小，权力过大，都不利于组织管理。三是责任制的落实，还必须和相应的经济利益挂起钩来。做到责任明确、权力恰当、利益合理。

7. 集权与分权相结合原则

企业在进行组织机构设置时,既要有必要的权力集中,又要有必要的权力分散,两者不可偏废。集权是社会化大生产的客观要求,它有利于保证企业的统一指挥和资源的合理使用;而分权则是调动各级组织和人员的积极性和主动性的条件。集权和分权的程度要考虑企业规模大小、生产技术特点、专业工作性质、管理水平高低和干部职工素质等因素。

8. 稳定性和适应性原则

在设置企业组织机构时,既要根据企业一定的外部环境和任务、目标的要求,注意保持相对稳定性,又要在情况发生变化时做出相应变更,使组织保持一定的弹性和适应性。为此,需要在组织机构设置中建立明确的指挥系统、责权关系和规章制度。同时又要选用一些具有较好适应性的组织形式和措施,使组织机构在变动的环境中,具有一种内在的调节机制。

在食品企业的日常生产和运营活动中,决定产品质量的因素不但有企业技术水平,与其管理水平也息息相关。原有的食品企业技术落后,组织机构不合理,管理水平低下,已经严重制约了企业的发展,需要运用现代企业管理技术推动企业经济效益增长。

二、企业组织结构的形式

企业组织机构的形式主要有以下几种。

1. 直线制

直线制,又叫单线制,它是工业发展初期所采用的一种简单的组织形式。其特点是从最高管理层到最低管理层,上下垂直领导,各级领导者执行统一指挥和管理职能,不设专门的职能管理机构。直线制组织结构能够有效地管理大量投资、劳动分工和资本大规模机械化生产。专业化分工使组织的每一项任务都能得到一个有效的工作方法。直线制组织结构的组织通过一贯性的书面规则和政策来管理,这些规则和政策由公司董事会和管理部门制定。在直线制组织结构中,上司负责其管辖范围内所有雇员的行动,并且有权对雇员下达命令。雇员的首要职责是立即按照顶头上司的指示去做。通过组织劳动分工、制度管理决策以及制定一种程序和一套规则使各类专家可以齐心协力地为一个共同目标努力。直线制组织结构极大地拓宽了组织所能达到的广度和深度。

直线制组织结构的形式如同一个金字塔,处于最顶端的是一个有绝对权威的领导核心,总任务分成许多部分,以后分配给下一级负责,而这些下一级负责人员又将自己的任务进一步细分后分配给更下一级。

2. 职能制

职能制是在直线制的基础上发展起来的,它的特点是在各级生产行政领导之下,按专业分工设置管理职能部门,各部门在其业务范围内有权向下级发布命令和下达指示，下级领导者或执行者既服从上级领导者的指挥，也听从上级各职能部门的指挥。在职能制组织结构中，组织从上至下按照相同职能将各种活动组织起来。职能制组织结构有时候也被称为职能部门化组织结构，因为其组织结构设置的基本依据就是组织内部业务活动的相似性。当企业组织的外部环境相对稳定，而且组织内部不需要进行太多的跨越职能部门的协调时，这种组织结构模式对企业组织而言是最为有效的。对于只生产一种或少数几种产品的中小企业组织而言，较为适宜选择职能制组织结构。

职能制的优点是：按职能分工，适应了企业生产技术复杂、管理工作分工较细的特点。提高了管理的专业化程度，减轻了领导人的工作负担。其缺点是：容易形成多头领导，不利于统一指挥，不利于建立健全责任制，影响提高工作效率，故一般较少采用。

3. 直线职能制

直线职能制又叫直线参谋制或生产区域管理制，它的特点是以直线制为基础，在各级生产行政领导者之下设置相应的职能部门，分别从事专业管理，作为该级领导人的参谋部，是企业管理机构的基本组织形式。职能部门拟定的计划、方案以及有关命令，由生产行政领导者批准下达，职能部门不进行直接指挥，只起业务指导作用。直线职能制组织形式，是以直线制为基础，在各级行政领导下，设置相应的职能部门，即在直线制组织统一指挥的原则下，增加了参谋机构。目前，直线职能制组织结构模式仍被我国绝大多数企业采用。直线职能制组织结构模式适合于复杂但相对来说比较稳定的企业组织，尤其是规模较大的企业组织。

直线职能制组织结构模式与直线制组织结构模式相比，其最大的区别在于更为注重参谋人员在企业管理中的作用。直线职能制组织结构模式既保留了直线制组织结构模式的集权特征，同时又吸收了职能制组织结构模式的职能部门化的优点。

直线职能制的优点是：它吸收了直线制和职能制组织机构的长处，既保证了直线上的统一指挥效果，又发挥了各职能机构和人员的专家作用，因而能够更好地发挥组织机构效能。它是当前工业企业较多采用的组织形式。其缺点是：各专业分工的管理部门之间横向联系较差，容易产生脱节和矛盾，影响管理效率。这种组织形式一般适用于企业规模较大，产品品种不太复杂，工艺稳定，市场情况比较容易掌握的企业。

4. 矩阵制

矩阵制，又叫目标规划管理制，是一种新型的企业管理组织形式。其特点是：既有按管理职能设置的纵向组织系统，又有按规划项目（产品、工程项目）划分的横向组织结构，两者结合，形成一个矩阵。横向系统的项目小组所需工作人员是从各职能部门抽调的，他们受双重领导，即在执行日常工作任务方面，接受原属职能部门的领导；当参与项目小组工作时，则接受项目负责人的领导。每个项目小组都不是固定的，一旦任务完成后，项目小组就撤销，人员仍然回原单位工作。矩阵制组织形式是在直线职能制垂直形态组织系统的基础上，再增加一种横向的领导系统。矩阵组织也可以称为非长期固定性组织。矩阵式组织结构模式的独特之处在于事业部制与职能制组织结构特征的同时实现。矩阵组织的高级形态是全球性矩阵组织结构，目前这一组织结构模式已在全球性大企业如 ABB、杜邦、雀巢、飞利浦等组织中进行运作。这种组织结构方式，可以使公司因为提高效率而降低成本。

矩阵制的优点是：打破了传统的管理人员只受一个部门领导的管理原则，从而加强了管理部门之间的纵向和横向联系，有利于各职能部门之间的配合，及时沟通信息，共同决策，提高了工作效率；它把不同部门的专业人员组织在一起，有助于激发人们的积极性和创造性，培养和发挥专业人员的工作能力，提高技术水平和管理水平；它把完成某项任务所需的各种专业知识和经验集中起来，加速完成某一特定项目，从而提高管理组织的机动性和灵活性。其缺点是：由于在领导关系上的双重性，难免在领导关系上发生矛盾。当工作发生差错时，也不易分清责任。由于组织中的成员不是固定的，因而容易产生临时观念，对工作有一定影响。这种组织形式适用于生产经营复杂多变的企业，特别适用于创新性和开发性的工作项目。

5. 事业部制

事业部制，又叫部门化制，它是目前国外大型企业普遍采用的一种管理组织形式。其特点是：在总公司的统一领导下，按产品或地区或市场的不同，分别建立经营事业部。事业部是一种分权制的组织形式，实行相对的独立经营，单独核算，自负盈亏。每一个事业部都是在总公司控制下的利润中心，具有利润生产、利润计算和利润管理的职能，同时又是产品责任单位或市场责任单位，有自己的产品和独立的市场。

按照"集中决策，分散经营"的管理原则，公司最高管理机构掌握有人事决策、财务决策、规定价格幅度、监督等大权，并利用利润等指标对事业部进行控制。事业部经理根据总公司总裁或总经理的指示进行工作。公司领导事业部制是欧美、日本大型企业所采用的典型的组织形式，因为它是一种分权制的组织形式。在企业组织的具体运作中，事业部制又可以根据企业组织在构造事业部时所依据的基础不同区分为地区事业部制、产品事业部制等类型，通过这种组织结构可以针对某个单一产品、服务、产品组合、主要工程或项目、地理分布、商务或利润中心来组织事业部。地区事业部制以企业组织的市场区域为基础来构建企业组织内部相对具有较大自主权的事业部门；而产品事业部则依据企业组织所经营的产品的相似性对产品进行分类管理，并以产品大类为基础构建企业组织的事业部门。

事业部制的优点是：由于事业部成为半独立经营单位，企业最高领导层可以摆脱日常事务，集中精力搞好战略决策、长远规划和人才开发；事业部的相对独立，自负盈亏，还有利于事业部之间的竞争，增强企业的活力；实行事业部制，有利于经营管理人才的培养；可以充分发挥各事业部的主观能动性，增强经营管理的能力，提高工作效率。其缺点是：横向联系差，事业部之间的协调配合难，容易产生只考虑自己利益，而忽视企业整体利益，容易导致短期行为；总部和各事业部机构重叠，势必增加管理人员和管理费用，会造成管理部门增多，机构膨胀，降低工作效率。事业部制一般适用于规模较大、产品种类较多、各种产品之间工作差别较大、技术比较复杂和市场广阔多变的企业。

6. 直线职能参谋制

直线职能参谋结构是直线参谋制的补充和发展，其区别主要在于，直线职能参谋制结构在保证直线指挥的前提下，为了充分发挥专业职能机构的作用，直线领导授予某些职能机构一定的权力，如决定权、控制权、协调权等。

在这种组织结构中，职能参谋机构主要有3类：①顾问性的职能机构，是为企业领导人做决策时充当顾问而设置的；②控制性的职能机构，如计划、人事、财务、质量检查等部门；③服务性的职能机构，如实验、技术、采购、运输、机修、基建等部门。

直线职能参谋制结构，在企业规模小、产品品种简单、工艺较稳定、市场销售情况易掌握的情况下，显示其明显的优势。但是，一旦组织规模不断扩大，产品品种增多，业务趋于复杂，这种组织结构的缺点就会突出。其缺点主要是：高度集权，管理工作不灵活，不利于领导人员的培养；横向联系差，职能部门间协调困难；专业管理人员因专业化而过于狭隘，缺乏全局观念；不利于职能机构间的意见沟通；高层领导无法集中精力于企业重大问题，不能有效地管理。

7. 分权化组织结构

分权化组织包括联邦分权化结构与模拟分权化结构两种类似的组织结构形式。联邦分权化组织是在公司之下有一群独立的经营单位，每一单位都自行负责本身的绩效、成果以及对公司的贡献；每一单位具有自身的管理层；联邦分权化组织的业务虽然是独立的，但公司的行政管理却是集权化的。模拟分权化组织是指组织结构中的组成单位并不是真正的事业部门，而组织在管理上却将其视为一个独立的事业部；这些"事业部"具有较大的自主权，相互之间存在有供销关系等联系。分权化组织的优点在于可以降低集权化程度，弱化直线制组织结构的不利影响；提高下属部门管理者的责任心，促进权责的结合，提高组织的绩效；减少高层管理者的管理决策工作，提高高层管理者的管理效率。联邦分权化组织要求有一个强有力的核心管理层，该核心管理层将只负责对重大事务的决策。联邦分权化形式如果运用得当，则可以减轻高层管理层的决策负担，使得高层管理者能够集中精力于方向、筹划与目标。模拟分权化组织虽然具有一定的优点，但并不满足所有的组织设计规范。一般而言，模拟分权化组织适用于化学工业与材料工业领域；此外，电子信息工业也可以采用模拟分权化形式。对模拟分权组织而言，雇员的高度自律是必要的。

三、劳动组织、分工和配备劳动定员的组成

企业劳动定员，是在一定的生产、技术、组织条件下，采用科学的方法和具体

的计量形式，规定企业应配备的各类人员的数量标准。合理定员能为企业编制劳动计划、调配劳动力提供可靠的依据；能促进企业改进管理工作，克服人员臃肿、分工不明的现象，以提高效率。

1. 劳动定员基本要求

（1）科学合理　既要考虑到现实的技术组织条件，又要充分挖掘劳动潜力，尽量应用先进工艺技术，改善劳动组织和生产组织形式；既保证满足生产的需要，又避免人员的窝工浪费，尽量精简机构，减少不必要的人员，用提高生产效率和工作效率的办法来完成更多的任务。

（2）比例适当　要合理安排直接生产人员和非直接生产人员的比例关系，提高直接生产人员的比重，降低非直接生产人员比重；要正确处理基本工人和辅助工人的比例关系，做到合理安排，配备适当，根据企业发展的需要和实际可能，正确规定人员比例；此外，随着企业自动化水平的提升，科学技术的发展和企业经营管理要求的日益提高，企业中工程技术人员和管理人员的比重要逐步提高。

定员工作也是企业的一项基础管理工作。其主要作用是：用组织措施保证企业合理地配备人员，以达到节约人力、避免浪费、提高劳动生产率的目的。具体表现在：它是企业编制劳动计划的依据；是调配劳动力、检查劳动力使用情况的依据；是改善劳动组织，遵守劳动纪律的必要保证。

企业定员的范围应该包括所有部门和岗位，即包括从事生产、技术、管理和服务工作的全部人员。但不包括与生产经营和职工生活无关的其他人员，或临时性生产和工作所需的人员，不能独立定岗的学徒工不列入定员范围。定员工作包括确定企业总人数、各部门的人数、各岗位的人数、掌握各种技能的人员的人数，以及他们之间的比例关系。

2. 企业员工分类

（1）直接生产人员　从事生产和技术工作的人员，他们是直接生产人员。

（2）非直接生产人员　从事管理和服务工作的人员，为非直接生产人员。企业为了维持正常的生产经营活动，需要各类人才从事各项专门的活动，在客观上各类人员之间存在一定的比例关系，其中主要是基本生产工人和辅助生产工人的比例，直接生产人员和非直接生产人员的比例。

3. 食品企业内部的人员的分类

（1）一线生产人员　一线企业生产人员是指直接从事生产操作的人员。食品企业一线生产人员要熟悉生产环境，了解有关规章制度；了解本企业的性质、目标、任务、宗旨等，熟悉各自岗位的操作规范，成为熟练的操作者，并具有一定的掌握新技术、适应多工种的能力。

（2）品质保证控制人员　品质保证控制人员是食品企业为保证产品质量进行检测检验的人员及进行品质控制的管理人员。要求品质保证控制人员掌握保证各种产品达到合格的生产技术和控制手段。首先要求他们掌握食品行业的专业知识，熟悉各类食品检测检验的方法、仪器及操作，及时了解和掌握食品行业的品质控制和保证的新技术，能够及时掌握原料、生产及销售等各环节产品可能出现质量问题的情况，对出现的质量问题能够分析原因，及时给管理人员提出调整方案建议。

（3）产品研发人员　产品研发人员是食品企业从事新产品开发的人员。要求产品研发人员具有完善的、宽厚的知识结构，时刻了解和掌握行业的发展动态；及时掌握新技术、新设备；具有综合运用知识的能力，要求思路敏捷，对新技术新设备的接受和运用能力极强。同时要求他们能够对行业的发展具有前瞻性的预测，具有一定的技术储备，做到开发一代、储备一代。企业研发人员要对信息有一定的敏感性，要能够及时和管理人员交流沟通，能够让管理人员接受新产品开发的意见并及时把新产品推向市场。

（4）管理人员　管理人员是指从事企业生产经营管理的人员。要求管理人员应具备一定的专业知识，了解行业的发展方向，能够及时准确地做出本企业发展的决策。同时应具备合作精神，能赢得人们的合作，愿意与人一起工作；具有决策才能，能依据事实而非依据想象进行决策，具有高瞻远瞩的能力；具有较强的组织能力，能够发挥部属的才能，善于组织人力、物力和财力；能够精于授权、善于应变，做到大权独揽、小权分散，抓住大事，把小事分给部属；勇于负责，对上级、下级、产品、用户及整个社会有高度责任心；敢于求新，对新事物、新环境、新观念有敏锐的感受能力；敢于承担风险，对企业发展中不景气的风险敢于承担，有改变企业面貌、创造新局面的雄心和信心。

（5）营销人员　营销人员是产品走向市场的媒介。要求营销人员了解产品的性能，这样可以在推销时更具有说服力；要求营销人员了解消费者的消费需求、消费动机、消费心理；要求营销人员对市场上的同类产品有一定的熟悉和了解，能够和本企业产品进行对比，知道自己产品的优势；要求营销人员对一定区域的市场熟悉，熟悉当地人们的消费习惯，对产品的可能接受程度有充分的认知。

传统的观点认为非直接生产人员，包括以上的研发、管理、营销人员等比例不能太大，曾经国企规定了17%的非直接生产人员的比例，少有企业能够达到。主因在于管理不善，造成一线紧，二线松，三线肿的不合理现象；各种比例与企业生产特点有关，很难为企业确定比例关系，完全取决于实际的需要。随着科技的发展，生产自动化水平的提高，辅助生产工人的比例和非直接生产人员的比例呈不断上升趋势。

综合来看，要从实际出发，服从企业生产经营活动的客观需要，既要做到合理分工发挥员工专长，又要避免因分工过细而造成人力资源利用不足。在机构设置方面，要求机构精简，管理层次少，做到人有其事，事有其责，杜绝互相推诿，提高办事效率。

定员工作要求做到先进合理，要符合高效率、满负荷、充分利用工时的原则。如果是一个新建企业，在一开始就要做好这项工作。在现代社会中，由于定员不合理后期辞退员工，会影响员工的情绪，这样会使企业陷入两难境地。所以选择科学的定员方法是很重要的。

四、劳动合同和定额

劳动合同是保障劳动者权益、明确双方权利义务的重要法律文件。劳动合同的签订和履行应遵守国家相关法律法规的规定。

（1）合同期限　包括有固定期限、无固定期限和以完成一定工作任务为期限的劳动合同。

（2）工作内容和工作地点　明确劳动者的工作岗位、职责以及工作地点。

（3）工作时间和休息休假　按照国家规定的工作时间制度执行，保障劳动者的休息休假权利。

（4）劳动报酬　包括工资标准、支付方式、支付时间等，应不低于当地最低工资标准。

（5）社会保险和福利待遇　按照国家和地方的规定为劳动者缴纳社会保险费，并提供相应的福利待遇。

（6）劳动保护、劳动条件和职业危害防护　确保劳动者在劳动过程中的安全和健康。

在食品工厂中，定额管理是提高生产效率、控制成本的重要手段。定额通常包括以下几个方面的内容。

（1）工时定额　根据生产工艺流程和设备效率确定完成某项工作所需的时间标准。

（2）产量定额　在单位时间内应完成的合格产品数量标准。

（3）材料消耗定额　在生产过程中应消耗的原材料、辅助材料和燃料等物资的数量标准。

（4）费用定额　包括直接材料费用、直接人工费用、制造费用等各项费用开支的标准。

定额的制定应基于科学的方法和严谨的数据分析，既要考虑生产效率的提高，又要兼顾成本的控制。同时，定额应定期进行评估和调整，以适应生产工艺和市场需求的变化。

五、劳动定员的依据

为了实现劳动定员水平的先进合理，必须遵循以下原则。

（1）定员必须以企业生产经营目标为中心。科学的定员应保证整个生产过程连续、协调进行。人员过少，难以实现经营目标；人员过多，则增加了人力成本，导致收益不能最大化。因此，定员必须以企业和生产经营目标及保证这一目标实现所需的人员为依据。

（2）定员必须以精简、高效、节约为目标。在保证企业生产经营目标的前提下，追求效率，并最大限度地节约成本。为此，应做好以下工作：

其一，产品方案设计要科学。只有产品方案具有实现的可能性，才能做到定员工作的精简、高效、节约。所以在制订产品方案时，应用科学的方法进行预测，不要为了多留人而有意加大生产任务或工作量。

其二，提倡兼职。兼职就是让一个人去完成两种或两种以上的工作。兼职既可以充分利用工作时间，节约用人；又可以扩大员工的知识面，让其掌握多种技能，使劳动内容丰富多彩。这对挖掘企业劳动潜力具有重要现实意义。

其三，应有明确的分工和职责划分。新的岗位设置必须和新的劳动分工协作关系相适应，即在原有岗位上无法完成的职责出现的时候，才能产生新的定员。

（3）各类人员的比例关系要协调。一般来说，应扩大基层营业人员的比重，压缩管理等非直线经营人员的比例。因此，在编制定员中，应处理好这些比例关系。

（4）要做到人尽其才，人事相宜。定员问题不只是单纯的数量问题，而且涉及人力资源的质量，以及不同劳动者的合理使用。要做到这一点，一方面要认真分析、了解劳动者的基本状况，包括年龄、体质、性别、文化和技术水平；另一方面要进行工作岗位分析，即对每项工作的性质、内容、任务和环境条件等有一个清晰的认识，才能将劳动者安排到适合发挥其才能的工作岗位上，定员工作才能科学合理。

（5）要创造一个贯彻执行定员标准的良好环境。定员的贯彻执行需要有一个适宜的内部和外部环境。所谓内部环境包括企业领导和广大员工思想认识的统一，以及相应的规章制度，如企业的用人制度、考勤制度、退职退休制度、奖惩制度、劳动力余缺调剂制度等。所谓外部环境包括企业真正成为独立的商品生产者，企业的经营成果真正与员工的经济利益相联系，同时还要建立劳务市场，使劳动者有选择职业的权利，企业有选择劳动者的权力。

（6）定员标准应适时修订。在一定时期内，企业的生产技术和组织条件具有相对的稳定性，所以企业的定员也应有相应的稳定性。但是，随着生产任务的变动、技术的发展、劳动组织的完善、劳动者技术水平的提高，定员标准应作相应的调整，以适应变化了的情况。

（7）坚持以专家为主，走专业化道路的原则。劳动定员是一项专业性、技术性很强的工作，它涉及业务技术和经营管理的方方面面。从事这项工作的人，应具备比较高的理论水平和丰富的业务经验。

（8）遵守法律的原则。遵守国家法律，保证人员的正常休息时间。保证员工的工作时间符合法律规定，不能为节约成本而延长员工的工作时间。

六、劳动定员的计算

定员计算的基本原理是按生产工作量确定人数，劳动定额作为计算工作量的标准，在定员计算中起着重要作用。因此，只要有劳动定额的岗位都应该考虑使用劳动定额资料来定编。下面介绍的几种方法都是以劳动定员为基础的。

1. 时间定额定员

由于不同工种不同加工对象之间不能直接比较，而时间定额是最通用的劳动消耗标准，一旦不同工种和对象的劳动量换算成时间量就能比较了。用时间定额可以计算企业所有的基本生产工人的定员数。这个方法适用于许多场合，当用来计算全厂的基本生产工人定额人数时，只要取全厂的生产任务总量；计算车间的基本生产工人定额人数时，生产任务取车间总量；同样地，如果计算某一工种的定员人数，生产任务取该工种的总计值就可以了。其余情况可以类推。

2. 产量定额定员

这种方法的计算公式与时间定额法基本相同，只是生产任务和工人的定额任务用产量定额表示。此方法有较大的局限性，只适用于劳动对象单一的场合。如生产量大并且稳定的零件制造厂，可以按零件的加工任务量计算定员，总加后得到全厂的基本生产工人定员人数。

3. 看管定额定员

根据机器数量、开动的班次和工人看管定额计算定员人数。这种方法比较简单，适合于实施多机床看管的企业。对于实行一人一机的劳动组织方式的企业，采用这种方法不一定合理。使用这种方法的前提是生产任务必须饱满，机器没有停工时间，否则得出的定额人数会偏大。

4. 岗位定员

根据工作岗位的数量、岗位的工作量、操作人员的劳动效率、劳动班次和出勤率等因素计算定员人数。按岗定员的方法与生产量无直接关系，与生产类型有关，它适合大型联动装置的企业，如发电厂、炼油厂、炼钢厂等；也适合于无法计算劳动定额的工种和人员，如辅助工、机修工、后勤服务人员等。用这种方法定员很难找到计算公式，工作抽样是比较适合的一种方法。通过对操作人员实际的工作情况抽样，分析工作量是否饱满。

5. 比例定员

就是按企业职工总人数或某一类人员的总人数的某个比例计算出其他人员的定员人数。企业中的卫生保健人员、炊事人员、某些辅助工人可以采用此法定员，使用的比例数是个经验数据，可以用工作抽样方法分析比例数的准确性。

6. 业务分工定员

即根据组织机构、职务岗位的工作种类和工作量来确定人数。这种方法定性成分很大，主要适用于管理人员和工程技术人员的定员。这些人员的工作内容广泛，工作量不容易计算，工作效率又与每人的能力、工作态度和劳动热情有关，具体操作时有一定的难度。工作抽样也适用于处理这个问题。

企业的编制定员是企业人员数量及其构成的基本标准，是个相对稳定的劳动人事资料，企业不可能经常进行定编工作，有个较长的稳定期。但是，企业的生产量在不同季节不同月份往往变动很大，为了保证任务和人力相匹配，在每个计划期（年计划和月计划）都需要做人员需求计划，以指导劳动力的余缺调整和补充。这里指的主要是基本生产工人。

第六节　生产车间工艺布置

生产车间工艺布置设计是食品工厂设计中的一个重要的环节，是对厂房的配置和设备的排列做出合理的安排，并决定车间的长度、宽度、高度和建筑物结构的形式，以及生产车间与工段之间的相互关系。

食品工厂生产车间布置是工艺设计的重要部分，不仅与建成投产后的生产实践（产品种类、产品质量、各产品产量的调节、新产品的开发、原料综合利用、市场销售、经济效益等）有很大关系，而且影响到工厂整体。车间布置一经施工就不易改变，所以，在设计过程中必须全面考虑。同时，生产车间工艺设计必须与土建、给排水、供电、供汽、通风采暖、制冷、安全卫生、原料综合利用以及"三废"治理等方面取得统一和协调。

生产车间平面设计，主要是把车间的全部设备（包括工作台等），在一定的建筑面积内做出合理安排。平面布置图是按俯视方向画出设备的外形轮廓图。在平面图中，必须表示清楚各种设备的安装位置和下水道、门窗、各工序及各车间生活设施的位置，以及进出口及防蝇、防虫设备等。除平面图外，有时还必须画出生产车间剖面图（又称立割面图），以解决平面图中不能反映的重要设备与建筑物立面之间的关系，画出设备高度、门窗高度等在平面中无法反映的尺寸（在管路设计中另有管路平面图、管路立面图及管路透视图）。

生产车间的工艺布置设计与建筑设计之间关系比较密切。因此，生产车间工艺布置设计需要在工艺流程示意图和工艺流程草图的基础上进行，并相互影响，相互协调。

一、生产车间布置的要求

（1）生产设备要按工艺流程的顺序配置，在保证生产要求安全及环境卫生的前提下，尽量节省厂房面积与空间，减少各种管道的长度。

（2）保证车间尽可能充分利用自然采光与通风条件，使各个工作地点有良好的劳动条件。

（3）保证车间内交通运输及管理方便，万一发生事故，人员能迅速安全地疏散。

（4）厂房结构要紧凑简单，并为生产发展及技术革新等创造有利条件。

二、生产车间布置的原则

（1）满足总体设计要求。首先满足生产要求，同时充分考虑车间在总平面中的位置以及与其他车间或部门间的关系，以及有关发展前景等方面的要求。

（2）设备布置要尽量按工艺流水线安排，但有些特殊的设备可按相同类型适当集中，使生产过程中占地最少、生产周期最短、操作最方便。

（3）要考虑到多种生产的可能，以便灵活调动设备，并留有适当余地便于更换设备。同时，还应注意设备相互间的间距及设备与建筑物间的安全维修距离，保证操作方便，便于维修、装卸及清洁卫生等。

（4）生产车间与其他车间的各工序要相互配合，保证各物料运输通畅，避免重复往返，要尽可能利用生产车间的空间运输，合理安排生产车间各种废料排出，人员进出要和物料进出分开。

（5）充分考虑生产卫生与劳动保护。如采取卫生消毒、防鼠防虫、车间排水、电器防潮剂、安全防火等措施。应注意车间的采光、通风、采暖、降温等设施。

（6）对散发热量、气味和有腐蚀性的介质要单独集中安排。对空压机房、空调机房、真空泵等既要分开，又要尽量接近使用地点，以减少输送管路及能量损失。

（7）可放在室外的设备尽可能设在室外，并加盖简易棚进行保护。

要对生产辅助用房留有充分的面积，如更衣间、消毒间、工具房、辅料间等。要使各个辅助部门在生产过程中对生产的控制做到方便、及时、准确。

三、生产车间布置的依据

（1）厂区平面布置图。

（2）已掌握本车间与其他各生产车间、生活设施以及本车间与车间内外的道路、铁路、码头、输电、消防等的关系，了解有关防火、防雷、防爆、防毒和卫生等国家标准与设计规范。

（3）熟悉本车间的生产工艺并已绘出管道及仪表流程图；熟悉有关物性数据、原材料和主副产品的贮存、运输方式和特殊要求。

（4）熟悉本车间各种设备的特点、要求及日后的安装、维修、操作所需空间、位置。如根据设备的操作情况和工艺要求，决定设备装置是否露天布置，是否需要检修场地，是否经常更换等。

（5）了解与本车间工艺有关的配电、控制仪表等专业设备和办公、生活设施方面的要求。

（6）具有车间设备一览表和车间定员表。

四、生产车间工艺布置的步骤与方法

食品工厂生产车间平面设计一般有两种情况:一种是新设计的车间平面布置;另一种是对原有厂房进行平面布置设计。后一种比前一种设计更加困难,但两种情况的设计方法相同。现将生产车间平面布置的设计步骤介绍如下。

(1)整理好设备清单。将固定的、移动的、公共的、专用的设备以及重量等进行说明。其中笨重的、固定的、专用的设备尽量安排在四周;重量轻的、可移动的、简单的设备可安排在车间中央,以方便更换设备。

(2)车间辅助部分(工作生活室等)的面积及要求。

(3)按照总平面图确定生产流水线方向。确定厂房建筑结构形式、朝向、跨度,绘出宽度和承重柱、墙的位置。生产车间一般布置在厂区主导风向的上风向,远离污水处理厂和垃圾堆放池。辅助车间(维修车间、洗衣房)一般围绕在生产车间的周围进行布置,可以和车间在一个建筑内,也可以不与车间在一个建筑内,但在总平面布置上要尽量靠近生产车间。

车间内的工艺分割(不同的生产区域)要按照工艺流程进行布置,食品车间的脏区和洁净区要分开,生加工车间要和熟加工间分开。

车间内设备的布置要按照工艺流程进行,一机多用的设备布置的位置要合理,尽量减少物料的运输距离,减少物料在设备之间的交叉运输。

更衣室的布置要根据生产需要的工人数量和男女工人的比例进行,更衣室包括卫生间、一次更衣室、淋浴室、二次更衣室、洗手消毒间和风淋室,呈"丰"字形布置在车间内的适当位置,要布置参观走廊。

(4)从不同重点出发,安排生产、设备、运输、人员流动及辅助部分,设计多种方案,画出草图。

(5)对多种方案进行分析、比较、讨论、修改,确定最佳方案。对不同方案可以从以下几个方面进行比较:车间区域分割,生产操作条件;车间运输、人员流动合理;车间卫生条件;车间多品种生产及全厂多部门配合;通风采光、管道安装及建筑造价。

(6)细化最佳方案,画出车间设计,写出设计说明。

五、生产车间平面图和剖面图的绘制

1. 平面图的绘制

平面图是一幢房屋的水平剖切视图,即假设用一水平面,经过门窗洞口把房屋切开,移去上面部分,向下观看所得到的水平投影。

设备布置图一般以平面图为主(图4-12),表明各设备在平面内的布置状况。当厂房为多层时,应分别绘出各层的平面布置图,并在平面图下方注明其相应标高。

在平面图上要表示厂房的方位、占地大小、内部分隔情况,以及与设备安装定位有关的建筑物、构筑物的结构形状和相对位置。

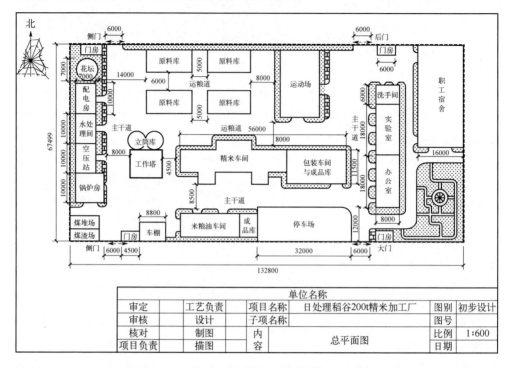

图4-12　完整的车间平面图

车间平面布置图的内容如下。

（1）厂房建筑平面图注有厂房边墙轮廓线、门窗位置、楼梯位置、柱网间距和编号以及各层相对标高。

（2）设备外形尺寸俯视图和设备编号。

（3）设备定位尺寸和尺寸线：设备离墙纵横间距，定出设备中心位置，一般定位标准是以建筑物中心作为定位基准线的，设备管口方位及大小。

（4）操作平台示意图，主要尺寸和台面相对标高。

（5）吊车及吊梁的平面位置。

（6）地坑、地沟位置、尺寸及地坑、地沟相对标高。

（7）吊装孔、预留孔的位置和尺寸。

（8）辅助室、生活室的位置、尺寸及室内设备器具等示意图和尺寸。

2. 剖视图的绘制

剖面图是在厂房建筑的适当位置，垂直剖切后绘出的立面剖视图，以表达在高度方向设备安装布置的情况。

在保证充分表达清楚的前提下，剖视图的数量应尽可能少。

在剖视图中要根据剖切位置和剖视方向，表达出厂房建筑的墙、柱、地面、屋面、平台、栏杆、楼梯以及设备基础、操作平台支架等高度方向的结构和相对位置。

剖视图的剖切位置需在平面图上加以标记。

剖视图与平面图可以画在同一张图样上，按剖视顺序，从左至右，由下而上顺序排列。

车间剖视图的内容如下。

（1）表示出厂房的边墙线及门、窗、梁（或楼板）、楼梯的位置，并须标注轴线的编号和间距（要求与平面图相对应）。

（2）标注各楼层的相对于地面的标高，一般以地面作为基准 0.000m 标高。低于地面为负值。

（3）绘制出所剖切面可见设备的视图，并标注设备的名称，设备位号以及设备的标高和相邻设备的相对高度和距离。

（4）绘制出设备支撑形式、操作平台、地沟、地下槽、安装孔、洞等位置，并标注其相对标高和有关尺寸。

六、生产车间工艺设计对建筑、采光等非工艺设计的要求

1. 对车间门、窗的要求

每个车间必须有两道以上的门，作为人流、货流和设备的出入口。作为人流的出入口，其门的尺寸在正常情况下应满足生产的要求，在火灾或某种紧急情况下，亦应满足迅速疏散人员的要求，故门的尺寸要适中，不能过大，也不宜过小。作为运输工具和设备进出的门，一般要能使车间最大尺寸的设备通过，门的规格应比设备高 0.6～1.0m，比设备宽 0.2～0.5m。为满足货物或交通工具进出，门的规格应比装货物后的车辆高出 0.4m 以上，宽出 0.3m 以上，门的代号用"M"表示。

食品工厂生产车间一般为天然采光，窗是车间的主要透光部分，窗有侧窗和天窗两类。侧窗是指开在四周墙上的窗，食品工厂的天然采光主要靠侧窗。侧窗一般开得要高一些，光线照射的面积可以大一些。当生产车间工人坐着工作时窗台高 H 可取 0.8～0.9m；站着工作时，窗台高度取 1.0～1.2m。窗的代号用"C"表示。天窗就是开在屋顶的窗。一般在因房屋跨度过大或层高过低，造成侧窗采光面积减小，采光系数达不到要求的情况下使用，以增大采光面积，提高采光系数。但由于食品车间卫生要求很高，设置天窗很难达到卫生要求，所以在侧窗采光达不到采光系数的时候，则常常采用人工采光。应用人工采光时，一般可以用双管日光灯吸顶安装或吊装，局部操作区要求光照强的，可适当多设日光灯照明。对于特殊环境（如冷藏库、肉制品腌制间等）可安装相应的特殊灯具。灯具吊装时，灯高离地一般在 2.8m，每隔 2m 安装一组，每组灯管都要由有机玻璃灯罩罩住，以防灰尘和昆虫落下，并能够防止大量水蒸气腐蚀灯座。

2. 对地坪的要求

食品工厂的生产车间经常受水、酸、碱、油等腐蚀性介质侵蚀及运输车轮冲击，

致使地坪受到损坏。因此，在设计时一方面应为减轻地坪受损而采取适当的措施，如生产车间的地坪应有 1.5%～2.0%的坡度，并设有明沟或地漏排水，使车间的废水和腐蚀性介质及时排除，尽量将有腐蚀性介质排出的设备集中布置，做到局部设防，缩小腐蚀范围，采用输送带和胶轮运输车，以减少对地坪的冲击等。另一方面应根据食品工厂生产车间的实际情况对土建提出相应的要求。目前，我国食品工厂生产车间采用的地坪有地面砖地面、石板地面、高标号混凝土地面、塑胶地面以及环氧树脂涂层地面等。

3. 对内墙面的要求

食品工厂对车间内墙面要求很高，要防霉、防湿、防腐，有利于卫生。转角处理最好设计为圆弧形，具体要求如下。

（1）墙裙　一般有 1.5～2.0m 的墙裙，可用白瓷砖。墙裙可保证墙面少受污染，并易于洗净。

（2）内墙粉刷　一般用白水泥砂浆粉刷，还要涂上耐化学腐蚀的过氯乙烯油漆或水性内墙防霉涂料。也可用仿瓷涂料代替瓷砖。

（3）楼盖　楼盖最好选用现浇整体式结构，并保持 1.5%～2.0%的坡度，以利排水，保证楼盖不渗水、不积水。

（4）对建筑结构的要求　建筑结构大体上可以分为砖木结构、混合结构、钢筋混凝土结构和钢结构。由于食品生产车间的温度和湿度较高，木材容易腐烂而影响食品卫生，所以，食品生产车间一般不采用此结构。混合结构一般只用作平房，跨度在 9～18m，层高可达 5～6m，柱距不超过 4m。混合结构可用于食品工厂生产车间的单层建筑。钢结构的主要构件采用钢材，由于造价高，且需经常维修，因此在温度和湿度较高的食品车间不宜采用。

七、单层厂房结构及适用范围

单层厂房按其承重结构的材料分成混合结构型、钢筋混凝土结构型、钢结构型等；按其施工方法分为装配式和现浇式钢筋混凝土结构型；按其主要承重结构的形式分为排架结构型、刚架结构型和空间结构型。

装配式钢筋混凝土排架结构是单层厂房常用的结构形式，其骨架是由横向排架和纵向连系构件所组成。现对其主要构件分述如下。

1. 屋盖结构

（1）屋盖结构类型　屋盖结构根据构造不同可分为有檩体系屋盖、无檩体系屋盖两类。有檩体系屋盖设檩条，放在屋架上，檩条上铺各种类型板瓦，这种屋面的刚度差，配件和搭缝多，在频繁震动下易松动，但屋盖重量较轻，适合小机具吊装，适用于中小型厂房。无檩体系屋盖是大型屋面板直接搁置在屋架或屋面梁上，这种屋面整体性好，刚度大，大中型厂房多采用这种屋面结构形式。

（2）屋盖的承重构件　屋盖的主要承重构件是屋架（或屋面大梁）与屋架托架。

屋架（或屋面梁）是屋盖结构的主要承重构件，直接承受屋面荷载，有的还要承受悬挂吊车、天窗架、管道或生产设备等的荷载，选择当否，对厂房的安全、刚度、耐久性、经济性和施工进度等都会有很大影响。

按制作材料分为钢筋混凝土屋架或屋面梁、钢屋架、木屋架和钢木屋架。

① 钢筋混凝土屋架　单层厂房除了跨度很大的重型车间和高温车间采用钢屋架外，一般多采用这类结构。

钢筋混凝土屋架的屋面梁构造简单，高度小，重心低，较稳定，耐腐蚀，施工方便。但构件重，费材料。一般跨度9m以下用单坡形，跨度12～18m为双坡。普通钢筋混凝土屋面梁的跨度一般为≤15m,预应力混凝土屋面梁一般≤18m。

钢筋混凝土屋架有两类：一类为两铰或三铰拱屋架，一类为桁架式屋架（表4-8）。

表4-8　钢筋混凝土屋架的一般形式及应用范围

序号	名称	形式	跨度/m	特点及适用条件
1	钢筋混凝土单坡屋面大梁		6～9	自重大； 屋面刚度好； 屋面坡度1/8～1/12； 适于震动及有腐蚀性介质厂房
2	预应力混凝土双坡屋面大梁		12、15、18	自重大； 屋面刚度好； 屋面坡度1/8～1/12； 适于震动及有腐蚀性介质厂房
3	钢筋混凝土三铰拱屋架		9、12、15	结构简单，自重小，施工方便，外形轻巧； 屋面坡度：卷材屋面1/5，自防水屋面1/4； 适于中小型厂房
4	钢筋混凝土组合屋架		12、15、18	上弦及受压腹杆为钢筋混凝土。受拉件为角钢，结构合理，施工方便； 屋面坡度1/4； 适于中小型厂房
5	预应力混凝土拱形屋架		18、24、30	结构外形合理； 屋架端部坡度大，为减缓坡度，端部可特殊处理； 适于跨度较大的各类厂房
6	预应力混凝土梯形屋架		18、21、24、27	外形较合理，自重轻，刚度好； 屋面坡度1/5～1/15； 适于卷材防水的大中型厂房
7	预应力混凝土梯形屋架		18、21、24、30	屋面坡度小，但自重大，经济效果较差； 屋面坡度1/10～1/12； 适于各类厂房，特别是需要经常上屋面清除积灰的冶金厂房
8	预应力混凝土折线形屋架		15、18、21、24	外形较为合理； 适于卷材防水屋面的大中型厂房； 屋面坡度1/5～1/15

序号	名称	形式	跨度/m	特点及适用条件
9	预应力混凝土折线形屋架		18、21、24	上弦为折线，大部分为1/4坡度，在屋架端部设短柱，可保证屋面在同一坡度； 适用于有檩体系的槽瓦等自防水屋面
10	预应力混凝土直腹杆屋架		18、24、30	无斜腹杆，结构简单； 适用于有天井式天窗及横向下沉式天窗的厂房

两铰拱的支座节点为铰接，屋脊节点为刚接；三铰拱的支座节点及屋脊节点均为铰接。两铰拱上弦为普通钢筋混凝土构件，三铰拱的上弦可为钢筋混凝土或预应力混凝土构件；它们的下弦为型钢拉杆。这些构件都可集中预制，现场组装，用料省，自重轻，构造简单。但其刚度较差，尤其是屋架平面的刚度更差，对有重型吊车和震动较大的厂房不宜采用。一般的实用跨度为 9～15m，有时可代替屋面梁使用。桁架式屋架按外形可分为三角梯、梯形、拱形、折线形等。

② 钢屋架　钢屋架形式与屋盖的构造方案有关。方案有无檩方案和有檩方案两种。

无檩方案是将大型屋面板直接支承于钢屋架上，屋架间距就是大型屋面板的跨度，一般为 6m。其特点是：构件的种类和数量少，安装效率高，施工进度快，易于进行铺设保暖层等屋面工序的施工。其最突出优点是屋盖横向刚度大，整体性好，屋面构造简单，较为耐久。其缺点是：屋面自重较重，致使屋盖结构以及下部结构用料多；屋盖质量过大，对抗震也很不利。

有檩方案是在屋架上设檩条，在檩条上再铺设板瓦材。屋架间距就是檩条的跨度，通常为 4～6m，檩条间距由所用屋面材料确定。有檩方案具有构件重量轻、用料省、运输及安装均较方便等优点；但屋盖构件数量多，构造复杂，吊装次数多，横向整体刚度差。

两种方案各具优缺点，选用时应根据具体情况分析研究，择优采用。一般中型以上特别是重型厂房，因其对厂房横向刚度要求较高，采用无檩方案较合适；而对中小型特别是不需设保暖层的厂房，则可采用具有轻型屋面材料的有檩方案。

钢屋架的外形应与屋面材料的要求相适应。当屋面采用瓦类、钢丝网水泥槽板时，屋架上弦坡度要求陡些，一般不小于 1/3，以利排走雨水。当采用大型屋面板铺设卷材做成有组织排水的屋面时，屋面坡度宜平缓些，一般坡度取 1/12～1/8。

钢屋架常用的形式见图 4-13。

目前在我国，钢结构在建筑中应用受到一定限制。中小型工业建筑中，其屋盖结构一般应优先采用钢筋混凝土的屋盖体系。

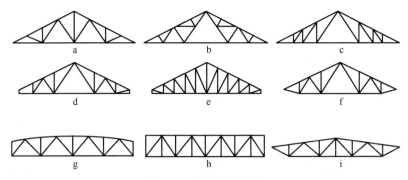

图4-13　钢屋架的形式

a，b，c—三角形屋架；d，e—陡坡梯形屋架；f—下弦弯折的三角形屋架；g—缓坡梯形屋架；

h—平行弦屋架；i—下撑式屋架

只有属于下列情况之一者，如果屋盖的主要承重结构采用屋架时，才采用钢屋架：

① 屋盖跨度较大，跨度应≥36m 者。

② 高温车间，如设有≥15t 转炉车间中的转炉区段、热钢坯库等。

③ 有较大震动设备的车间,如设有 5t 锻锤的车间,设有≥6000t 水压机的车间,设有 17t 造型机的造型工部等。

④ 支承在钢柱或钢托架上的屋架。

⑤ 有≥5t 的悬链或悬挂吊车的厂房。

⑥ 某些特殊工程或某些特殊情况，采用钢筋混凝土屋架不能满足生产使用要求或在施工技术或安装条件上确有困难，经技术经济比较，采用钢屋架综合效益好的。

在考虑是否宜于采用木屋架结构时，应注意其易腐朽、焚烧和变形的特点。因此对温湿度较大、结构跨度较大和有较大震动荷载的场所都不宜采用木屋架。木屋架结构适宜应用的范围是：跨度一般不超过 21m；室内空气相对湿度不大于 70%；室内温度不高于 50℃；吊车起重量不超过 5t，悬挂吊车不超过 1t。

木屋架按屋架下弦采用木材或钢材可分为全木屋架和钢木屋架。一般全木屋架适用跨度不超过 15m；钢木屋架的下弦受力状况好，刚度也较好，适用跨度以 18m 为宜，也有用到 21m 的。

屋架的形式很多，按外形分一般常见的三角形、五角形、多边形、弧形等。其中三角形屋架最费料，但节点简单，可用瓦材铺设屋面；弧形和多边形屋架受力最好，但费工，多用于跨度较大的场合。

当厂房的全部或局部柱距为 12m 或 12m 以上，而屋架的间距仍保持为 6m 时，则需在扩大的柱距间按屋架所在位置设托架来承托屋架，通过托架将屋架上的荷载传给柱子。托架有钢筋混凝土托架和钢托架两类。

2. 柱

厂房中的柱由柱身（又分为上柱和下柱）、牛腿及柱上预埋铁件组成。柱是厂房中的主要承重构件之一，在柱顶上支承屋架，在牛腿上支承吊车梁。它主要承受屋盖和吊车梁等竖向荷载、风荷载及吊车产生的纵向和横向水平荷载，有时还要承受墙体、管道设备等荷载。故柱应具有足够的抗压和抗弯能力。设计中要根据受力情况选择合理的柱子形式。

（1）柱的类型、特点及适用条件　柱的类型很多，按材料分有砖柱、钢筋混凝土柱、钢柱等；按截面形式分有单肢柱和双肢柱两大类。目前一般多采用钢筋混凝土柱。

钢筋混凝土柱按截面构造形式分为矩形柱、工字形柱、双肢柱、管柱等（图4-14）。

① 矩形柱　外形简单，制作方便，两个方向受力性能较好。缺点是：混凝土不能充分发挥作用，混凝土用量多，自重大，适用于中小型厂房。

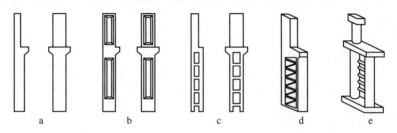

图4-14　几种常用的有吊车厂房的预制钢筋混凝土柱

a—矩形柱；b，c—工字形柱；d—双肢柱；e—管柱

② 工字形柱　将横截面受力较小的中间部分混凝土省去，节约混凝土 30%～50%；如柱截面高度较大，为减轻重量和便于穿越管道，还可以在腹板上开孔，缺点是制作复杂。

③ 双肢柱　由两根承受轴向力的肢杆和连接两肢杆的腹杆组成，腹杆有水平的和倾斜的两种。水平的施工方便，上方便于安装管线，但受力往往不如斜腹杆。斜腹杆基本为轴向力，弯矩小，所以节省材料，适用于厂房高，吊车吨位大的厂房。

④ 管柱　是在离心制管机上成型的，质量好，便于拼装，减少现场工作量，受气候影响小。缺点是预埋件较难做，与墙连接也不如其他柱方便。

钢-钢筋混凝土组合柱是当柱较高，自重较重，因受吊装设备的限制，为减轻柱重时采用。其组合形式是上柱为钢柱，下柱为钢筋混凝土双肢柱。

钢柱一般分为等截面和变截面两类柱。它们可以是实腹式，也可以是格构式的，格构式柱的柱肢截面大多数是工字形的，也有管形的。吊车吨位大的重型厂房适宜选用钢柱。

（2）柱牛腿　单层厂房结构中的屋架、托梁、吊车梁和连系梁等结构，常由设置在柱上的牛腿支承。钢筋混凝土柱上的牛腿有实腹式和空腹式之分，通常多采用实腹式牛腿。

柱的预埋件柱上除了按结构计算需要配置钢筋外，还要根据柱的位置以及柱与其他构件连接的需要等，在柱上预先埋设铁件。如柱与屋架、柱与吊车梁、柱与连系梁或圈梁、柱与砖墙或大型墙板及柱间支撑等相互连接处，均须在柱上埋设如钢板、螺栓、锚拉钢筋等铁件。因此，在进行柱子设计和施工时，应根据实际情况将所需预埋铁件的品种、数量、位置等核实清楚。

3. 基础

基础是厂房的重要构件之一，承担着厂房上部结构的全部重量，并传送到地基，起着承上传下的重要作用。

（1）基础类型的选择　基础类型的选择主要取决于建筑物上部结构荷载的性质和大小、工程地质条件等。

单层厂房一般采用钢筋混凝土基础。当上部荷载不大，地基土质较均匀，承载力较大时，柱下多采用独立的杯形基础。当荷载轴向大而弯矩小，且施工技术好，其他条件同上时，也可采用独立的壳体基础。当上部结构荷载较大，而地基承载力较小，柱下如用杯形基础，由于底面积过大，会使相邻基础之间的距离较近，因此可采用条形基础。条形基础刚度大，能调整纵向柱列的不均匀沉降。当地基的持力层离地表较深，地基表层土松软或为冻土地基，且上部荷载又较大，对地基的变形要求较严时，可考虑采用桩基础等。

（2）独立式基础单层厂房　一般是采用预制装配式钢筋混凝土排架结构，厂房的柱距与跨度较大，故厂房的基础多采用独立式基础。独立式基础与柱的连接构造因柱采用现浇式或预制式的不同而不同。

当基础上的柱现浇时，基础一般也采用现浇。当柱与基础不在同时间内施工时，须在基础顶面留出插筋，以便与柱连接。插筋的数量与柱的纵向受力钢筋相同，插筋伸出长度按柱的受力情况、钢筋规格及接头方式（如焊接或绑扎接头）的不同而确定（图4-15）。

杯形基础是在天然地基上浅埋的预制钢筋混凝土柱下独立式基础，也是工业厂房中应用较为广泛的基础形式（图4-16）。基础的上部呈杯口状，便于预制柱插入杯口加以固定。浇筑基础采用的混凝土标号不低于C15，钢筋采用Ⅰ级或Ⅱ级，为施工方便和保护钢筋，在基础底部采用C7.5混凝土垫层100mm厚。为便于柱的安装，杯口尺寸比柱截面尺寸略大，杯口顶为75mm，杯口底为50mm，杯口深度应满足锚固长度的要求。杯口底面与柱底面间应预留50mm找平层，在柱吊装就位前用高标号细石混凝土找平，将杯口内表面凿毛糙，杯口与柱子四周缝隙采用C20细石混凝土填实。基础杯口底板厚度一般应大于等于200mm，基础杯壁厚度应大于等于200mm，基础杯口顶面标高至少应低于室内地坪500mm。

杯形基础节省模板、施工方便，适用于地质均匀、地基承载能力较好的各类工业厂房。当厂房地形起伏大，局部地质条件变化大或相邻的设备大，基础埋置较深等原因，要求部分基础埋置深些，为使预制柱的长度统一，便于施工，可在局部地方采用高杯口基础（图4-17）。

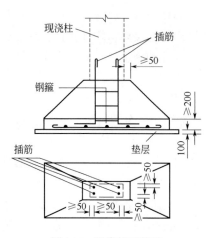

图4-15　现浇柱下基础

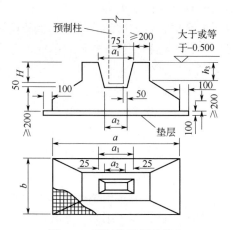

图4-16　预制柱下杯形基础

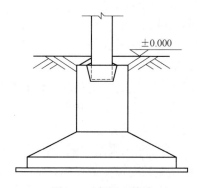

图4-17　高杯口基础

柱基础与设备基础、地坑的关系有些车间内靠柱边有设备基础或地坑,当基槽在柱基础施工完成后才开挖时,为防止施工滑坡而扰动柱基础的地基土层致使沉降过大,应使设备基础或地坑移动保持一定的距离。如设备基础或地坑的位置不能移动时,则可将柱基础做成高杯口基础。

4. 吊车梁

吊车梁是有吊车的单层厂房的重要构件之一。当厂房设有桥式或梁式吊车时,需要在柱牛腿上设置吊车梁,吊车轮子就在吊车梁铺设的轨道上运行。吊车梁直接承受吊车起重、运行和制动时产生的各种往返移动荷载。同时,吊车梁还要承担传递厂房纵向荷载(如山墙上的风荷载),起保证厂房纵向刚度和稳定性的作用。

(1)吊车梁的类型　钢筋混凝土吊车梁的类型很多,按截面形式分,有等截面的T形、工字形、元宝式、鱼腹式吊车梁等(图4-18)。

T形吊车梁,上部翼缘较宽,以增加梁的受压面积,便于固定吊车轨道。T形吊车梁有施工简单、制作方便的优点。但自重大,耗料多,不太经济。一般用于柱距为 6m，厂房跨度不大于 30m，吨位在 10t 以下的厂房。预应力钢筋混凝土 T 形吊车梁适用于 10～30t 的厂房。工字形吊车梁腹壁薄，节约材料，自重较轻。它适用于柱距 6m，厂房跨度 12～33m，起重量为 5～25t 的厂房。

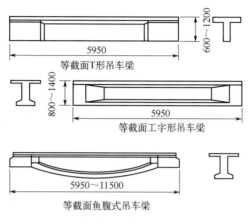

等截面T形吊车梁

等截面工字形吊车梁

等截面鱼腹式吊车梁

图4-18　钢筋混凝土吊车梁

鱼腹式吊车梁腹板薄，外形像鱼腹，故称鱼腹式吊车梁。外形与弯矩包括图形相近，受力合理，能充分发挥材料强度和减轻自重，节省材料，可承受较大荷载，梁的刚度大。但构造和制作较复杂，运输、堆放需设专门支垫。预应力混凝土鱼腹式吊车梁适用于厂房柱距不大于 12m，跨度 12～33m，吊车吨位为 15～150t 的厂房。

（2）吊车梁的预埋件、预留　孔吊车梁两端上下边缘各预埋有铁件，用于与柱连接。由于端柱处、变形缝处的柱距不同，在预制和安装吊车梁时，要注意预埋件设置位置的要求。在吊车梁上翼缘处留有作固定轨道用的预留孔，腹部预留滑角线安装孔。有车挡的吊车梁应预留与车挡构件连接用的钢管或预埋铁件。

（3）吊车梁的连接构造

①　吊车梁与柱的连接　为承受吊车横向水平刹车力，吊车梁上翼缘与柱间用钢板或角钢焊接。为承受吊车竖向压力，安装前吊车梁底部应焊接上一块垫板与柱牛腿顶面预埋钢板相焊接。吊车梁与梁之间，吊车梁与柱之间的空隙均须用 C20 细石混凝土填实。

②　吊车轨道与吊车梁的连接　吊车轨道按吊车吨位确定其断面和型号，可分为轻轨、重轨和方轨，按各种吊车的技术规格推荐用型号选定，吊车轨道与吊车梁的连接一般采用橡胶板和螺栓连接的方法，即在吊车梁上铺设厚 30～50mm 的垫层，再放钢垫板（或塑料、橡皮等弹性垫板），垫板上放钢轨，钢轨两侧放固定板，用压板压住，压板与吊车梁用螺栓连接牢固。

③　车挡与上车吊梁的连接　为防止吊车行驶中来不及刹车而冲撞山墙，同时

限制吊车的行驶范围,应在吊车梁的尽端设车挡(又称止冲器)。车挡大小应与吊车起重大小相适应。车挡用钢材制作,上面固定橡胶板,用螺栓与吊车梁的翼缘相连接,可按全国通用标准图集选用。

5. 支撑

单层厂房的支撑是使厂房形成整体的空间骨架,保证厂房的空间刚度;保证构件在施工和正常使用时的稳定和安全;承受和传递吊车纵向制动力、山墙风荷载、纵向地震力等水平荷载。分为屋架支撑和柱间支撑两类。

(1)屋架支撑 屋架支撑构件主要有上弦横向支撑、上弦水平系杆、下弦横向水平支撑、下弦垂直支撑及水平系杆、纵向支撑、天窗架垂直支撑、天窗架上弦横向支撑等。支撑、系杆构件为钢材或钢筋混凝土制作。

屋架支撑布置的原则如下。

① 应根据厂房的跨度、高度、屋盖形式、屋面刚度、吊车起重量及工作制、有无悬挂吊车和天窗设置等情况,结合建厂地区抗震设防等要求进行合理布置。

② 天窗架支撑 天窗上弦水平支撑一般设置于天窗两端开间和中部有屋架上弦横向水平支撑的开间处,天窗两侧的垂直支撑一般与天窗上弦水平支撑位置一致,上弦水平系杆通常设在天窗中部节点处。

③ 屋架上弦横向水平支撑 对于有檩体系必须设置屋架上弦横向水平支撑;对于无檩体系,当厂房设有桥式吊车时,通常宜在变形缝区段的两端及有柱间支撑的开间设置屋架上弦横向水平支撑,支撑间距一般不大于60m。

④ 屋架垂直支撑 一般应设置于屋架跨中和支座的垂直平面内。除有悬挂吊车外,应与上弦横向水平支撑同一开间内设置。

⑤ 屋架下弦横向水平支撑 一般用于下弦设有悬挂吊车或该水平内有水平外力作用时(如以下弦横向水平支撑山墙抗风柱的支点等)。

⑥ 屋架下弦纵向水平支撑 通常在有托架的开间内设置。只有当柱子很高,吊车起重量很大,或车间内有壁行吊车或有较大的锻锤时,才在变形缝区段内与下弦横向水平支撑组合成下弦封闭式支撑体系。

⑦ 纵向系杆 通常在设有天窗架的屋架上下弦中部节点设置。此外,在所有设置垂直支撑的屋架端部均设置有上弦和下弦的水平系杆。

⑧ 在地震区 应按现行抗震设计规范要求设置。

屋盖支撑的类型包括上下弦横向水平支撑、上下弦纵向水平支撑、垂直支撑和纵向水平系杆(加劲杆)等。横向水平支撑和垂直支撑一般布置在厂房端部和伸缩缝两侧的第二或第一柱间上。屋盖上弦横向支撑、下弦横向水平支撑的和纵向支撑,一般采用十字交叉的形式,交叉角一般为25°~65°,多用45°。

(2)柱间支撑 柱间支撑的作用是加强厂房纵向刚度和稳定性,将吊车纵向制动力和山墙抗风柱经屋盖系统传来的风力(也包括纵向地震力)经柱间支撑传至基础。其布置形式有以下几种。

① 有吊车或跨度小于 18m 或柱高大于 8m 的厂房,在变形缝区段中设置;有桥式吊车时,还应在变形缝区段两端开间加设上柱支撑。

② 当吊车轨顶标高大于等于 10m 时,柱间支撑宜做成两层;当柱截面高度大于等于 1.0m 时,下柱支撑宜做成双肢,各肢与柱翼缘连接,肢间用角钢连接。

③ 当柱间需要通行、需放置设备或柱距较大,采用交叉式支撑有困难时,可采用门架式支撑。

柱间支撑一般用钢材制作。其交叉倾角通常为 35°～55°,以 45°为宜。支撑斜杆安装时与柱上预埋铁件焊接。

6. 单层厂房外墙

单层厂房的外墙根据材料、使用要求、构造型式及承重方式的不同可分为砖墙、砌块墙、板材墙、开敞式外墙、承重墙、承自重墙、框架墙等(图 4-19)。

当厂房跨度和高度不大,没有或只有较小的起重运输设备时,一般可有用承重墙,如图 4-19 中 A 轴的墙,直接承受屋盖与起重运输设备等荷载。当厂房跨度和高度较大,起重运输设备吨位较大时,通常采用钢筋混凝土排架柱来承受屋盖与起重运输设备等荷载,而外墙只承受自重,仅起围护作用,这类墙称为承自重墙,如图 4-19 中 D 轴的墙;有的高大厂房的上部墙体及厂房高低跨交接处的墙体,多采用架空支承在排架柱上的墙梁(连系梁)来承担,这类墙称为框架墙,如图 4-19 中 B 轴上部的墙。承自重墙是厂房外墙的主要形式。下面分述单层厂房外墙的构造要求。

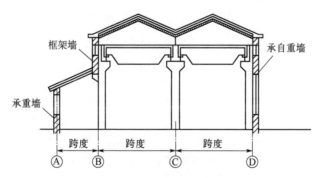

图4-19 单层厂房外墙的类型

(1)砌体填充墙 砌体填充墙是指利用砖或砌块填充的非承重墙。如在单层厂房中填充或悬挂于框架或排架柱间并由框架或排架承受其荷载的外墙,高低跨之间的封闭墙等。该类墙一般由钢筋混凝土基础梁和连系梁来支承。基础梁是指由基础支承的柱间墙下梁。而连系梁是指厂房纵向柱列的水平连系构件,设在墙内的又称为墙梁。

基础梁与基础的连接有两种情况,当基础埋置较浅时,基础梁可直接或通过混凝土垫块搁置在柱基础杯口的顶面上[图 4-20(a)、(b)];当基础埋置较深时,基础梁则搁置在高杯形基础或柱牛腿上[图 4-20（c）、（d）]。基础梁的截面通常为梯形，顶面标高通常比室内低 50mm，勒脚抹 500～800mm 高水泥砂浆。

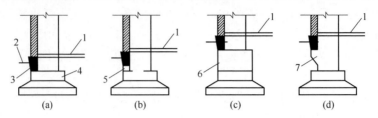

图4-20 基础梁与基础的连接

冬季，在寒冷地区为防止因土冻胀致使基础梁上隆而开裂，应在基础下周围铺一定厚度的砂或炉渣等松散材料[图 4-21（a）]，冻胀严重时还可在基础梁下预留空隙[图 4-21（b）]，这种措施对湿降性土或膨胀性土也同样适用，可避免不均匀沉降或不均匀胀升引起的不利影响。

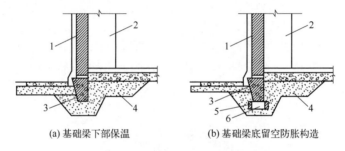

(a) 基础梁下部保温   (b) 基础梁底留空防胀构造

图4-21 基础梁下部的保温措施

1—外墙；2—柱；3—基础梁；4—炉渣保温材料；5—立砌普通砖；6—空隙

连系梁由柱子上的牛腿支撑，并将梁上的荷载通过牛腿传给柱子。连系梁多为预制，其截面有矩形和 L 形两种，矩形用于一砖墙，L 形用于一砖半墙。梁与柱的连接有螺栓固定和预埋钢板焊接两种方式。墙支承在基础梁和连系梁上，应把柱当做墙体的可靠支点，使墙与柱有牢固的连接，以增加墙体的稳定性和防止墙体因外部荷载的作用而倾倒。一般的连接方法是沿柱高度每隔 500～600mm 预留胡子筋并伸入墙体水平灰缝中，埋入的深度根据墙厚而定，一般不少于 120mm，亦可将胡子筋焊牢在柱子上的预埋铁件上。

根据厂房高度、荷载和地基条件等，将一道或几道墙梁沿厂房四周串通，一般称为圈梁。其作用是增强厂房结构的整体性，抵抗因地基不均匀沉降或较大震动荷载所引起的变形。圈梁应尽可能兼作窗过梁用。

不在墙内的连系梁主要作用是连接柱列以增加厂房的纵向刚度。一般布置在多跨厂房的中列柱的顶端。

屋架的上弦、下弦或屋面梁可预埋钢筋拉接墙体；若在屋架腹杆上预埋钢筋不便，可在腹杆预埋钢板上焊接钢筋与墙体拉接。

（2）板材墙　发展大型板材墙是改革墙体、促进建筑工业化的重要措施之一。墙板能利用工业废料制作，有利于生产工业化，加快施工速度，比砖墙质量轻且抗震性能优良。因此板材将成为我国工业建筑广泛采用的外墙类型之一。但目前还存在板材的用钢量大，造价偏高，接缝处不严密，时有透风渗水现象，其热工性能尚不理想等问题，亟待研究解决。

墙板根据不同的需要来分类。如按受力状况分为承重墙板和非承重墙板；按热工性能分为保温墙板和非保温墙板；按板的规格分为基本板、异型板和补充性构件；按在墙面的位置分有檐下板、一般板、女儿墙、山尖板、窗上板、窗下板、勒脚板；按用材分有单一材料墙板和复合材料墙板等。

单一材料墙板是采用一种主要材料制作，如普通混凝土、陶粒混凝土、加气混凝土、膨胀蛭石混凝土、烟灰矿渣混凝土等混凝土材料制作。复合材料墙板则是采用多种高效轻质材料做成的，如一般做成为轻质高强的夹心式墙板；面板可用多种材料制作，如预应力钢筋混凝土薄板、石棉水泥板、一般钢板、不锈钢板、铝板、玻璃钢板等，夹心层材料可用矿棉毡、玻璃棉毡、泡沫塑料、泡沫橡皮、泡沫玻璃、林丝板、各种蜂窝板等保温隔热的轻质材料。复合墙板能充分发挥材料的特性，心层材料具有高效的热工性能，外壳材料有承重、防腐蚀等功能，但也存在制造工艺较复杂、造价偏高、用于保温时易产生热桥等问题。

墙板的规格尺寸系按我国《厂房建设模数协调标准》（GB/T－2010）的规定，并考虑山墙坑风柱的设置情况而编制的。

（3）大型墙板　大型墙板布置可分为横向布置、竖向布置和混合布置三种方式。

① 墙板横向布置　墙板的横向布置在工程中采用得比较普遍。其板长和柱距一致，利用柱来做墙板的支承或悬柱点，竖缝由柱身遮挡，不易渗透风雨。墙板起连系梁与门窗过梁的作用，能增强厂房的纵向刚度。墙板横向布置构造简单，连接可靠，板型较少，便于设置窗框板或带形窗等。其缺点是遇到穿墙孔洞时，墙板的布置较复杂[图4-22（a）]。

② 墙板竖向布置　竖向布置不受柱距限制，布置灵活，遇到穿墙孔洞时便于处理。但目前国内厂房高度尚未定型，墙板的固定须设置连系梁，其构造复杂，竖向板缝多，易渗漏雨水。此布置方式现采用不多[图4-22（b）]。

③ 墙板混合布置　混合布置具有横向和竖向布置的优点，布置较为灵活，但板型较多，并且构造较为复杂，所以其应用也受限制[图4-22（c）]。

厂房的山墙上形成山尖形，从立面设计要求可做出多种处理方案。在山尖部分用砖、混凝土块等砌筑，为了立面统一，可抹灰画线，形成墙板的形象。

轻质板材墙对不要求保温、隔热的热加工车间、防爆车间等的外墙，可采用石棉水泥板、瓦楞铁皮、塑料墙板、铝合金板、夹层玻璃墙板等。这类墙板仅起围护作用，除传递水平风荷载外，不承受其他荷载，其本身重量也由厂房骨架来承受。

目前多采用的是波纹石棉水泥瓦，它通常悬挂在柱间的预制钢筋混凝土横梁上。横梁两端是置于柱的钢牛腿上，并通过预埋件与柱焊接牢固。横梁的间距应与波纹石棉水泥瓦的长度相适应。横梁与瓦板可采用螺栓与铁卡连接。

开敞式外墙我国南方地区，一些热加工车间为获得良好的自然通风和散热效果，常采用开敞式外墙，即下部设矮墙，上部开敞口设挡雨遮阳板。

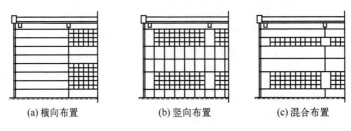

(a) 横向布置   (b) 竖向布置   (c) 混合布置

图4-22 墙板布置方式

7. 侧窗

在工业建筑中，侧窗不仅要满足采光和通风的要求，还要根据生产工艺的特点，满足一些特殊要求。例如有爆炸危险的车间，侧窗应便于泄压；要求恒温恒湿的车间，侧窗应该具有足够的保温隔热性能；洁净车间要求侧窗防尘和密闭；等等。由于工业建筑侧窗面积较大，如果处理不当，容易产生变形、损坏和开关不便，影响生产并增加维修费用。所以，侧窗除满足生产要求外，还应坚固耐久、接缝严密、开关灵活、节省材料、造价低。

侧窗一般以吊车梁为界，其上部的小窗为高侧窗，下部的大窗为低侧窗。大面积的侧窗因通风的需要，多采用组合式：一般平开窗位于下部，接近工作面；中悬窗位于上部；固定窗位于中部。在同一横向高度内，应采用相同的开关方式。

侧窗的尺寸应符合模数。洞口宽度一般在900~6000mm之间，当洞口宽度小于2400mm时，取300mm的倍数；大于2400mm时，取600mm的倍数。洞口高度一般在900~4800mm之间，当洞口高度为1200~4800mm时，取600mm的倍数。

侧窗的主要类型有木侧窗、钢侧窗、钢筋混凝土侧窗、垂直旋转通风板窗，另外还有密闭窗、百叶窗、固定式通风高侧窗等。

8. 大门

（1）大门规格和类型 工业厂房大门主要是供日常车辆和人通行、疏散之用。门的外形尺寸应根据所需运输工具类型、规格、运输货物的外形并考虑通行方便等因素来确定。一般洞口尺寸应比通过的满载货物车辆的轮廓尺寸加宽 600~1000mm，加高 400~600mm；同时，还应符合建筑模数协调标准的规定，以300mm 为扩大模数，以减少大门类型，便于采用标准构配件。

车间大门的类型较多，主要由车间性质、运输、材料及构造等因素决定。按用途分，有供运输通行的普通大门、防火门、保温门、防风沙门等；按材料分，有木门、钢木门、普通型钢和空腹薄壁钢门等；按开启方式分，有平开门、推拉门、折叠门、升降门、上翻门、卷帘门等。

① 平开门　平开门在单层厂房中采用最多，因它构造简单，开关方便。通常门是向外开启的，门上须设置雨篷以保护门扇和方便出入。平开大门均设两门扇，大门门扇上可开设一扇供人通行的小门，用于大门关闭时工作人员进出。

② 推拉门　推拉门在单层厂房中采用较多。推拉门的开关是通过滑轮，门扇沿导轨向左右推拉而成的。推拉门扇受力状态好，构造简单，不易变形。推拉门一般设两个门扇，它们各沿专用导轨推行。因柱的影响，推拉门是设在室外墙侧的，因此，应设足够宽和长的雨篷加以保护。推拉门密闭性较差，故不宜用于密闭要求较高的车间。

③ 平开折叠门　大门门洞较宽，为减小门扇宽度和占地面积，将宽大的平开门扇改做成数扇，改做的门扇之间用铰链连接，这样可自由水平折叠开启，使用较灵活方便。关闭时分别用插销固定，以防门扇变形和保证大门的刚度。

④ 推拉折叠门　推拉折叠门是将推拉门门扇一分为二，边扇仍是推拉式，另一扇用铰链挂在边扇上。开门时先平开挂扇并固定在边扇上后，再推拉边扇。这比推拉门灵活方便，但构造复杂。

⑤ 空腹薄壁钢折叠门　折叠门可由几个较窄的门扇相互间用铰链连成一体，门洞上下均设导轨，开启时门扇沿导轨左右推开，门扇折叠到一起，其壁较薄、轻便、占用空间较少（应注意保养与维护），适用于较大的门洞，但不适用于有腐蚀性介质的车间。

⑥ 上翻门　上翻门开启后整个门扇翻到门过梁下面，不占车间使用面积。它开启不受厂房柱的影响，可避免大风及车辆造成门扇的损坏。上翻门按导轨的形式和门扇的形式分为重锤直轨吊杆上翻门、弹簧横轨杠杆上翻门和重锤直轨折叠门上翻门。

⑦ 卷帘门　卷帘门的页板是由薄钢板或铝合金冲压成型的，开启时由门上部的转轴将帘板卷起。卷帘门有手动型和电动型，电动型须配有停电时可用手动开启的备用设备。卷帘门构造较复杂，造价较高，一般用于车库、非频繁开启的高大门洞。

⑧ 升降门　升降门系门扇沿轨向上开启的，若门洞高时沿水平方向将门扇分段。它不占车间使用空间，只要求在门洞上留有足够的上升高度。升降门有电动式和手动式，一般宜用电动式。升降门适用于较高大的大型厂房。

（2）大门的构造

① 平开门的构造　厂房的平开门由门框、门扇、五金配件等组成。门扇有木制、钢板制、钢木混合制等种类。当门扇面积大于 $5m^2$ 时，宜采用钢木复合门或钢板制作。

门扇由骨架和面板构成，除木门外，骨架常用型钢制成。由于门扇面积大，为防止门扇变形，在钢骨架上应加设角钢的横撑和交叉支撑，木骨架应加设三角铁，以增强门扇刚度。木门及钢木门的门扇一般用 15mm 厚的木材做门心板，用螺栓与骨架结合；钢板门则用 1～1.5mm 厚钢板做门心板。为防风沙，在门扇下缘及门扇与门框、门扇与门扇之间的缝隙处加设橡皮条。

门框由上框和边框构成，有的利用门顶上的钢筋混凝土过梁兼作上框。过梁一般均带有雨篷，雨篷外挑长度一般为 900mm，雨篷宽度一般比门洞宽度大 370～500mm。边框有钢筋混凝土和砖砌的两种。当门洞宽度大于 2400mm 时，应做钢筋混凝土门框，便于固定门铰链及保护墙角。边框与墙体应有拉筋连接，并在铰位置预埋铁件。当门洞宽度小于 2400mm 时，两边须设有砌体的拉接筋和与铰链焊接的预埋铁件。

② 推拉门的构造　推拉门由门扇、上导轨、滑轮、下导轨和门框组成，门扇可采用钢木门扇、钢板门扇、空腹薄壁钢板门等。门框为钢筋混凝土。厂房中一般多用上挂式推拉门，当门扇高度大于 4m、重量较大时，则宜采用下滑式的。

③ 折叠门的构造　折叠门由门扇、上导轨、滑轮、吊挂螺栓、下导轨、导向铰链、门铰和门框组成。门扇一般由钢板制成的。其上导轨、滑轮装置及构造与推拉门相似；边扇则和平开门一样，用铰链与门框固定，但在门扇下须设一条固定于地面的下导轨，使扇下缘的导向铰链沿轨道移动。为使门扇开启后能全部平靠门洞两侧，则上、下轨道须与门洞所在墙面有一夹角。

折叠门分为侧挂式、侧悬式和中悬式 3 种（图 4-23）。

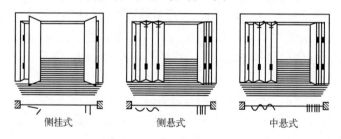

图4-23　折叠门的几种类型

④ 卷帘门的构造　卷帘门由卷帘板、导轨、卷筒、开关装置等组成。门扇为 1.5mm 厚带钢轧成的帘板，板间用铆钉连接。为保证其坚固耐久，门扇下部采用 10mm 厚钢板，并附设橡皮条以防风沙。

电动式卷帘门的传动装置有电动机、减速器、托轮、卷筒等。在减速器处应另配置手动开启装置，以备停电时使用。

⑤ 上翻门的构造　上翻门由门扇、平衡锤、滑轮、导轮、导向滑轮、门框等组成。门扇可用钢板、空腹薄壁钢板、钢木等材料制作。门扇骨架用冷轧带钢高频焊管制成。拉杆为 $\phi22$ 钢管，其一端固定于轨道上，另一端固定于门扇的骨架上。两侧垂直轨道用槽钢制作，为减轻平衡锤重量，设有减重导向滑轮组。

9. 单层厂房屋面

（1）单层厂房屋面的特点　单层厂房屋面与民用建筑相比，其主要特点如下。

① 厂房屋面积较大，构造复杂。多跨成片的厂房跨间有的还有高差。屋面上常

设天窗，以便于采光和通风；为排除雨雪水，需设天沟、檐沟、水斗及水落管，都使屋面构造复杂。

② 有吊车的厂房，屋面必须有一定的强度和足够的刚度。

③ 厂房屋面的保温、隔热要满足不同生产条件的要求，如恒温恒湿车间的保温隔热要求比一般民用建筑高。

④ 热力车间只要求防雨，有爆炸危险的厂房要求屋面防爆、泄压，有腐蚀介质的车间应防腐蚀等。

⑤ 减少厂房屋面面积和减轻屋面自重对降低厂房造价有较大影响。

（2）屋面基层　屋面基层分有檩体系和无檩体系两种（图4-24）。

有檩体系是在屋架上弦（或屋面梁上翼缘）设置檩条，在檩条上铺小型屋面板（或瓦材），这种体系采用的构件小、重量轻、吊装容易，但构件数量多，施工繁琐，工期长，适用于施工机械起吊能力较小的施工现场。无檩体系是在屋架上弦（或屋面梁上翼缘）直接铺设大型屋面板，所用构件大、类型少，便于工业化施工，但要求吊装技术高，目前，无檩体系在工程中应用较为广泛。

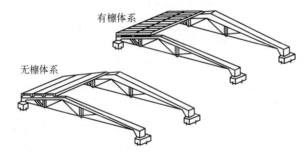

图4-24　屋面基层结构类型

10. 屋面排水厂房

屋面排水方式和民用建筑一样，分无组织排水和有组织排水两种。按屋面部位不同，可分屋面排水和檐口排水两部分。其排水方式应根据气候条件、厂房高度、生产工艺特点、屋面面积大小等因素综合考虑。

（1）外排水方案　外排水是指雨水管装设在室外的一种排水方案，优点是雨水管不妨碍室内空间使用和美观，构造简单，采用广泛。南方地区应优先采用外排水。厂房中常见的外排水方案有以下两种。

① 挑檐沟外排水　这种排水方式将屋面雨水汇集到悬挑在墙外的檐沟内，再从雨水管排下。当厂房为高低跨时，可先将高跨的雨水排至低跨屋面，然后从低跨挑檐沟引入地下（图4-25）。

采用该方案时，水流路线的水平距离不应超过20m，以免造成屋面渗水。

② 长天沟外排水　在多跨厂房中，为了解决中间跨的排水，可沿纵向天沟向厂房两端山墙外部排水，形成长天沟排水（图4-26）。长天沟板端部做溢流口，以防

止在暴雨时因竖管来不及泄水而使天沟浸水。

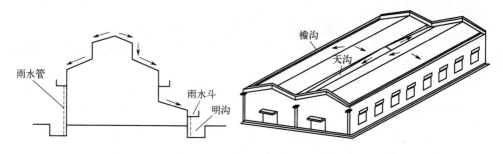

图4-25　高低跨挑檐沟外排水　　　　图4-26　长天沟端部外排水

长天沟外排水形式避免了在室内设雨水管，多用于单层厂房。为了避免天沟跨越厂房的横向温度缝，只在仅出现一条温度缝，而纵向长度在 100m 以内时采用。长天沟外排水的优点是构造简单，排水简捷。

（2）内排水方案　严寒地区多跨单层厂房宜选用内排水方案，常见以下两种形式。

① 中间天沟内排水　这种排水方案将屋面汇集的雨水引向中间跨及边跨天沟处，再经雨水斗引入厂房内的雨水竖管及地下雨水管（图4-27）。其优点是不受厂房高度限制，屋面排水组织较灵活，适用于多跨厂房，严寒地区采用内排水可防止因结冻胀裂引起檐和外部雨水管的破坏。缺点是铸铁雨水管等金属材料消耗量大，室内须设地沟，有时会妨碍工艺设备的布置，造价较高，构造较复杂。

② 内落外排水　当厂房跨数不多时（如仅有三跨），可用悬吊式水平雨水管将中间天沟的雨水引到两边跨的雨水管中，构成所谓内落外排水（图4-28）。其优点是可以简化室内排水设施，生产工艺的布置不受地下排水管道的影响，但水平雨水管易被灰尘堵塞，有大量粉尘积于屋面的厂房不宜采用。

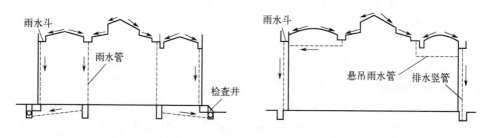

图4-27　中间天沟内排水　　　　　　图4-28　内落外排水

（3）屋面防水　厂房屋面防水材料有卷材防水屋面（又称柔性防水屋面）、各种波形瓦（板）防水屋面及钢筋混凝土构件自防水屋面。

① 卷材防水屋面 卷材防水屋面在构造上基本与民用建筑相同。但值得注意的是：当采用大型钢筋混凝土屋面做基层时，卷材防水屋面板缝，特别是横缝，不管屋面上有无保温层，均开裂相当严重。一般在大型屋面板或保温层上做找平层时，最好先将找平层沿横缝处做出分格缝，缝中用油膏填实，缝上先干铺一条 300mm 宽油毡作缓冲层，再铺油毡防水层，使屋面油毡在基层变形时有一定的缓冲余地，对防止横缝开裂有一定的效果。

② 波形瓦（板）防水屋面 波形瓦（板）防水屋面常用石棉水泥波瓦、锌镀铁皮波瓦和压型钢板等。

这里以石棉水泥波瓦屋面为例。石棉水泥波瓦厚度薄，重量轻，施工简便，但易脆裂，耐久及保温隔热性差，在高温、高湿、震动较大、积尘较多、屋面穿管线较多的车间，以及炎热地区高度较小的冷加工车间不宜采用。它适用于仓库及对室内温度状况要求不高的厂房中。

石棉水泥波瓦的规格有大、中、小三种，厂房中常采用大波瓦。石棉水泥波瓦屋面的构造要点是：石棉水泥波瓦与檩条的固定要牢固，每张瓦至少应有 3 个支承点（即支承在 3 根檩条上），但又不能太紧，因瓦性脆，为适应温湿度及震动，允许有变位的余地；石棉水泥波瓦的搭接方向宜顺主导风向，以免雨水倒灌，如防风和保证瓦的稳定，瓦的上下搭接长度不小于 200mm，在檐口处挑出长度不大于 300mm；在相邻四块瓦的搭接处，应先斜向对瓦片进行割角，对角缝不宜大于 5mm，以免出现瓦角相叠，使瓦面翘起；石棉水泥波瓦的铺设也可采用不割角的方法，但应将上下两排瓦的长边搭接缝错开。石棉水泥瓦的规格见表 4-9。

表4-9　石棉水泥瓦规格

瓦材名称	规格[屋面坡度（1∶2.5）～（1∶3）]						
	长/mm	宽/mm	厚/mm	弧高/mm	弧数/个	角度/°	每块质量/kg
石棉水泥大波瓦	2800	994	8	50	6		48
石棉水泥中波瓦	2400	745	6.5	33	7.5		22
	1800	745	6	33	7.5		14.2
	1200	745	6	33	7.5		10
石棉水泥小波瓦	1800	720	8	14～17	11.5		20
	1820	720	8	14～17			20
石棉水泥脊瓦	850	180×2	8			120～130	4
	850	230×2	6			125	4
石棉水泥平瓦	1820	800	8				40～45

（4）钢筋混凝土自防水屋面　钢筋混凝土自防水屋面不用在屋面板上另铺油毡或混凝土防水层，而是利用混凝土屋面板结构本身作为防水层，仅在板缝和板面分别采用嵌缝材料和涂料防水，具有构造简单、节省材料、造价低等优点。通常适用于不设保温层的大型屋面板的厂房，有较大震动或寒冷地区的厂房则不宜采用。

钢筋混凝土自防水屋面的种类很多，接其缝的处理方式可分为嵌缝式、脊带式和搭盖式。

嵌缝式构件自防水屋面利用大型屋面板作防水构件，利用钢筋混凝土自防水屋面油膏防水。若在嵌缝上面再粘贴一层卷材做防水层，则成为脊带式防水，其防水性能较嵌缝式好。搭盖式防水屋面的构造原理和瓦材相似，如用F形屋面板做防水构件，板的纵缝搭接，横缝和脊缝用盖瓦覆盖，这种屋面安装简便，但板型复杂，不便生产，在运输过程中容易损坏，盖瓦在震动影响下易脱落，屋面易渗漏。

11. 单层厂房天窗

天窗的类型很多，有矩形、梯形、M形、锯齿形、三角形、下沉式等天窗（图4-29）。单层厂房中常采用的天窗有钢筋混凝土矩形天窗、矩形通风天窗、井式天窗和平天窗。

矩形　　　　　　　　梯形　　　　　　　　M形

图4-29　天窗的类型

（1）矩形天窗　矩形天窗既可采光，又可通风，防雨水及防太阳辐射均较好，故在单层厂房或多层厂房中广泛采用。但矩形天窗的天窗架直接支承在屋架上弦节点上，增加厂房的荷载，增大厂房的体积和空间高度。矩形天窗主要由天窗架、天窗端壁、天窗扇、天窗屋面板及天窗侧板5种构件组成（图4-30）。

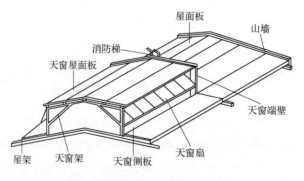

图4-30　矩形天窗组成

① 天窗架　天窗架是矩形天窗的承重构件，支承在屋架上弦的节点上（或屋

面梁的上翼缘上）。所采用的材料一般与屋架相同，用钢筋混凝土或型钢制作。钢筋混凝土天窗架的形式有Π形、W形、Y形等，钢天窗架的形式有多压杆式及桁架式（图4-31）。钢天窗架的特点是质量轻，制作、安装方便，但易腐蚀，用于钢屋架上，也可用于钢筋混凝土架上，而钢筋混凝土天窗架只限于钢筋混凝土屋架上。

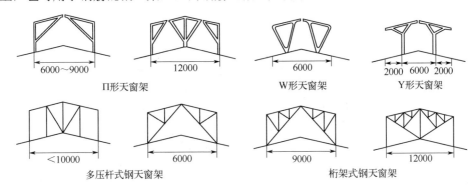

Π形天窗架   6000~9000

12000   Π形天窗架

6000   W形天窗架

2000 6000 2000   Y形天窗架

<10000   多压杆式钢天窗架

6000

9000

12000   桁架式钢天窗架

图4-31　天窗架形式

② 天窗端壁　矩形天窗两端起承重和围护作用的构件称为天窗端壁。常采用预制钢筋混凝土端壁板，用于钢筋混凝土屋架。为了节省钢筋混凝土端壁材料，可将端壁板做成肋形板代替钢筋混凝土天窗架，支承天窗屋面板。

当天窗架跨度为6m时，端壁板由两块预制板拼接而成；天窗架跨度为9m时，端壁板由 3 块预制板拼接而成。端壁板及天窗架与屋架上弦的连接均通过预埋铁件焊接。寒冷地区、冷加工车间或需要保温的车间的端壁板，应在其内表面加设保温层。

③ 天窗扇　矩形天窗设置天窗扇的作用主要是为了采光、通风和挡雨，可用木材、钢材、塑料等材料制作天窗扇。因为钢天窗扇具有坚固、耐久、耐高温、不易变形、关闭较严密等优点，故被广泛应用。钢天窗扇的开启方式有上悬式和中悬式两种，前者特点是防雨性能较好，但窗扇上方开启角度不能大于45°，故通风较差；后者窗扇开启角度可达 60°~80°，故通风较好，但防雨性能欠佳。

④ 天窗顶盖及檐口　天窗顶盖的构造处理一般与厂房屋顶的构造相同。为保证天窗屋面雨水顺利地排出，并防止雨水飘入室内，天窗檐口处设置带挑檐的屋面板，挑出长度500mm 左右；采用上悬式天窗扇因防雨较好，挑檐可小于 500mm；采用中悬式天窗，则挑檐应大于 500mm。雨量较大的地区，或天窗高度及宽度较大时，宜采用有组织排水。寒冷地区天窗屋面檐口处均须设置保温层。

⑤ 天窗侧板　天窗侧板是天窗扇下部的围护构件。为防止雨水溅入车间及不被积雪挡住天窗扇，天窗扇下面设置天窗侧板，一般侧板高出屋面不少于 300mm，但也不宜过高，过高会加大天窗架高度，对采光不利。

由于天窗位置较高，需要经常开关的天窗有电动引伸式、手动水平拉杆式、简易拉绳式等。

（2）矩形通风天窗　矩形通风天窗是在矩形天窗两外侧加设挡风板构成（图4-32）。在南方地区，为增大天窗的排风量，可不设天窗扇，其挡雨设施除采用大挑檐屋面板外，还可采用水平口挡雨片。在寒冷地区，矩形通风天窗必须设置天窗扇，既可以挡雨，又可以按季节调节天窗扇开口大小。

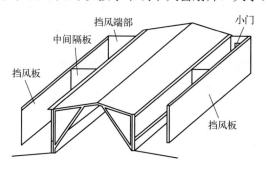

图4-32　矩形通风天窗示意

（3）井式天窗　井式天窗是下沉式天窗的一种类型。下沉式天窗是在拟设置天窗的部位，上下弦之间的空间构成天窗。它们与带挡风板的矩形天窗相比，由于省去了天窗架和挡风板，降低了厂房高度，减轻了屋盖、柱和基础的荷载，因而用料较省，造价相应降低。根据其下沉部位不同，常见有井式、纵向下沉和横向下沉3种类型。现主要介绍井式天窗。

井式天窗是将屋面拟设天窗位置的屋面板下沉铺在屋架下弦上，形成一个凹嵌在屋架空间的井状天窗。它具有布置灵活、排风路径短捷、通风性能良好、建筑结构合理、采光均匀等优点。

井式天窗的布置方式主要有：一侧布置、两侧对称或错开布置、跨中布置。两侧布置方式通风效果较好，局部阻力系数一般可小于或等于矩形通风天窗，屋面排水较简单，故热力车间常采用；跨中布置的通风效果较前者差，排水处理比较复杂，但可以利用屋架中部较高的空间做天窗，采光较好，故适用于对采光、通风均有一定要求的车间。

（4）平天窗　平天窗由顶部平面采光，直接在屋盖的洞口装设透光材料而成，可分为采光板、采光罩和采光带3种。

采光板是在屋面板上留孔，装设平板透光材料采光，或者抽掉一块屋面板加设檩条来设置透光材料。一块板上可开设几个分开的小孔，做成小孔板，也可开设一个比较大的孔，做成中孔或大孔采光板。采光罩是在屋面板上留孔设置弧形透光材料，如有机玻璃、玻璃钢、中空玻璃、夹胶玻璃等，其刚度、抗冲击性能较平板好。采光带是在屋面横向或纵向通长的孔洞上，设置透光材料，采光口多为长条形，长度6m以上，根据屋面结构的不同形式，平行于屋架的为横向采光带，垂直于屋架的为纵向采光带。

平天窗的采光效率高，约为矩形天窗的2～3倍，布置灵活，采光均匀，构造简单，玻璃面积小，造价较低，故多用于冷加工车间。

12. 单层厂房地面

厂房地面应能满足生产使用要求。地面类型选择是否合理，直接影响到产品质量的好坏和工人劳动条件的优劣。又因厂房内工段多，生产要求不同，使得厂房的地面构造复杂化。此外，厂房地面面积大，荷载大，材料用量多。如一般机械类厂房的混凝土地面，其混凝土用量占主体结构的25%～50%，故应正确选择地面材料及其构造形式。

（1）地面的组成　地面一般由面层、垫层和基层组成。为满足使用或构造要求时，可增设结合层、找平层、隔离层等构造层。

① 面层　面层是直接承受各种物理和化学作用的表面层，应根据生产特征、使用要求和技术经济条件来选择。

② 垫层　垫层是承受并传递地面荷载至基层的构造层，按材料性质和构造不同有刚性、柔性之分。当地面承受的荷载较大，且不允许面层变形或裂缝，或有侵蚀性介质或大量水作用时，采用刚性垫层（材料有混凝土、钢筋混凝土等）。当地面有重大冲击、剧烈振动作用，或储放笨重材料时，采用柔性垫层（其材料有砂、碎石、矿渣、灰土、三合土等），有时也把灰土、三合土做的垫层称为半干性垫层。

③ 基层　基层是承受上部荷载的土壤层，是经过处理后的地基土层，最常见的是素土夯实。地基处理质量直接影响地面的承载力，地基土不得用湿土、淤泥、腐殖土、冻土以及有机物含量大于8%的土作填料，若地基土松软，可加入碎石、碎砖等夯实，以提高强度。

④ 结合层　结合层是连接块材面层、板材或卷材与垫层的中间层，主要起上下结合作用。用材应根据面层和垫层的条件来选择，水泥砂浆或沥青砂浆结合层适用于有防水、防潮要求或要求稳固无变形的地面；当地面需防酸碱时，结合层应采用耐酸砂浆或树脂胶泥等。此外，对板、块材之间的拼缝应填以与结合层相同的材料，有冲击荷载或高温作用的地面常用砂做结合层。

⑤ 隔离层　隔离层起防止地面腐蚀性液体由上往下或地下水由下向上渗透扩散的作用。隔离层可采用再生油毡（一毡二油）或石油沥青油毡（两毡三油）来防渗。地面处于地下水位毛细管作用上升范围内，而生产上需要有较高防潮要求时，则在垫层下铺设一层30mm厚沥青混凝土或40mm厚的灌沥青碎石作隔离层。

⑥ 找平层　找平层起找平或找坡作用。当面层较薄而要求其平整或有坡度时，则需在垫层上设找平层。在刚性垫层上用1∶2或1∶3水泥砂浆制作20mm厚的找平层。在柔性垫层上，找平层宜用厚度不小于30mm的细石混凝土制作。找坡层常用1∶1∶8水泥石灰炉渣做成，最低处厚30mm。

（2）地面的类型及构造　地面一般是按面层材料的不同而分类，有素土夯实、石灰三合土、水泥砂浆、细石混凝土、木板、陶土板等类型。根据使用性质可分为一般地面和特殊地面（如防腐、防爆等）两种。按构造不同也可分为整体面层和板块材面层两类。工业厂房常见地面构造见表4-10

表4-10 工业厂房常见地面构造

序号	类型	构造图形	地面做法	建议采用范围	备注
1	素土地面		素土夯实；素土中掺骨料夯实	承受高温及巨大冲击的地段，如铸工车间、锻压车间、金属材料库、钢坯库、堆场	
2	矿渣或碎石地面		矿渣（碎石）面层压实，厚度不小于60mm，素土夯实	承受机械作用强度较大，平整度和清洁度要求不高，如仓库、堆场	
3	灰土地面		3∶7灰土，夯实，100～150mm厚，素土夯实	机械作用强度小的一般辅助生产用房、仓库等	
4	石灰炉渣地面		1∶3石灰炉渣夯实，60～100mm厚，素土夯实	机械作用强度小的一般辅助生产用房、仓库等	
5	石灰三合土地面		1∶3∶5或1∶2∶4的石灰、砂（细炉渣）、碎石（碎砖）三合土夯实，100～150mm厚，素土夯实	机械作用强度小的一般辅助生产用房、仓库等	有水地段不宜采用
6	水泥砂浆面层		1∶2水泥砂浆面层20mm厚，C10混凝土垫层不小于60mm厚，素土夯实	承受一定机械作用强度、有矿物油、中性溶液、水作用的地段，如油漆车间、锅炉房、变电间、车间办公室等	容易起砂
7	豆石地面		1∶2.5水泥豆石面层20mm厚，C7.5混凝土垫层60～100mm厚，素土夯实	承受一定机械作用强度、有矿物油、中性溶液、水作用的地段，如油漆车间、锅炉房、变电间、车间办公室等	
8	混凝土地面		C10～C20混凝土面层兼垫层不小于60mm厚，素土夯实	承受较大的机械作用，有矿物油、中性溶液、水作用的地段，如金工、热处理、油漆、机修、工具、焊接、装配车间等	C15混凝土兼面层时，表面需加适量水泥，随捣随抹光
9	细石混凝土地面		C20细石混凝土30～40mm厚，C7.5（C10）混凝土垫层60～100mm厚，素土夯实	承受较大的机械作用，有矿物油、中性溶液、水作用的地段，如金工、热处理、油渣、机修、工具、焊接、装配车间等	

序号	类型	构造图形	地面做法	建议采用范围	备注
10	水磨石地面		1：（1.5～2.5）水泥石渣面层厚15mm，1：3水泥砂浆找平层厚15mm，C7.5（C10）混凝土垫层厚不小于60mm	有一定清洁要求，中性溶液、水作用的地段，如计量室、精密机床间、汽轮发电机间、配电室、仪器仪表装配车间、食品车间、试验室等	
11	铁屑地面		C40铁屑水泥面层厚15～20mm，1：2水泥砂浆结合层厚20mm。C10混凝土垫层，厚不小于60mm，素土夯实	要求高度耐磨的车间或地段，如电缆、电线、钢绳、钢丝车间、履带式拖拉机、施工机械装配车间等	
12	沥青砂浆地面		沥青砂浆面层厚20～30mm，冷底子油一道，C10混凝土垫层厚不小于60mm，素土夯实	要求不发火花，不导电，防潮、防酸、防碱的地段，如乙炔站、控制盘室、蓄电池室、电镀室等	经常有煤油、汽油及其他有机溶剂的地段不宜采用
13	沥青混凝土地面		沥青细石混凝土面层厚30～50mm，分两次铺设，冷底子油一道，C10混凝土或碎石垫层厚不小于60mm，素土夯实	要求不发火花，不导电，防潮、防酸、防碱的地段，如乙炔站、控制盘室、蓄电池室、电镀室等	
14	菱苦土地面		菱苦土面层厚12～18mm，1：3菱苦土氯化镁稀浆一遍，C7.5（C10）混凝土垫层，素土夯实	要求具有弹性、半温暖、清洁、防爆等地段，如计量站、纺纱车间、织布车间、校验室等	受潮湿影响或地面温度经常处于35℃以上地段不宜采用
15	木地板面		企口木板面层（板底涂沥青）22mm厚；50mm×50mm木格栅（涂沥青），中距400mm，用预埋16号铅丝绑扎，木格栅间填满干矿渣；C10混凝土垫层60mm厚，面涂冷底子油、热沥青各一道，素土夯实	要求具有弹性、温暖、不导电、防爆、清洁等地段，如高度精密生产和装配车间、计量室、校验室等	
16	粗石或块石地面		100～180mm厚块石，粒径15～25mm卵石或碎石填缝，碾压沉落后以粒径5～15mm卵石或碎石填缝，再次碾实砂垫层，压实后为60mm的厚度，素土夯实	承受巨大冲击及磨损，平整度要求不高，便于修理，如锻锤车间、电缆、钢绳车间、履带式拖拉机装配车间、人行道等	块石厚度：100mm、120mm、150mm；粗石厚度：120mm、150mm、180mm
17	混凝土板面层		C20混凝土预制板60mm厚，砂或细炉渣垫层60mm厚	可承受一定机械作用强度，用于将要安装设备及敷设地下管线而预留地位的地段或人行道	

序号	类型	构造图形	地面做法	建议采用范围	备注
18	陶板地面		陶板面层沥青胶泥勾缝，3mm厚沥青胶泥结合层，1.5mm厚1:3水泥砂浆找平层上刷冷底子油一道，C7.5（C10）混凝土垫层厚不小于60mm，素土夯实	用于有一定清洁要求及受酸性、碱性、中性液体、水作用的地段，如蓄电池室、电镀车间、染色车间、尿素车间等	
19	铸铁板地面		15mm 厚 铸 铁 板（300mm×600mm），60～150mm厚砂或矿渣结合层，素土夯实（或掺骨料夯实）	承受高温影响及冲击、磨损等强烈机械作用地段，如铸铁、锻压、热轧车间等	不适用于有磁性吸盘吊车的地段

（3）地沟　由于生产工艺的需要，厂房内有各种管道缆线（如电缆、采暖、压缩空气、蒸汽管道等）需设在地沟中。地沟由沟壁、底板和盖板组成。常见有砖砌地沟和混凝土沟。砖砌地沟[图 4-33（b）]适用于沟内无防酸碱要求，沟外部也不受地下水影响的厂房。其沟壁厚为 120～490mm，上端混凝土梁垫支承盖板；一般须做防潮处理，在沟壁外刷冷底子油一道、热沥青两道，沟壁内抹 20mm 厚的 1:2 水泥防水砂浆。

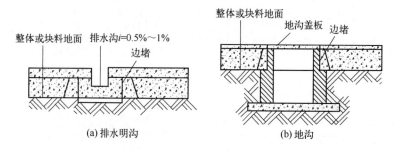

图4-33　排水沟及地沟

地沟上一般都设盖板，盖板表面应与地面标高相平。盖板应根据作用于其上的荷载确定选用品种，一般多采用预制钢筋混凝土盖板，也有用铸铁的。盖板有固定盖板和活动盖板两种。

当地沟穿过外墙时，应做好室内外管沟接头处的构造。

（4）坡道　厂房的室内外高差一般为 150mm。为便于通行车辆，在门口外侧须设置坡道。坡道宽度应比门洞宽度大 1200mm，坡度一般为 10%～15%，最大不超过 30%。当坡度大于 10%且潮湿时，坡道应在表面作齿槽防滑，若有铁轨通入，则坡道设在铁轨两侧。

八、多层厂房结构及适用范围

多层厂房是随着科学技术的进步、新兴工业的产生而得到迅速发展的一种厂房建筑形式。它对于提高城市建筑用地、改善城市景观等方面起着积极作用。

1. 多层厂房的特点

多层厂房是指层数为2～8层的生产厂房。多层厂房与单层厂房相比较,它具有以下特点。

(1)交通运输面积大。多层厂房生产在不同标高的楼层进行,各层间除水平工作间的联系外,突出的是竖向工作间的联系设有楼梯、电梯等垂直运输设备,供生产工艺要求自上而下、自下而上或上下往复式的流程服务,且人流、物流组织比单层厂房复杂。

(2)多层厂房占地面积较少,不仅能节约土地,而且减少基础和屋顶工程量,缩短厂区道路、管线、围墙等的长度,从而降低建设投资和维修费用。

(3)多层厂房外围护结构面积小。和单层厂房面积相同的多层厂房,随着层数的增加,单位面积的外围护结构面积亦随之减少,可节省大量建筑材料并获得节能的效果。在寒冷地区,可减少冬季采暖费,有空调的工段可减少空调费用,且易达到恒温恒湿的要求。

(4)多层厂房屋顶面积小。多层厂房的建筑宽度比单层厂房小,故屋顶面积较小,屋盖构造简单,可不设天窗,利用侧面采光,有利于直接获取自然采光。由于易排除雨雪、积灰,有利于保温隔热处理。

(5)多层厂房有益于市容。多层厂房能点缀城市,美化环境,改变城市面貌。

(6)多层厂房分间灵活,有利于工艺流程的改变。但多层厂房一般为梁板柱承重,柱网尺寸较小。由于柱多,结构面积大,因而生产面积使用率较单层厂房的低。

(7)多层厂房设备布局方便、合理,较重的设备可放在底层,较轻设备放在楼层。但对重荷载、大设备、强震动的适应性较单层厂房为差,须做特殊的结构构造处理。

2. 多层厂房的适用范围

(1)生产上需要垂直运输的工业,其生产原材料大部分送到顶层,再向下层的车间逐一传送加工,最后底层出成品,如大型面粉厂等。

(2)生产上要求在不同的楼层操作的工业,如化工厂、热电站主厂房等。

(3)生产工艺对生产环境有特殊要求的工业,如电子、精密仪表类的厂房。为了保证产品质量,要求在恒温恒湿及洁净等条件下进行生产,多层厂房易满足这些技术要求。

(4)生产上虽无特殊要求,但生产设备及产品均较轻,且运输量亦不大的厂房,并且应根据城市规划及建筑用地要求,结合生产工艺、施工技术条件以及经济性等做综合分析后确定建造多层式厂房。

（5）一些老厂及仓储型厂房位于城市市区内，厂内基地受到限制，生产上无特殊要求，须进行改建或扩建时，可向空间发展，建成多层厂房。

3. 多层厂房的结构形式

厂房结构形式应结合生产工艺和层数的要求以及建筑材料的供应、当地的施工安装条件、构配件的生产能力、基地的自然条件等进行选择。目前我国多层厂房承重结构按其所用材料的不同一般有以下几种。

（1）混合结构 混合结构有砖墙承重和内框架承重两种形式。前者分横墙承重和纵墙承重的不同布置。但是，砖墙占用面积较多，影响工艺布置，因此内框架承重的混合结构形式是目前使用较多的一种结构形式。

混合结构有取材和施工方便、造价较低、保温隔热性能较好的优点，适用于楼板跨度在 4～6m，层数在 4～5 层，层高在 5.4～6.0m，楼面荷载不大又无震动的情况。但当地基条件差，容易发生不均匀沉降时，选用时应慎重。此外，在地震区不宜选用。

（2）钢筋混凝土结构 目前我国多层厂房多采用钢筋混凝土结构，它的构件截面较小，强度大，能适应层数较多、荷载较大、跨度较宽的需要。钢筋混凝土结构分以下几种形式。

① 框架结构 按受力方向的不同，框架结构一般有横向式、纵向式和纵横向式受力框架 3 种。若按施工方式分，框架结构有全现浇式、半现浇式、全装配式及装配整体式 4 种。此类结构，已广为采用，一般适用于荷载较重、震动较大、管道线路较多、工艺较复杂的厂房。

② 框架-剪力墙结构 这种结构为框架与剪力墙协同工作的一种结构体系，具有较大的承载能力。一般适用于层数较多，高度和荷载都较大的厂房。

③ 无梁楼盖结构 这种结构一般适用于荷载在 $10kN/m^2$ 以上及无较大震动的厂房。柱网尺寸应以近似或等于正方形为宜。

④ 大跨度桁架式结构 这种结构适用于生产工艺要求大跨度的厂房。可采用无斜腹杆平行弦屋架作为技术夹层，以架设各种技术管道线路，夹层空间高度不小于2100mm 时，可布置生活辅助用房等。

（3）钢结构 钢结构具有重量轻、强度高、施工方便等优点，是采用较多的一种结构型式。

第七节　生产车间用水量和用汽量的估算

水和蒸汽是食品厂管道输送的两种最主要也是最基本的介质。为了给管路设计奠定必需的理论基础，就必须对生产的用水量和用汽量做总体的估算。

一、用水量的估算

1. 用水量计算意义

食品生产中，水是必不可少的物料。因为食品生产过程涉及的物理方法和生化反应，都必须有水的存在。不管是原料的预处理、加热、杀菌、冷却、培养基的制备、设备和食品生产车间的清洗等都需要大量的水。所以，对于食品生产来说，供水衡算，即根据不同食品生产中对水的不同需求，进行用水量的计算，是十分重要的，并且与物料衡算、热量衡算等工艺计算以及设备的计算和选型、产品成本、技术经济等均有密切关系。

2. 用水主要范围

原料预处理、半成品漂洗、浓缩锅蒸汽的冷凝、杀菌后产品的冷却、包装容器的洗涤消毒、车间清洁卫生等生产过程均需用水。

3. 供水衡算的方法和步骤

根据食品生产工艺、设备或规模不同，生产过程用水量也随之改变，有时差异很大。所以在工艺流程设计时，必须妥善安排，合理用水，尽量做到一水多用。

（1）小规模厂按"单位产品耗水量定额"估算 对于规模小的食品工厂在进行供水衡算时可采用"单位产品耗水量定额"估算法，可分为三个步骤。

① 按单位吨产品耗水量来估算 根据我国部分乳品厂的调查统计，其单位耗水量如表 4-11 所示。

表4-11 部分乳制品平均每吨成品耗水量表

产品名称	耗水量/t
消毒奶	8～10
全脂奶粉	130～150
全脂甜奶粉	100～120
甜炼乳	45～60
奶油	28～49
干酪素	380～400
乳粉	40～50

② 按主要设备的用水量来估算 有些设备的用水量较大，在安排管路系统时，要考虑到它们在生产车间的分布情况。对用水压力要求较高，用水量大而集中的地方，应单独接入主干管路。

③ 按食品工厂规模来拟定供水能力 一个食品工厂要设置多大的给水能力，主要是根据生产规模，特别是班产量的大小而定。用水量与产量有一定的比例关系，但不一定成正比。班产量越大，单位产品耗水量相应越低。给水能力因而可相应减

低。下面列举部分罐头食品和乳制品的给水能力，如表 4-12 所示。

表4-12　部分罐头食品和乳制品的给水能力

成品类别	班产量/(t/班)	建议给水能力/(t/h)	备注
肉禽水产类罐头	4～6 8～10 15～20	40～50 70～90 120～150	不包括速冻冷藏
果蔬类	4～6 10～15 25～40	50～70 120～150 200～250	番茄酱例外
奶粉、甜炼乳、奶油	5 10 15	15～20 28～30 57～60	

注：1. 以上单位指生产用水，不包括生活用水。
　　2. 南方地区气温高，冷却水量较大，应取较大值。

（2）大规模较食品厂用水量计算　　对于规模较大的食品工厂，在进行水用量计算时必须采用计算的方法，保证用水量的准确性。方法和步骤如下。

① 要充分了解水用量计算的目的要求，从而采用适当的计算方法。例如，要做一个生产过程设计，当然就要对整个过程和其中的每个设备做详细的用水量计算，计算项目要全面、细致，以便为下一步设备计算提供可靠依据。

② 绘出用水量计算流程示意图。为了使研究的问题形象化和具体化，使计算的目的正确、明了，通常使用框图显示所研究的系统。图形表达的内容应准确、详细。

③ 收集设计基础数据。需收集的数据资料一般应包括：生产规模，年生产天数，原料、辅料和产品的规格、组成及质量等。

④ 确定工艺指标及消耗定额等。

设计所需的工艺指标、原材料消耗定额及其他经验数据，根据所用的生产方法、工艺流程和设备，对照同类生产工厂的实际水平来确定，这必须是先进而又可行的。

⑤ 选定计算基准。计算基准是工艺计算的出发点；选择正确，能使计算结果正确，而且可使计算结果大为简化。因此，应该根据生产过程特点，选定统一的基准。在工业上，常有的基准如下。

a. 以单位时间产品或单位时间原料作为计算基准。

b. 以单位重量、单位体积的产品或原料为计算基准。如肉制品生产用水量计算，可以以 100kg 原料来计算。

c. 以加入设备的一批物料量为计算基准，如啤酒生产就可以以投入糖化锅、发酵罐的每批次用水量为计算基准。

⑥ 由已知数据，根据质量守恒定律列出相关数学关联式，并求解。

此计算既适用于整个生产过程，也适用于某一个工序和设备。

⑦ 校核与整理计算结果，列出水用量计算表。

在整个水用量计算过程中，对主要计算结果都必须认真校核，以保证计算结果准确无误。一旦发现差错，必须及时重算更正，否则将耽误设计进度。最后，把整理好的计算结果列成供水衡算表。

4. 用计算法来估计用水量

（1）产品添加用水量

$$W_1 = GZ$$

式中　G——班产量，t。

　　　Z——每吨成品在加工过程中所需添加的水量，t/t。

（2）物料清洗或容器洗涤用水量

$$W_2 = \pi/4d^2Vtc$$

式中　d——进水管直径，mm；

　　　π——圆周率，一般取 3.14；

　　　V——进水管流速，m/s；

　　　t——清洗时间，h；

　　　c——水的容重，t/m^3；

（3）冷却产品用水量

$$W_3 = GC(t_1 - t_2)/(t_4 - t_3) \times 1000$$

式中　G——需要冷却产品的质量，kg；

　　　C——需要冷却产品的比热容，kJ/(kg·℃)；

　　　t_1——冷却前产品的初温，℃；

　　　t_2——冷却后产品的终温，℃；

　　　t_3——冷却水的初温，℃；

　　　t_4——冷却水的终温，℃。

（4）冷却二次蒸汽用水量

$$W_4 = D(i - i_0)/[C(T_2 - T_1)]$$

式中　D——二次蒸汽量，kg/h；

　　　i——二次蒸汽热焓，J/kg；

　　　i_0——二次蒸汽冷凝液热焓，J/kg；

　　　C——冷却水比热容，J/(kg·℃)；

　　　T_2——冷却水出口温度，℃；

　　　T_1——冷却水进口温度，℃。

（5）冲洗地坪用水量　根据实测数据，1 吨水可冲地坪 40m^2 左右，若食品加工厂生产车间每 4 小时洗一次，即每班至少冲洗两次，则有：

$$W_5 = 2 \times (S/40)$$

式中 S——生产车间的面积，m^2。

根据生产车间的工艺要求，可计算出每班生产过程的耗水量。

二、用汽量的估算

1. 用汽主要范围

热烫、浓缩、干燥、杀菌、保温、设备和管道的消毒，车间清洁卫生等都需要用汽。

2. 用汽量计算（热量衡算）

热量衡算就是要通过对生产中热量需求量的计算，确定生产用汽量，并通过计算，得出生产过程能耗定额指标，为过程设计和操作提供最佳化依据；应用蒸汽等热量消耗指标，还可以对工艺设计的多种方案进行比较，以选定先进的生产工艺、降低生产成本的目的。

（1）小厂按"单位产品耗汽量定额"估算

① 用"单位产品耗汽量定额"来估算　用"单位产品耗汽量定额"来估算生产车间的用汽量，其方法简便，但目前在我国尚缺乏具体和确切的技术经济指标。一个食品工厂往往同时要生产几种产品，而各产品在生产过程中缺乏对汽耗量的计量，一般是按当月所耗汽之总量分摊到各产品中去。各厂的摊派方式不同，其定额指标亦不相同，另外，单位产品的耗汽额还因地区不同、原料品种的差异以及设备条件、生产能力大小、管理水平等工厂实际情况的不同而有较大幅度的变化。所以，用"单位产品耗汽量定额"来计算就只能看作是粗略的估算。

② 按主要设备的用汽量来估算。

③ 按食品工厂规模来拟定给汽能力。

部分乳制品按生产规模供汽能力，如表4-13所示。

表4-13　部分乳制品按生产规模供汽能力

成品类别	班产量/(t/班)	建议用汽量/(t/h)
乳粉、甜炼乳、奶油	5 10 20	1.5～2.2 1.8～3.5 5～6
消毒奶、酸奶、冰激凌	20 40	1.2～1.5 2.2～3.0

（2）大规模食品厂用汽量计算　对于规模较大的食品工厂设计时，在进行用汽量计算时必须采用计算的方法，保证用汽量的准确性。用汽量计算可以做全过程的或单元设备的用汽量计算。现以单元设备的用汽量计算为例加以说明，具体的方法和步骤如下。

① 画出单元设备的物料流向及变化的示意图。

② 分析物料流向及变化，写出热量计算式

分析物料流向及变化，写出热量计算式：

$$\Sigma Q_{入}=\Sigma Q_{出}+\Sigma Q_{损}$$

式中　$\Sigma Q_{入}$——输入的热量总和，kJ；

　　　$\Sigma Q_{出}$——输出的热量总和，kJ；

　　　$\Sigma Q_{损}$——损失的热量总和，kJ。

通常　$\Sigma Q_{入}=Q_1+Q_2+Q_3$

　　　$\Sigma Q_{出}=Q_4+Q_5+Q_6+Q_7$

　　　$\Sigma Q_{损}=Q_8$

式中　Q_1——物料带入的热量，kJ；

　　　Q_2——由加热剂（或冷却剂）传给设备和所处理物料的热量，kJ；

　　　Q_3——过程的热效应，包括生物反应热、搅拌热等，kJ；

　　　Q_4——物料带出的热量，kJ；

　　　Q_5——加热设备需要的热量，kJ；

　　　Q_6——加热物料需要的热量，kJ；

　　　Q_7——气体或蒸汽带出的热量，kJ。

值得注意的是，对具体的单元设备，上述的 $Q_1\sim Q_8$ 各项热量不一定都存在，故进行热量计算时，必须根据具体情况进行具体分析。

③ 收集数据　为了使热量计算顺利进行，计算结果无误和节约时间，首先要收集数据，如物料量、工艺条件以及必需的物性数据等。这些有用的数据可以从专门手册中查阅，或取自工厂实际生产数据，或根据试验研究结果选定。

④ 确定合适的计算基准　在热量计算中，取不同的基准温度，按照热量计算式所得的结果就不同。所以必须选准一个温度基准，且每一物料的进出口基准温度必须一致。通常，取 0℃ 为基准温度可简化计算。此外，为使计算方便、准确，可灵活选取适当的基准，如按 100kg 原料或成品、每小时或每批次处理量等作基准进行计算。

⑤ 进行具体的热量计算

a. 物料带入的热量 Q_1 和带出热量 Q_4　可按下式计算，即：

$$Q = m_1 C_1 t$$

式中　m_1——物料质量，kg；

　　　C_1——物料比热容，kJ/(kg·℃)；

　　　t——物料进入或离开设备的温度，℃。

b. 过程热效应 Q_3　过程的热效应主要有合成热 Q_B、搅拌热 Q_S 和状态热（例如汽化热、溶解热、结晶热等）：

$$Q_3=Q_B+Q_S$$

式中 Q_B —— 发酵热（呼吸热），视不同条件、环境进行计算，kJ；

Q_S —— 搅拌热，$Q_S = 3600P\eta$，kJ。

其中，P 为搅拌功率，kW；

η 为搅拌过程功热转化率，通常 $\eta = 92\%$。

c. 加热设备耗热量 Q_5 为了简化计算，忽略设备不同部分的温度差异，则：

$$Q_5 = m_2 C_2 (t_2 - t_1)$$

式中 m_2 —— 设备总质量，kg；

C_2 —— 设备材料比热容，kJ/(kg·℃)；

t_2、t_1 —— 设备加热前后的平均温度，℃。

d. 气体或蒸汽带出热量 Q_7

$$Q_7 = m_3 (C_3 t + r)$$

式中 m_3 —— 离开设备的气体物料（如空气、CO_2 等）质量，kg；

C_3 —— 液态物料由 0℃ 升温至蒸发温度的平均比热容，kJ/(kg·℃)；

t —— 气态物料温度，℃；

r —— 蒸发潜热，kJ/kg。

e. 加热物料需要的热量 Q_6

$$Q_6 = m_1 C_1 (t_2 - t_1)$$

式中 m_1 —— 物料质量，kg；

C_1 —— 物料比热容，kJ/(kg·℃)；

t_2、t_1 —— 物料加热前后的温度，℃。

加热（或冷却）介质传入（或带出）的热量 Q_2 对于热量计算的设计任务，Q_2 是待求量，也称为有效热负荷。若计算出的 Q_2 为正值，则过程带加热；若 Q_2 为负值，则过程需从操作系统移出热量，即需冷却。

最后，根据 Q_2 来确定加热（或冷却）介质及其用量。

f. 设备向环境散热 Q_7 为了简化计算，假定设备壁面的温度是相同的，则：

$$Q_7 = A\lambda_T (t_W - t_a)\tau$$

式中 A —— 设备总表面积，m²；

λ_T —— 壁面对空气的联合热导率，W/(m²·℃)；

t_W —— 壁面温度，℃；

t_a —— 环境空气温度，℃；

τ —— 操作过程时间，s。

λ_T 的计算如下：

i. 空气作自然对流，$\lambda_T = 8 + 0.05 t_W$

ii. 强制对流时，$\lambda_T = 5.3 + 3.6v$（空气流速 $v = 5$m/s）

或 $\lambda_T = 6.7v^{0.78}$ （$v > 5\text{m/s}$）

⑥ 在进行热量衡算时值得注意的几个问题

a. 确定热量计算系统所涉及所有热量或可能转化成热量的其他能量，不要遗漏。但对计算影响很小的项目可以忽略不计，以简化计算。

b. 确定物料衡算的基准、热量衡算的基准温度和其他能量基准。有相变时，必须确定相态基准，不要忽略相变热。

c. 正确选择与计算热力学数据。

d. 在有相关条件约束，物料量和能量参数（如温度）有直接影响时，宜将物料衡算和热量衡算联合进行，才能获得准确结果。

第八节　管路设计与布置

管路系统是食品工厂生产过程中必不可少的部分，各种物料、蒸汽、水及气体都要用管路来输送，设备与设备间的相互连接也要依靠管路。管路对于食品工厂，犹如血管对于人体生命一样重要。可见，管路设计是食品工厂设计中的一个重要组成部分。

管路设计是否合理，不仅直接关系到建设指标是否先进合理，而且也关系到生产操作能否正常进行以及厂房各车间布置是否整齐美观和通风采光是否良好等。因此，对于乳品厂、饮料厂、啤酒厂等成套设备，在进行食品工厂的工艺设计时，特别是在施工图设计阶段，工作量最大、花时间最多的是管路的设计。所以，搞好管路计算和管道安装具有十分重要的意义。

一、管路设计与布置步骤

1. 选择管道材料

根据介质的性质（如温度、压力、腐蚀性、毒性等）以及经济性、耐用性等因素，选择合适的管道材料。

2. 选择介质的流速

流速的选择对管道的设计至关重要，它影响到管道的压降、磨损和介质的输送效率。通常根据介质的物理性质、工艺要求和管道材料来确定。

3. 确定管径和壁厚

基于介质的流量、流速、压力等因素，以及管道材料的强度和稳定性要求，选择合适的管径和壁厚。

4. 确定管道连接方式

根据管道材料、介质特性、管径、介质的压力、性质、用途、设备或管道的使用检修状况，确定合适的连接方式。

5. 选择阀门和管件

根据管道系统的需要、设备布置情况及工艺、安全的要求，选择合适的阀门和管件，如弯头、三通、异径管、法兰等。

6. 选管道的热补偿器

管道在安装和使用时往往存在有温差，冬季和夏季往往也有很大温差，可能导致管道热胀冷缩。为了消除热应力，首先要计算管道的受热膨胀长度，然后考虑消除热应力的方法：当热膨胀长度较小时可通过管道的转弯、支架、固定等方式自然补偿；当热膨胀长度较大时，就从波形、方形、弧形、套筒形等各种热补偿器中选择合适的形式。

7. 绝热形式、绝热层厚度及保温材料的选择

根据管道输送介质的特性及工艺要求，选定绝热的方式：保温、加热保护或保冷。根据介质的温度、管道材料和环保要求，通过计算或查表确定管壁温度，进而通过计算、查表或查图确定绝热层厚度。根据管道所处的环境（震动、温度、腐蚀性），管道的使用寿命，取材的方便及成本等因素，选择合适的保温绝热材料。

8. 管道布置

首先根据生产工艺流程、介质的性质和流向、设备布局、环境、操作维护、安装、检修方便性等情况,确定管道的敷设方式。其次在管道布置时,在垂直面的排布、水平面的排布、管间距离、管与墙的距离、管道坡度、管道穿墙、穿楼板、管道与设备相连等各种情况，要符合有关规定。

9. 计算管道的阻力损失

根据管道的流速、管径、长度、弯头数量、管壁状况、介质所流经的管件、阀门等来计算管道的阻力损失，以便校核检查选泵、选设备、选管道等前述各步是否正确合理。当然，计算管道的阻力损失，不必所有的管道全都计算，要选择几段典型管道进行计算。当出现问题时，或改变管径，或改变管件、阀门，或重新选泵等输送设备或其他设备的能力。

10. 选择管架及固定方式

根据管道本身的强度、刚度、介质温度、工作压力、线膨胀系数，投入运行后的受力状态，以及管道的根数、车间的梁柱楼板等土木建筑的结构，选择合适的管架及固定方式。

11. 确定管架跨度

根据管道材质、输送的介质、管道的固定情况及所配管件等因素，计算管道的垂直荷重和所受的水平推力，然后根据强度条件、刚度以及支撑要求确定管架的跨度。也可通过查表来确定管架的跨度。

12. 选定管道固定用具

根据管架类型、管道固定方式、管架附件，选择管道固定用具。所选管架附件如果是标准件，可列出图号；如果是非标准件，需绘出制作图。

13. 绘制管道图

绘制详细的管道图，包括平面和剖面配管图、透视图、管架图和工艺管道支架点预埋件布置图等信息。

绘制管道图后编制管材、管件、阀门、管架及绝热材料综合汇总表。选择管道的防腐蚀措施，选择合适的表面处理方法或涂料及涂层顺序，编制材料及工程量表。

二、管路设计的标准化与管材选择

1. 管路设计的标准化

为了便于设计选用，有利于成批生产，降低生产成本和便于互换，国家制定了管子、法兰和阀门等管道用零部件标准。标准化的最基本参数就是公称直径和公称压力。

（1）公称直径　又称公称通径。所谓公称直径，就是为了使管子、法兰和阀门等的连接尺寸统一，将管子和管道用的零部件的直径加以标准化以后的标准直径。公称直径以 DN 表示，其后附加公称直径的尺寸。例如：公称直径为 100mm，用 DN100 表示。

公称直径是名义直径，既不是内径，也不是外径，而是与管子的外径相近又小于外径的一个数值。管子的公称直径一定，管子的外径也就确定了，而管子的内径则根据壁厚不同而不同。如 DN150 的无缝钢管，其外径都是 159mm，但常用壁厚有 4.5mm 和 6.0mm，则内径分别为 150mm 和 147mm。

在铸铁管和一般钢管中，由于壁厚变化不大，采用 DN 叫法。但对于管壁变化幅度较大的管道，一般就不采用 DN 的叫法。无缝钢管就是一个例子，同一外径的无缝钢管，它的壁厚有好几种规格，这样就没有一个合适的尺寸可以代表内径。所以，一般用"外径×壁厚"表示。如：外径为 57mm、壁厚为 4mm 的无缝钢管，可采用"$\Phi 57 \times 4$"表示。

对于法兰或阀门来说，它们的公称直径是指与它们相配的管子的公称直径。例如公称直径为 200mm 的管法兰，或公称直径为 200mm 的阀门，指的是连接公称直径为 200mm 的管子用的管法兰或阀门。管路的各种附件和阀门的公称直径，一般都等于管件和阀门的实际内径。

（2）公称压力　把管道及所用法兰、阀门等零部件所承受的压力，分成若干个规定的压力等级，这种规定的标准压力等级就是公称压力，以 PN 表示，其后附加公称压力的数值。例如：公称压力为 25×10^5Pa 用 PN25 表示。公称压力的数值，一般指的是管内工作介质温度在 0～120℃ 范围内的最高允许工作压力。

在选择管道及管道用的法兰或阀门时，应把管道的工作压力调整到与其接近的标准公称压力等级，然后根据 DN 和 PN 就可以选择标准管道及法兰或阀门等管件，同时，可以选择合适的密封结构和密封材料等。

按照现行规定，公称压力分类如下：

① 低压管道的公称压力分为 2.5×10^5 Pa、6×10^5 Pa、10×10^5 Pa、16×10^5 Pa 4 个压力等级；

② 中压管道的公称压力分为 25×10^5 Pa、40×10^5 Pa、64×10^5 Pa、100×10^5 Pa 4 个压力等级；

③ 高压管道的公称压力分为 160×10^5 Pa、200×10^5 Pa、250×10^5 Pa、300×10^5 Pa 4 个压力等级。

2. 管道材料的选择

根据输送介质的温度、压力以及腐蚀情况等选择所用管道材料。

（1）食品工厂常用的管道材料　见表 4-14。

表4-14　食品工厂常用的管道材料

介质名称	介质参数	适用管材	备　注
蒸汽	$P < 784.8$kPa	焊接钢管	低压蒸汽
蒸汽	$P = 883 \sim 1275.3$kPa	无缝钢管	中压蒸汽
热水、凝结水	$P < 784.8$kPa	焊接钢管、镀锌焊接钢管	常规温度
压缩空气	$P < 588.6$kPa	紫铜管、硬聚氯乙烯管	防腐蚀需求
压缩空气	$P \leq 784.8$kPa	焊接管（DN≥80）	中压管道
压缩空气	$P > 784.8$kPa	无缝钢管	高压场景
给水、煤气	常规压力	镀锌焊接钢管、铸铁管	埋地管道用铸铁管
排水		铸铁管、陶瓷管，钢筋混凝土管	耐腐蚀、低成本
真空		焊接钢管	密封性要求高
果汁、糖液、奶油		不锈钢管、聚氯乙烯管	食品卫生要求
盐溶液		不锈钢管、高硅铸铁管	耐氯离子腐蚀
临时管道/挠性连接		橡胶管	非永久性安装
氨液		无缝钢管	防冷脆性
冷却系统		铜管、黄铜管	导热性优异

（2）管材选择

① 钢管

a. 无缝钢管　材料为碳钢，输送有压力物料、蒸汽、压缩空气等，如果温度超过 435℃，则须用合金钢管，按照压力不同可选用不同壁厚的钢管。无缝钢管分热轧和冷拉两种。热轧无缝钢管的外径为 32～600mm，壁厚 25～50mm。冷拉钢管外径为 4～150mm，壁厚为 1～12mm。标注方法是"外径×壁厚"。例如 $\Phi 45 \times 3.5$ 表示钢管外径为 45mm，壁厚为 3.5mm。

b. 螺旋电焊钢管　材料是用碳钢板条卷制，连续螺旋焊接，壁厚 6～8mm。用于大口径（大于 $\Phi 200$mm）低温低压的管道，按公称直径标注。

c. 钢板电焊卷管　材料为碳钢板卷制，直缝焊接，壁厚 8～12mm，用于大口径（大于 $\Phi600mm$）低温低压管道，按公称直径标注，一般由安装单位在现场制作。

d. 水煤气钢管　水煤气钢管的材料是碳钢，有普通和加厚两种。根据镀锌与否，分镀锌和不镀锌两种（白铁管和黑铁管），用于低温低压的水管。普通管壁厚为 2.75～4.5mm，加厚的壁厚为 3.25～5.5mm。可按普通或加厚管壁厚和公称直径标注。

e. 不锈钢管　对于输送有腐蚀性介质、酸、碱等，且有温压的或食品卫生要求高的管道，可用不锈钢管（含镍、铬、钼，可耐 800～950℃）高温。例如酸法糖化管道、啤酒大罐发酵的管道等。对于有腐蚀性、但压力不太高的，也可用衬橡胶的钢管和铸铁管。

② 铸铁管　铸铁管用于室外给水和室内排水管线，也可用来输送碱液或浓硫酸，埋于地下或管沟。用砂型离心浇铸的普压管，工作压力高于 735kPa；高压管工作压力高于 980kPa。

接口为承插式的内径 $\Phi75～500mm$，壁厚 7.5～20mm。用砂型立式浇铸的铸铁管也有低压（工作压力低于 441kPa）、普压和高压 3 种。壁厚 9.0～30.0mm，用公称直径标注。

高硅铸铁管、衬铅铸铁管系输送腐蚀介质用管道，公称通径 DN10～400mm。

③ 有色金属管

a. 铜管与黄铜管　铜管与黄铜管多用于制造换热设备，也用于低温管道、仪表的测压管线或传送有压力的流体（如油压系统、润滑系统）。当温度大于 250℃时不宜在压力下使用。

b. 铝管　铝管系拉制而成的无缝管，常用于输送浓硝酸、醋酸等物料，或用做换热器，但铝管不能抗碱。在温度大于 160℃时不宜在压力下操作，极限工作温度为 200℃。

铜管、黄铜管和铝管的规格均为"外径×壁厚"。

④ 非金属管　非金属材料的管道种类很多，常见的材料有塑料、硅酸盐材料、石墨、工业橡胶、非金属衬里材料等。

a. 硅酸盐材料管　硅酸盐材料管有陶瓷管、玻璃管等，它们耐腐蚀性能强，缺点是耐压低，性脆易碎。

钢筋混凝土管、石棉水泥管用于室外排水管道。管内试验压力：混凝土管 $0.3×10^5Pa$；重型钢筋混凝土管 $1×10^5Pa$。公称内径：混凝土管 $\Phi75～450mm$，厚度 25～67mm；轻型钢筋混凝土管 $\Phi100～1800mm$，厚度 25～140mm；重型钢筋混凝土管中 $\Phi300～1550mm$，厚度 58～157mm，按公称内径标注。

b. 塑料管　输送温度在 60℃以下的腐蚀性介质可用硬聚氯乙烯管、聚氯乙烯管或聚氯乙烯卷管（用板料卷制焊接）。市购硬聚氯乙烯管的公称直径 DN6～400mm，壁厚为 6～12mm，按照"外径×壁厚"标注。常温下轻型管材的工作压力不超过 2.5×

$10^5\,\mathrm{Pa}$，重型管材（管壁较厚）工作压力不超过 $6\times10^5\,\mathrm{Pa}$。

除硬聚氯乙烯管以外，塑料管还有用软聚氯乙烯塑料、酚醛塑料、尼龙 1010 管、聚四氟乙烯等制成的管材。

c. 橡胶管　耐酸碱，抗蚀性好，有弹性可任意弯曲。一般用作临时管道及某些管道的挠性件，不作为永久管道。

三、供水管道计算及水泵选择

1. 供水管道的计算

（1）确定管径 D

① 管径计算法

确定管径 D，有下列计算公式：

$$Q = Fv = \frac{\pi}{4}D^2v$$

$$D = \sqrt{\frac{4Q}{\pi \times v}} \approx 1.128\sqrt{\frac{Q}{v}}$$

式中　D——管道设计断面处的计算内径，m；

　　　Q——通过管道设计断面的水流量，$\mathrm{m^3/s}$；

　　　F——管道设计断面的面积，$\mathrm{m^2}$；

　　　v——管道设计断面处的水流平均速度，m/s。

对于<DN300 的钢管和铸铁管，考虑新管用旧后的锈蚀、沉垢等情况，应加 1mm 作为管内径，而后再查管子的规格，选用最相近的管子。

在设计时，选用的流速 v 过小，则需较大的管径，管材用量多，投资费用大；若设计时选用的流速较大，则管道的压头损失太大，动力消耗大，浪费能源。因此，在确定管径时，应选取适当的流速。根据长期工业实践的经验，找到了不同介质较为合适的常用流速，如表 4-15 所示。

表4-15　管道输送常用流速

介质名称	管径/mm	流速/(m/s)	介质名称	管径/mm	流速/(m/s)
给水、冷冻水	DN15～50 DN50以上 蛇盘管	0.5～1.0 0.8～2.0 <0.1	饱和蒸汽	DN15～20 DN25～32 DN40	10～15 15～20 20～25
自流凝结水	DN15～18	0.1～0.2		DN50～80 DN100～150	20～30 25～30
压缩空气	小于DN50 DN25～50	10～15 ≤4.0	真空	DN15～40	<8.0
煤气	DN70～100	≤6.0		DN50～100	<10

介质名称	管径/mm	流速/(m/s)	介质名称	管径/mm	流速/(m/s)
余压冷凝水	DN15～20 DN25～32	≤0.5 ≤0.7	车间风管	干管 支管	8～12 2～8
	DN40～50 DN70～80	≤1.0 ≤1.6	车间排水	暗沟 明沟	0.6～4.0 0.4～2.0

② 查表法

根据给水钢管（水、煤气管）水力计算表（表4-16），其中有 Q（q_v）、DN、v、i 4 个参数，只要知道其中任意 3 个数值，就可从表中查到剩下的另一个需求的参数。该表是按清水、水温为 10℃，并且考虑了垢层厚度为 0.5mm 的情况算得。水的黏滞性与水的温度有负相关的关系，故 i 与水温也为负相关。但因自来水温与 10℃ 相差不大，故一般均可不考虑这项微小的影响。

表4-16　给水钢管（水、煤气管）水力计算表

q_v	DN15		DN20		DN25		DN32		DN40		DN50		DN70		DN80		DN100	
	v	i	v	i	v	i	v	i	v	i	v	i	v	i	v	i	v	i
0.05	0.29	28.4																
0.07	0.41	51.8	0.22	11.1														
0.10	0.58	98.5	0.31	20.8														
0.12	0.70	137	0.37	28.8	0.23	8.59												
0.14	0.82	182	0.43	38	0.26	11.3												
0.16	0.94	234	0.50	48.5	0.30	14.3												
0.18	1.05	291	0.56	60.1	0.34	17.6												
0.20	1.17	354	0.62	72.7	0.38	21.3	0.21	5.22										
0.25	1.46	551	0.78	109	0.47	31.8	0.26	7.70	0.20	3.92								
0.30	1.76	793	0.93	153	0.56	44.2	0.32	10.7	0.24	5.42								
0.35			1.09	204	0.66	58.6	0.37	14.1	0.28	7.08								
0.40			1.24	263	0.75	74.8	0.42	17.9	0.32	8.98								
0.45			1.40	333	0.85	93.2	0.47	22.1	0.36	11.1	0.21	3.12						
0.50			1.55	411	0.94	113	0.53	26.7	0.40	13.4	0.23	3.74						
0.55			1.71	497	1.04	135	0.58	31.8	0.44	15.9	0.26	4.44						
0.60			1.86	591	1.13	159	0.63	37.3	0.48	18.4	0.28	5.16						
0.65			2.02	694	1.22	185	0.68	43.1	0.52	21.5	0.31	5.97						
0.70					1.32	214	0.74	49.5	0.56	24.6	0.33	6.83	0.20	1.99				
0.75					1.41	246	0.79	56.2	0.60	28.3	0.35	7.70	0.21	2.26				
0.80					1.51	279	0.84	63.2	0.64	31.4	0.38	8.52	0.23	2.53				
0.85					1.60	316	0.90	70.7	0.68	35.1	0.40	9.63	0.24	2.81				

q_v	DN15		DN20		DN25		DN32		DN40		DN50		DN70		DN80		DN100	
	v	i	v	i	v	i	v	i	v	i	v	i	v	i	v	i	v	i
0.90					1.69	354	0.95	78.7	0.72	39.0	0.42	10.7	0.25	3.11				
0.95					1.79	394	1.00	86.9	0.76	43.1	0.45	11.8	0.27	3.42				
1.00					1.88	437	1.05	95.7	0.80	47.3	0.47	12.9	0.28	3.76	0.20	1.64		
1.10					2.07	528	1.16	114	0.87	56.4	0.52	15.3	0.31	4.44	0.22	1.95		
1.20							1.27	135	0.95	66.3	0.56	18	0.34	5.13	0.24	2.27		
1.30							1.37	159	1.03	76.9	0.61	20.8	0.37	5.99	0.26	2.61		
1.40							1.48	184	1.11	88.4	0.66	23.7	0.40	6.83	0.28	2.97		
1.50							1.58	211	1.19	101	0.71	27	0.42	7.72	0.30	3.36		
1.60							1.69	240	1.27	114	0.75	30.4	0.45	8.70	0.32	3.76		
1.70							1.79	271	1.35	129	0.80	34.0	0.48	9.69	0.34	4.19		
1.80							2.00	304	1.43	144	0.85	37.8	0.51	10.7	0.36	4.66		
1.90								339	1.51	161	0.89	41.8	0.54	11.9	0.38	5.13		
2.0									1.59	178	0.94	46.0	0.57	13	0.40	5.62	0.23	1.47
2.2									1.75	216	1.04	54.9	0.62	15.5	0.44	6.66	0.25	1.72
2.4									1.91	256	1.13	64.5	0.68	18.2	0.48	7.79	0.28	2.0
2.6									2.07	301	1.22	74.9	0.74	21	0.52	9.03	0.30	2.31
2.8											1.32	86.9	0.79	24.1	0.56	10.3	0.32	2.63
3.0											1.41	99.8	0.80	27.4	0.60	11.7	0.35	2.98
3.5											1.65	136	0.99	36.5	0.70	15.5	0.40	3.93
4.0											1.88	177	1.13	46.8	0.81	19.8	0.46	5.01
4.5											2.12	224	1.28	58.6	0.91	24.6	0.52	6.20
5.0											2.35	277	1.42	72.3	1.01	30	0.58	7.49
5.5											2.59	335	1.56	87.5	1.11	35.8	0.63	8.92
6.0													1.70	104	1.21	42.1	0.69	10.5
6.5													1.84	122	1.31	49.4	0.75	12.1
7.0													1.99	142	1.41	57.3	0.81	13.9
7.5													2.13	163	1.51	65.7	0.87	15.8
8.0													2.27	185	1.61	74.8	0.92	17.8
8.5													2.41	209	1.71	84.4	0.98	19.9
9.0													5.55	234	1.81	94.6	1.04	22.1
9.5															1.91	105	1.10	24.5
10.0															2.01	117	1.15	26.9
10.5															2.11	129	1.21	29.5
11.0															2.21	141	1.27	32.4
11.5															2.32	155	1.33	35.4

q_v	DN15		DN20		DN25		DN32		DN40		DN50		DN70		DN80		DN100	
	v	i	v	i	v	i	v	i	v	i	v	i	v	i	v	i	v	i
12.0															2.42	168	1.39	38.5
12.5															2.52	183	1.44	41.8
13.0																	1.50	45.2
14.0																	1.62	52.4
15.0																	1.73	60.2
16.0																	1.85	68.5
17.0																	1.96	77.3
20.0																	2.31	107

注：流量q_v为L/s，流速v为m/s，单位管长水头损失i为mm H_2O/m（1mm H_2O=9.8 Pa）。

（2）阻力计算

① 沿程水头损失 h_1

水在沿着管子计算内径 D 和单位长度水头损失 i（又叫水力坡度）不变的匀直管段全程流动时，为克服阻力而损失的水头，叫沿程水头损失 h_1（m）。

当 $v \geqslant 1.2$ m/s 时

$$h_1 = iL = 0.00107 \times \frac{v^2}{D^{1.3}} L$$

或

$$h_1 = 0.001736 \times \frac{Q^2}{D^{5.3}} L$$

式中　i —— 单位管长的水头损失，mm/m；

　　　Q —— 流量，m^3/s；

　　　L —— 管长，m；

　　　v —— 流速，m/s；

　　　D —— 管子的计算内径，m。

当 $v < 1.2$ m/s 时

$$h_1 = KiL$$

$$= 0.000912 \times \frac{v^2 \left(1 + \dfrac{0.867}{v} \right)^{0.3}}{D^{1.3}} KL$$

或

$$h_1 = 0.001736 \times \frac{Q^2}{D^{5.3}} KL$$

式中，Q、i、L、v、D 含义同上式，K 为修正系数（参见表 4-17）。

表4-17 修正系数

v/(m/s)	0.20	0.25	0.30	0.35	0.40	0.45	0.50	0.55	0.60
K	1.41	1.33	1.28	1.24	1.20	1.175	1.15	1.13	1.115
v/(m/s)	0.65	0.70	0.75	0.80	0.85	0.90	1.0	1.1	$\geqslant$1.2
K	1.10	1.085	1.07	1.06	1.05	1.04	1.03	1.015	1.00

② 局部水头损失 h_2

水流经过断面面积或方向发生改变从而引起速度发生突变的地方（如阀门、缩节、弯头等）时，所损失的水头，叫局部水头损失 h_2（m）。它可用局部阻力系数 ξ 来计算，这叫精确计算法，亦可用沿程水头损失乘上一个经验系数的方法，这叫概略算法。概略算法较简便，在工程计算中用得较多。

a. 精确算法：计算公式为

$$h_2 = \sum \xi \frac{v^2}{2g}$$

式中　ξ——局部阻力系数，参见表4-18；

　　　v——流速，m/s；

　　　g——重力加速度，9.81m/s^2。

表4-18　局部阻力系数

接头配件、附件名称	图例	阻力系数
三通		2.0
合流三通		3.0
分流三通		1.5
顺流三通		0.05~0.1
带镶边的管子入口		0.5
带固甲边的管子入口		0.25
入水箱的管子出口		1.0
扩张大小头		0.073~0.91（v按大管计）

接头配件、附件名称	图例	阻力系数
收缩大小头		0.24（v按小管计）
90°普通弯头	$R/d=1$ $R/d=2$	0.08 0.48
闸门		<table><tr><td>d</td><td>50</td><td>70</td><td>100</td><td>150</td></tr><tr><td>ξ</td><td>0.47</td><td>0.27</td><td>0.18</td><td>0.08</td></tr></table>
普通球阀		3.9
开肩式旋转龙头		1.0
逆止器		1.3～1.7
突然扩大		$\xi=\left(\dfrac{\Omega}{\omega}-1\right)^2$，0～81
突然收缩		0～0.5

b. 概略算法（常用）：其计算公式为

生活给水管网

$$h_2 = (20\% \sim 30\%)h_1$$

式中　h_1——沿程水头损失，m。

生产给水管网

$$h_2 = 20\%h_1$$

消防给水管网

$$h_2 = 10\%h_1$$

生活、生产、消防合用管网

$$h_2 = 20\%h_1$$

③ 总水头损失 H_2

水在流动过程中，用于克服阻力而损耗的（机械）能，叫总水头损失。

a. 精确算法：公式为

$$H_2 = h_1 + h_2 = iL + \sum \xi \frac{v^2}{2g}$$

b. 概略算法：公式为

$$H_2 = h_1 + h_2 = h_1 + (0.1 \sim 0.3)h_1$$
$$= (1.1 \sim 1.3)h_1$$

2. 水泵的计算

水泵的选择是根据流量 Q 和扬程 H 两个参数进行的。

（1）定 Q 值

① 无水箱时，设计采用秒流量 Q。

② 有水箱时，采用最大小时流量计算。

（2）定扬程 H　计算公式为

$$H = H_1 + H_2 + H_3 + H_4$$

式中　H_1——几何扬程（从吸水池最低水位至输水终点的净几何高差）；

　　　　H_2——阻力扬程（为克服全部吸水、压水、输水管道和配件之总阻力所耗的水头）；

　　　　H_3——设备扬程（即输水终点必需的流出水头）；

　　　　H_4——扬程余量（一般采用 2～3m）。

四、生产车间水、汽总管的确定

总管管径的确定可按以下两种方法进行：一种是根据生产车间耗水（或耗汽等）高峰期时的消耗量来计算管径；另一种是按生产车间耗水（或耗汽等）高峰时同时使用的设备及各工种的管径截面积之和来计算。目前一般采用后一种方法，其优点是计算简单方便，余量较大，比较适合工厂的生产实际情况。其具体做法是，首先，根据工厂生产的产品种类和数量，分析每种产品在不同生产阶段的水、汽需求。绘制每种产品的生产流程图和用水/汽操作图表，明确各环节的用水/汽设备和耗量，而设备上的进水管管径是固定的，所以，进入生产车间的水管或蒸汽管的总管内径，其平方值应等于高峰期各同时用水或用汽之管道内径的平方和。根据算出的内径再查标准管型即可。厂区总管亦可按此法进行计算。

五、管路的保温及标志

1. 管道保温

管路保温的目的是使管内介质在输送过程中，不冷却、不升温，亦就是不受外界温度的影响而改变介质的状态。管路保温采用保温材料包裹管外壁的方法。保温材料常采用导热性差的材料，常用的有毛毡、石棉、玻璃棉、矿渣棉、珠光砂、其他石棉水泥制品等。管路保温层的厚度要根据管路介质热损失的允许值（蒸汽管道每米热损失允许范围见表4-19）和保温材料的导热性能通过计算来确定（表4-20和表4-21）。

表4-19 蒸汽管道每米热损失允许范围 单位：J/(m·s·K)

公称直径	管内介质与周围介质之温度差/K				
	45	75	125	175	225
DN25	0.570	0.488	0.473	0.465	0.459
DN32	0.671	0.558	0.521	0.505	0.497
DN40	0.750	0.621	0.568	0.544	0.528
DN50	0.775	0.698	0.605	0.565	0.543
DN70	0.916	0.775	0.651	0.633	0.594
DN100	1.163	0.930	0.791	0.733	0.698
DN125	1.291	1.008	0.861	0.798	0.750
DN150	1.419	1.163	0.930	0.864	0.827

表4-20 部分保温材料的导热系数

名称	导热系数/[J/(m·s·K)]	名称	导热系数/[J/(m·s·K)]
聚氯乙烯	0.163	软木	0.041~0.064
聚苯乙烯	0.081	锅炉煤渣	0.188~0.302
低压聚乙烯	0.297	石棉板	0.116
高压聚乙烯	0.254	石棉水泥	0.349
松木	0.070~0.105		

表4-21 管道保温厚度之选择 单位：mm

保温材料的导热系数/[J/(m·s·K)]	蒸汽温度/K	管道直径（DN）			
		~50	70~100	125~200	250~300
0.087	373	40	50	60	70
0.093	473	50	60	70	80
0.105	573	60	70	80	90

注：在263~283K范围内一般管径的冷冻水（盐水）管保温采用50mm厚聚乙烯泡沫塑料双合管。

在保温层的施工中，必须使被保温的管路周围充分填满，保温层要均匀、完整、牢固。保温层的外面还应采用石棉水泥抹面，防止保温层开裂。在有些要求较高的管路中，保温层外面还需缠绕玻璃布或加铁皮外壳，以免保温层受雨水侵蚀而影响保温效果。

2. 管路的标志

食品工厂生产车间需要的管道较多，一般有水、蒸汽、真空、压缩气和各种流体物料等管道。为了区分各种管道，往往在管道外壁或保温层外面涂有各种不同颜色的油漆。油漆既可以保护管路外壁不受环境大气影响而腐蚀，同时也用来区别管路的类别，使我们醒目地知道管路输送的是什么介质，这就是管路的标志。这样，既有利于生产中的工艺检查，又可避免管路检修中的错乱和混淆。现将管路涂色标志列于表4-22中。

表4-22　管路涂色标志

序号	介质名称	涂色	管道注字名称	注字颜色
1	工业水	绿	上水	白
2	井水	绿	井水	白
3	生活水	绿	生活水	白
4	过滤水	绿	过滤水	白
5	循环上水	绿	循环上水	白
6	循环下水	绿	循环回水	白
7	软化水	绿	软化水	白
8	清净下水	绿	净下水	白
9	热循环水（上）	暗红	热水（上）	白
10	热循环回水	暗红	热水（回）	白
11	消防水	绿	消防水	红
12	消防泡沫	红	消防泡沫	白
13	冷冻水（上）	淡绿	冷冻水	红
14	冷冻回水	淡绿	冷冻回水	红
15	冷冻盐水（上）	淡绿	冷冻盐水（上）	红
16	冷冻盐水（回）	淡绿	冷冻盐水（回）	红
17	低压蒸汽（<1.3MPa）	红	低压蒸汽	白
18	中压蒸汽（1.3～4.0 MPa）	红	中压蒸汽	白
19	高压蒸汽（4.0～12.0 MPa）	红	高压蒸汽	白
20	过热蒸汽	暗红	过热蒸汽	白
21	蒸汽回水冷凝液	暗红	蒸汽冷凝液（回）	绿
22	废弃的蒸汽冷凝液	暗红	蒸汽冷凝液（废）	黑
23	空气（工艺用压缩空气）	深蓝	压缩空气	白
24	仪表用空气	深蓝	仪表空气	白
25	真空	白	真空	天蓝
26	氨气	黄	氨	黑
27	液氨	黄	液氨	黑
28	煤气等可燃气体	紫	煤气（可燃气体）	白
29	可燃液体（油类）	银白	油类（可燃气体）	黑
30	物料管道	红	按管道介质注字	黄

六、管路设计及安装

1. 管路设计资料

在进行管路设计时，应具有下列资料。

（1）工艺流程图。

（2）车间平面布置图和立面布置图。

（3）重点设备总图，并标明流体进出口位置及管径。

（4）物料计算和热量计算（包括管路计算）资料。

（5）工厂所在地地质资料（主要是地下水和冻结深度等）。

（6）地区气候条件。

（7）厂房建筑结构。

（8）其他（如水源、锅炉房蒸汽压力、水压力等）。

2. 道路说明书

（1）管路设计应完成下列图纸和说明书。

（2）管路配置图：包括管路平面图和重点设备管路立面图、管路透视图。

（3）管路支架及特殊管件制造图。

（4）施工说明，其内容为施工中应注意的问题，各种管路的坡度，保温的要求，安装时不同管架的说明等。

3. 管路布置图

管路布置图又叫管路配置图，是表示车间内外设备、机器间管道的连接和阀件、管件、控制仪表等安装情况的图样。施工单位根据管道布置图进行管道、管道附件及控制仪表等的安装。

管路布置图根据车间平面布置图及设备图来进行设计绘制，它包括管路平面图、管路立面图和管路透视图。在食品工厂设计中一般只绘制管路平面图和透视图。管路布置图的设计程序是根据车间平面布置图，先绘制管路平面图，而后再绘制管路透视图。厂房如系多层建筑，须按层次（如一楼、二楼、三楼等）或按不同标高分别绘制平面图和透视图，必要时再绘制立面图，有时立面图还需分若干个剖视图来表示。剖切位置在平面图上用罗马数字明显地表示出来。而后用Ⅰ-Ⅰ剖面、Ⅱ-Ⅱ剖面等绘制立面图。图样比例可用1：20、1：25、1：50、1：100、1：200等。设备和建筑物用细实线画出简单的外形或结构，而管线不管粗细，均用粗实线的单线绘制；也有将较大直径的管道用双线表示，其线型的粗细与设备轮廓线相同。管线中管道配件及控制仪表，应用规定符号表示。管路平面图上的设备编号，应与车间平面布置图相一致。在图上还应标明建筑物地面或楼面的标高、建筑物的跨度和总长、柱的中心距、管道内的介质及介质压力、管道规格、管道标高、管道与建筑物之间在水平方向的尺寸、管道间的中心距、管件和计量仪器的具体安装位置等主要尺寸。有些尺寸亦可在施工说明书上加以说明。尺寸标注方式是：水平方向的尺寸引注尺寸线，单位为 mm，高度尺寸可用标高符号或引出线标注，单位为 m。

（1）管道布置图的基本画法

① 不相重合的平行管线画法　见图 4-34。

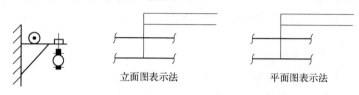

立面图表示法　　　　平面图表示法

图4-34　不相重合的平行管线画法

② 重叠管路的画法　上下重合（或前后重合）的平行管线，在投影重合的情况下一般有两种表示方法：一种方法是在管线中间断出一部分，中间这一段表示下面看不见的管子，而两边长的代表上面的管子，这种表示方法已很少使用，因为假设有 4～5 根甚至更多的管子重合在一起，则不容易清楚地表示；另一种表示方法是重合部分只画一根管线，而用引出线自上而下或由近而远地将各重合管线标注出来。后一种表示方法较为方便明确，故在食品工厂设计中用得较多（图 4-35）。

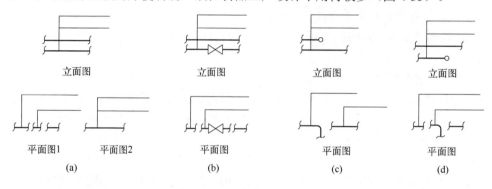

立面图　　　　立面图　　　　立面图　　　　立面图

平面图1　　平面图2　　平面图　　　　平面图　　　　平面图
　　（a）　　　　　　（b）　　　　　　（c）　　　　　　（d）

图4-35　重叠管路的表示方法

③ 立体相交的管路画法　离视线近的能全部看见的画成实线，而离视线远的则在相交部位断开（图 4-36）。

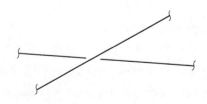

图4-36　立体相交管路的画法

④ 管件的画法　可参见 GB/T 6567.4—2008。

（2）管路图的标注方法及含义　在管路图中的各条管道都应标注出管道中的介

质及其压力、管道的规格和标高，这样便于管路施工。

以图 4-37 为例，"3"代表介质压力为 3kgf/cm² (2.94×10⁵Pa)；"S"代表管道中的介质为水（S 是水的代号）；"DN50"表示公称直径为 50mm 的管子，"+4.000"表示管子的标高为正 4m。所以，本例管路标注的含义为：公称直径为 50mm 的管路中，通过 3kgf/cm²（2.94×10⁵Pa）压力的自来水，离标高为"0"的地坪之安装高度为 4m。

图4-37　管道标注

有了管路布置图的基本画法和标注方法，就可以把我们的设计思想、设计意图通过图纸的形式表示出来，由施工人员进行施工安装。管路平面图和管路透视图的画法，我们用以下例子加以说明。

【例】有一水管管路由车间北面进入东北墙角，车间外管道埋地敷设，其标高为-0.5m。进车间后沿东北墙角上升，到了 3m 处有一个三通，一路沿东墙朝南敷设，另一路向上至 4m 处有一弯头沿北墙向西。在向西管路的一个地方，再接一个三通，一路向南，而后有一弯头向下，一路继续沿北墙向西，而后亦有一弯头向下。在沿东墙朝南管路的一个地方，有一个三通，一路向西并有一弯头向下，一路继续向南墙边有一弯头沿南墙向西，然后有一弯头使管道向北，经一定距离，而后管道向下，在离地坪 2.5m 处有一弯头使管道向东，最后又有一弯头，使管道向下，试作出管路平面图和管路透视图。

解： 作管路平面图前必须先用细实线画出车间平面布置图，而后再根据设备和工艺的需要来进行设计。管路必须用粗实线表示。在我们这个例子中，没有车间平面布置图。为作图方便，所以先画一长方形，以表示车间平面，而后再根据文字叙述的设计意图进行绘制，并将管路标注清楚，最后得出如图 4-38 所示的管路平面图。有了管路平面图，就可画管路透视图。所谓管路透视图，也就是管路的立体图。一般情况下，管路透视图上不画设备，更不画房屋的轮廓线。

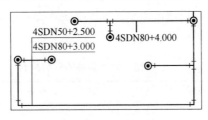

图4-38　管路平面图

管路透视图中有 X、Y、Z 三根立体坐标轴（图 4-39）。一般把房屋的高度方向看作 Y 轴，房屋开间方向（即房屋长）看作 X 轴，房屋的进深方向（即房屋宽）看作 Z 轴。在作管路透视图时，Z 轴方向可以与 X 轴成 45°，也可以成 30° 或 60°，其投影反映实长（即变形系数取 1）。所谓变形系数，即轴单位长度与实长的比值，对于 Z 轴的管线，变形系数亦有 1/2、1/3 或 3/4 的。对于初学画管路透视图的人，可取变形系数为 1。在画管路透视图时，可先将车间的长、宽、高按比例画成一个立体空间，而后根据管路的高度和靠哪堵墙走，就顺着进行绘制，然后擦去车间立体空间轮廓线，即得管路透视图。根据图 4-38 的管路平面图，按上述方法绘制便得到图 4-40 的管路透视图。

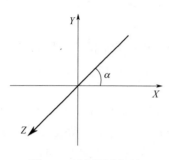

图4-39　透视图坐标轴

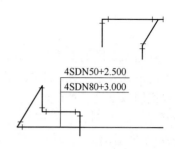

图4-40　管路透视图

4. 管路设计的一般原则

正确的设计和敷设管道，可以减少基建投资，节约管材以及保证正常生产。管道的正常安装，不仅使车间布置得整齐美观，而且对操作的方便性、检修的简易性、经济的合理性甚至生产的安全性都起着极大的作用。

要正确地设计管道，必须根据设备布置进行考虑。以下几条原则，供设计管路时参考。

① 管道应平行敷设，尽量走直线，少拐弯，少交叉，以求整齐方便。

② 并列管道上的管件与阀件应错开安装。

③ 在焊接或螺纹连接的管道上应适当配置一些法兰或活管接头，以便安装拆卸和检修。

④ 管道应尽可能沿厂房墙壁安装，管与管间及管与墙间的距离，以能容纳活管接头或法兰，以及进行检修为度（表 4-23）。

表4-23　管道离墙的安装距离

管外径/mm	25	40	50	80	100	125	150	200
管中心离墙距离/mm	120	150	150	170	190	210	230	270

⑤ 管道离地的高度以便于检修为准，但通过人行道时，最低点离地不得小于 2m，通过公路时不得小于 4.5m，与铁路铁轨面净距不得小于 6m，通过工厂主要交通干线一般标高为 5m。

⑥ 管道上的焊缝不应设在支架范围内，与支架距离不应小于管径，但至少不得小于 200mm。管件两焊口间的距离亦同。

⑦ 管道穿过墙壁时，墙壁上应开预留孔，过墙时，管外加套管。套管与管子的环隙间应充满填料。管道穿过楼板时亦相同。

⑧ 管子应尽量集中敷设，在穿过墙壁和楼板时，更应注意。

⑨ 穿过墙壁或楼板间的一段管道内应避免有焊缝。

⑩ 阀件及仪表的安装高度主要考虑操作方便和安全。下列数据供参考：阀门（球阀、闸阀、旋塞等）1.2m，安全阀 2.2m，温度计 1.5m，压力表 1.6m。如阀件装置位置较高时，一般管道标高以能用手柄启闭阀门为宜。

⑪ 气体及易流动物料的管道坡度一般为 3/1000～5/1000，黏度较大物料的坡度一般应≥1%。

⑫ 管道各支点间的距离根据管子所受的弯曲应力来决定，并不影响所要求的坡度（表 4-24）。有关热损失和保温层厚度可按表 4-19 和表 4-21 中的数据来计算。

表4-24　管道跨距

	管外径/mm	32	38	50	60	76	89	114	133
	管壁厚/mm	3.0	3.0	3.5	3.5	4.0	4.0	4.5	4.5
无保温	直管/m	4.0	4.5	5.0	5.5	6.5	7.0	8.0	9.0
	弯管/m	3.5	4.0	4.0	4.5	5.0	5.5	6.0	6.5
保温	直管/m	2.0	2.5	2.5	3.0	3.5	4.0	5.0,	5.0
	弯管/m	1.5	2.0	2.5	3.0	3.0	3.5	4.0	4.5

⑬ 输送冷流体（冷冻盐水等）管道与热流体（如蒸汽）管道应相互避开。

⑭ 管道应避免经过电机或配电板的上空，以及两者的附近。

⑮ 一般的上下水管及废水管宜采用埋地敷设，埋地管道的安装深度应在冰冻线以下。

⑯ 地沟底层坡度不应小于 2/1000，情况特殊的可用 1/1000。

⑰ 地沟的最低部分应比历史最高洪水位高 500mm。

⑱ 真空管道应采用球阀，因球阀的流体阻力小。

⑲ 压缩空气可从空压机房送来，而真空最好由本车间附近装置的真空泵产生，以缩短真空管道的长度。用法兰连接可保证真空管道的紧密性。

⑳ 长距离输送蒸汽的管道在一定距离处安装疏水器，以排出冷凝水。

㉑ 陶瓷管的脆性大，作为地下管线时，应埋设于离地面 0.5m 以下。

5. 管路安装的一般要求

① 安装时应按图纸规定的坐标、标高、坡度，准确地进行，做到横平竖直，安装程序应符合先大后小、先压力高后压力低、先上后下、先复杂后简单、先地下后地上的原则。

② 法兰结合面要注意使垫片受力均匀，螺栓握裹力基本一致。

③ 连接螺栓、螺母的螺纹上应涂以二硫化钼与油脂的混合物，以防生锈。

④ 各种补偿器、膨胀节应按设计要求进行拉伸预压缩。

⑤ 同转动设备相连管道的安装 对同转动设备和泵类、压缩机等相连的管道，安装时要十分重视，应确保不对设备产生过大的应力，做到自由对中、同心度和平行度均符合要求，绝不允许利用设备连接法兰的螺栓强行对中。

⑥ 仪表部件的安装 管道上的仪表附件的安装，原则上一般都应在管道系统试压吹扫完成后进行，试压吹扫以前可用短管代替相应的仪表。如果仪表工程施工期很紧，可先把仪表安装上去，在管道系统吹扫试验时应拆下仪表而用短管代替，应注意保护仪表管件在试压和吹扫过程中不受损伤。

⑦ 管架安装 管道安装时应及时进行支吊架的固定和调整工作，支吊架位置应正确，安装平整、牢固，与管子接触良好。固定支架应严格按设计要求安装，并在补偿器预拉伸前固定。弹簧支吊架的弹簧安装高度，应按设计要求调整并做出记录。有热位移的管道，在热负荷试运行中，应及时对支吊架进行检查和调整。

⑧ 焊接、热处理及检验 预热和应力消除的加热，应保证使工件热透，温度均匀稳定。对高压管道和合金钢管道进行应力热处理时，应尽量使用自动记录仪，正确记录温度-时间曲线，以便于控制作业和进行分析与检查。焊缝检验有外观检查和焊缝无损探伤等方法。

第五章

食品工厂
辅助部门

第一节　原料接收站

农产品加工过程中，原料接收是生产过程的第一环节。食品加工企业的原料接收，大多数是在厂内设置接收站，也有在厂外设置接收站的情况。不论在厂内还是厂外设置接收站，都需要一个适宜的卸货验收计量、及时处理、车辆回转和容器堆放的场地，并配备相应的原料检验、计量（如地磅、电子秤）、容器和及时处理附属设备（如制冷系统、清理系统）等。由于食品原料品种繁多，性状各异，这就要求接收站根据原料要求进行设置。但无论哪一类原料，对原料的基本要求是一致的，即原料应新鲜、清洁，符合加工工艺的规格要求；应未受微生物、化学物和放射性物质的污染（如无农残污染等）；定点种植、管理、采收，建立经权威部门认证验收的生产基地，以保证加工原料的安全性，这是现代化食品加工厂必须配套的基础设施。

一、果品蔬菜接收站

有些水果肉质娇嫩，如草莓、荔枝、杨梅、葡萄、龙眼等。这些原料进厂后，在检验合格的基础上，及时对它们进行分选和尽快进入生产车间，减少在外停留时间，特别要避免雨淋日晒。因此，这些原料应放在有助于保鲜而又进出货方便的原料接收站内。

另一些水果，如苹果、梨、桃、柑橘、菠萝等，进厂后不要求及时加工，相反刚采收的原料还要经过不同程度的后熟（如洋梨、柿子还需要人工催熟），以改善它们的质构和风味。因此，它们进厂后，或进常温仓库暂贮存，或进冷库进行较长期贮藏。在进库之前，要进行适当的挑选和分级，也要考虑有足够的场地。

蔬菜原料因其品种、性状相差悬殊，可接收的要求情况比较复杂。它们进厂后，除需进行常规及安全性验收、计量以外，还得采取不同的措施，如蘑菇类蔬菜，需要护色液和专用容器。由于蘑菇采收后要求立即护色，所以蘑菇接收站一般设于厂外，蘑菇的漂洗要设置足够数量的漂洗池。芦笋采收进厂后应一直保持其避光和湿润状态。如不能及时进车间加工，应将其迅速冷却至4～8℃，并保持从采收到冷却的时间不超过4h，以此来考虑其原料接收站的地理位置。青豆（或刀豆）要求及时进入冷库或在阴凉的常温库内薄层散堆，当天用完；番茄原料由于季节性强，到货集中，生产量大，需要有较大的堆放场地。若条件不许可，也可在厂区指定地点或路边堆垛，并覆盖油布防雨、防晒。

二、肉品接收站

食品生产中使用的肉类原料，不得使用非正规屠宰加工厂或没有经过专门检验合格的原料。因此，不论是冻肉或新鲜肉，来厂后首先检查有无检验合格证，然后再经地磅计量校核后进冻库贮藏。

三、乳品接收站

收奶站一般设在厂外，离奶源比较集中的地区。收奶站的收奶半径宜在10～20km，新收的原料乳必须在12h内运送到加工厂。收奶站必须配备制冷设备和牛奶冷却设备，使原料乳冷却至4℃以下。收奶站通常每天收两次奶，日收奶量以20t以下为宜。随着乳制品加工技术和规模的发展，收奶半径有的在几十千米甚至100km以上，这主要视交通状况、运输能力而定。

四、水产品接收站

水产品容易腐败变质，其新鲜度对食品的质量影响很大，进接收站时要对原料进行新鲜度、农药残留等污染物的标准化检验；新鲜鱼进厂后必须及时进行冷却保鲜。常用的保鲜方法是加冰法，原料可以散装或装箱，然后用原料重40%～80%冰覆盖，保鲜期一般在3～7d，冬天还可延长。此法的实施，一是要有非露天的场地；二是要配备碎冰制作设施。另一种是冷却海水保鲜法，该方法适用于肉质鲜嫩的鱼虾、蟹类的保鲜法，其保鲜效果远比加冰保鲜法好。此法的实施需设置保鲜池和制冷机，使池内海水（可将淡水人工加盐至2.5～3.0°Bé）的温度保持在-1.5～-1℃。保鲜池的大小按鱼水重7∶3、容积系数0.7设计。

五、粮油原料接收站

对入仓粮食应按照各项标准严格检验。对不符合验收标准的，如水分含量大、杂质含量高等，要整理达标后再接收入仓；对发热、霉变、发芽的粮食不能接收入仓。

入仓粮食要按不同种类、不同水分、新陈、有无虫害等分开贮存，有条件的应分等级贮存。除此之外，对于种用粮食要单独贮存。

第二节　中心实验室和化验室

食品加工厂中设置中心实验室的目的,主要是为了新产品开发、加工技术改进、增加技术储备,从而获取较佳的经济效益。食品加工厂中设置化验室,主要目的是对原料及其制品进行常规检测,以达到调配原料和确保产品质量的效果。一般在中小型企业,会将实验室和化验室合并,这样可以达到资源共享、提高效率的作用。

一、中心实验室

1. 中心实验室的任务

(1)原料优选　同一名称的果蔬原料,不一定所有的品种都适合进行加工。它们有的品种只宜鲜食,不宜加工;有的虽然可以加工,但品质不符合要求;有的品种虽佳,但经种植多年后,品质退化,这都需要对原有品种进行定向改良或培育出新型品种。定向改良和培育新品种的工作,要与农业部门协作进行,厂方着重进行产品加工性状的研究,如成分的分析测定和加工性能的实验等,目的在于鉴别改良后的效果,并指出改良的方向。

(2)开发新产品　顾客对现有产品的改进建议,以及消费者的新需求和企业未来发展目标,均需要研发人员开发新产品,以满足企业持续发展的需要。

(3)优化产品制作工艺　食品生产过程是一个多工序组合的复杂过程。每一个工序又各涉及若干工艺参与。为要找到一条最适合于本厂实际的工艺路线,往往要进行反复的实验摸索。凡本厂未批量投产和制定定型工艺的产品,在投入车间生产之前,都需经过小样试制,而不能完全照搬外厂的工艺直接投产。这是因为同一种原料,产地不同,季节不同,其性质和加工特性往往差异较大。再者,各厂的设备条件、工人的熟练程度、操作习惯等也不尽相同。就罐头而言,它的产品花色繁多,按部颁标准编号的就有六七百种之多,每个厂一年中生产的品种都是有限的,为了适应市场需求情况的变化和原料构成情况的变化,需不断更换产品品种,因此,对这些即将投产的品种,先通过小样试验,制定出一套符合本厂实际的工艺,是非常必要的。

(4)其他　中心实验室的任务还包括原辅材料综合利用的研究,新型包装材料的试用研究,某些辅助材料的自制,"三废"治理工艺的研究等。此外,中心实验室还应随时掌握国内外的技术发展动态,搜集整理先进的技术资料,并综合本厂的实际加以推广应用。

2. 中心实验室的装备

中心实验室一般由精密仪器室、工作室、理化分析室、保温室、细菌检验室、样品间、资料室及试制工场等组成。如罐头厂的中心实验室在仪器方面,除配备一定数量的常用仪器外,最好能配备一套罐头中心温度测定仪和自动模拟杀菌装置。在设备方面,可配备一些小型设备,如小型夹层锅、手动封罐机、小型压力杀菌锅以及电冰箱、真空泵、空压机等,动力装接容量大体为 DN50 的水管、DN40 的蒸汽管、20kW 左右的电源，并需事先留有若干电源插座。中心实验室在厂区中的位置，原则上应在生产区内，单独或毗邻生产车间，或合并在由楼房组成的群体建筑内均可。总之，要与生产联系密切，并确保水、电、汽供应方便。

二、化验室

人们习惯上称食品厂的检验部门为化验室。它的职能是通过内部检验，对产品和有关原材料进行卫生监督和质量检查，确保这些原辅材料和最终产品符合国家卫生法和有关部门颁发的质量标准或要求。

1. 化验室的任务及组成

化验室的任务可按检验对象和项目来划分。其检验对象以罐头食品工厂为例，一般有：原料检验、半成品检验、成品检验、镀锡薄板及涂料的检验、其他包装材料检验、各种添加剂检验、水质检验及环境监测等。

化验室的组成一般是按检验项目来划分，它分为：感官检验室（可兼作日常办公室）、物理检验室、化学检验室、空罐检验室、精密仪器室、细菌检验室及贮藏室等。

2. 化验室的装备

化验室配备的大型用具主要有双面化验台、单面化验台、药品柜、支承台、通风橱、冰箱、烘箱等。有关常用仪器及设备参阅表 5-1。

表5-1　化验室常用仪器及设备

名称	常见规格
普通天平	最大称重1000g，感量5mg
精密电子天平	最大称重200g，感量0.1mg
微量电子天平	最大称重20g，感量0.01mg
水分快速测定仪	最大称重10g，感量5mg
电热鼓风干燥箱	工作室350mm×450mm×450mm，温度：10～300℃
电热恒温干燥箱	工作室350mm×450mm×450mm，温度：室温～300℃
电热真空干燥箱	工作室350mm×400mm，温度：（室温+10）～200℃
超级恒温器	温度范围低于95℃
霉菌试验箱	温度(29±1)℃；湿度97%±2%
离子交换软水器	树脂31kg，流量1m³/h
去湿机	除水量0.2kg/h
自动电位滴定计	测量pH范围0～14；0～1400mV
火焰光度计	钠10mg/kg，钾10mg/kg
比色计	有效光密度范围0.1～0.7

名　称	常见规格
携带式酸度计	测量pH范围2～12
酸度计	测量pH范围0～14
生物显微镜	总放大30～1500倍
中量程真空计	交流便携式，测量范围0.13～13.3Pa
箱式电炉	功率4kW，工作温度950℃
高温管式电阻炉	功率3kW，工作温度1200℃
马弗炉	功率2.8kW，工作温度1000℃
电冰箱	温度-30～-10℃，冷却室温度0～4℃
电动搅拌器	功率250W，200～3200r/min
压蒸汽消毒器	内径Φ600～900mm，自动压力控制32℃
标准生物显微镜	40～1500倍
光电分光光度计	波长范围420～700 nm
光电比色计	滤光片420 nm、510 nm、650 nm
阿贝折光仪	测量范围n_D:1.3～1.7
手持糖度计	测量范围0～50%，50%～80%
旋光仪	旋光测量范围±180°
小型电动离心机	转速2500～5000r/min
手持离心转速表	转速测量范围30～12000r/min
旋片式真空泵	极限真空度6.7×10^{-2}Pa，抽气速度4L/s
手提插入式温度计	-50～20℃，0～150℃

表中所列供选用时参考。此外，有条件的还可补充下列仪器设备：组织捣碎机、气相色谱仪、高效液相色谱仪、GC-MS、LC-MS、电子鼻、电子舌、质构仪、空调器、紫外线灯等。

第三节　仓库

食品加工企业的物料流量普遍较大，仅原辅材料、包装材料和成品这三种物料，其总量就等于成品净重的3～5倍，而这些物料在工厂的停留时间往往比较长。因此，食品工厂的仓库在全厂建筑面积中往往占有比生产车间更大的比例。作为工艺设计人员，对仓库问题要有足够的重视。如果在设计之初预算不当，工厂建筑投产后再找地方扩建仓库，就很可能造成总体布局混乱，以致流程交叉或颠倒。一些老厂之所以觉得布局较乱，问题就出在厂区布局不合理。尽管现在有较好的物流系统，工厂本身也希望尽量减少仓库面积，减少原料、半成品、产品在厂内的存放时间，但建厂设计中不可忽略对仓库的设计，尤其在设计新厂时，务必要对仓库问题给予全面考虑，在食品工厂设计中，仓库的容量和在总平面中的位置一般由工厂设计人员提出要求，然后提供给土建单位建设。

一、食品仓库特点

① 空间需求波动大。特别是以果蔬产品为主的食品加工厂，由于产品的季节性强，大忙季节各种物料高度集中，仓库出现超负荷；淡季时，仓库又显得空余，其负荷曲线呈剧烈起伏状态。

② 贮藏条件要求高。总的说要确保食品卫生，要求防蝇、防鼠、防尘、防潮，部分贮存库要求低温、恒温、调湿及气调装置，同时还需要能进行机械化作业。

③ 库存期受市场影响大。特别是生产出口产品为主的食品厂，成品库存期长短常常不决定于生产部门的愿望，而决定于市场上的销售渠道是否畅通。食品进行加工的目的之一就是调整市场的季节差，所以产品在原料旺季加工，淡季销售甚至于全年销售应是一种正常的调节行为，这也是造成需较大容量成品库的一个重要原因。

二、仓库类别

食品工厂仓库的名目繁多，根据其存放物品种类区分，通常有原料仓库（包括常温库、冷风库、高温库、气调保鲜库、冻藏库等）、辅助材料库（存放糖、油、盐及其他辅料）、保温库（包括常温库和37℃恒温库）、成品库（包括常温库和冷风库）、马口铁仓库（存放马口铁）、空罐仓库（存放空罐成品和底盖）、包装材料库（存放纸箱、纸板、塑料袋、商标纸等）、五金库（存放金属材料及五金器件）、设备工具库（存放某些工具及器具）。此外，还有玻璃瓶及箱、框堆场、危险品仓库等。

三、仓库容量确定

对某一仓库的容量，可按下式确定：

$$W = W_t T \tag{5-1}$$

式中　W——仓库应该容纳的物料量，t；

　　　W_t——单位时间（日或月）的物料量，t；

　　　T——存放时间（日或月）。

这里，单位时间的物料量应包括同一时期内，存放同一库内的各种物料的总量。食品工厂的生产是不均衡的，所以，W 的计算一般以旺季的最大库容量为基准，可通过物料衡算求取，而存放时间 T 则需要根据具体情况合理地选择确定。现以几个主要仓库为例，加以说明。

（1）原料仓库的容量　从果蔬加工的生产周期角度考虑，一般有2～3天的贮备量即可，但食品原料大多来源于初级农产品，农产品有很强的季节性，有的采收期很短，原料进厂高度集中，这就要求仓库有较大的容量，但究竟要确定多大的容量，还得根据原料本身的贮藏特性和维持贮藏条件所需的费用，以及是否考虑增大班产规模等，做综合分析比较后确定，不能一概而论。

（2）容易老化的蔬菜原料　容易老化的蔬菜原料有芦笋、蘑菇、刀豆、青豆类，它们在常温下耐贮藏的时间是很短的，对这类原料库存时间只能取 1～2 天，即使使用高温库贮藏（其中蘑菇不宜冷藏），贮藏期也只有 3～5 天。对这类产品，较多地采用增大生产线的生产能力和增开班次来解决。

（3）比较耐贮藏果蔬汁原料　这些原料存放时间可取较大值，如苹果、柑橘、梨及番茄类，在常温条件下，可存放几天到十几天，如果采用高温库贮藏，在进库前拣选处理得好，可存放 2～3 月，然而，存放时间越长，损耗就越大，动力消耗也越多，在经济上是否合理，通过经济分析决定一个合理的存放时间。但需注意的是，以果蔬加工为主的食品工厂，在确定高温库的容量时，要仔细衡算其利用率，因为果蔬原料贮藏期短，季节性又强，库房在一年中很大一部分时间可能是空闲的。一种补救办法是吸收社会上的贮存货物（如蛋及鲜果之类），以提高库房的利用率。

（4）冻藏库贮存冻结好的肉禽和水产原料　其存放时间可取 30～45 天。冻藏库的容量可根据实践经验，直接按年生产规模的 20%～25% 来确定。

（5）包装材料的存放时间　一般可按 3 个月的需要考虑，并以包装材料的进货是否方便来增减，如建在远离海港或铁路地区的食品工厂或乳品工厂，包装材料的进货次数最少应考虑半年的存放量，以保证生产的正常运行。此外，如前所述，由于生产计划的临时变更，事先印好的包装容器可能积压下来，一直要到来年才能继续使用。在确定包装材料的容量时，对这种情况也要做适当的考虑。同时还应考虑到工厂本身的资金多少来具体确定包装材料的一次进货量。

（6）成品库的存放时间与成品　本身是否适宜久藏及销售半径长短有关，如乳品工厂的瓶装或塑料袋装消毒牛奶或酸奶等产品，在成品库中仅停留几个小时，而奶粉则可按 15～33d 考虑，饮料可考虑 7～10d。至于罐头成品，从生产周期来说，有 1 个月的存放期就够了，但因受销售情况等外界因素的影响，宜按 2～3 个月的量或全年产量的 1/4 来考虑。

四、仓库面积的确定

仓库容量确定以后，仓库的建筑面积可按下式确定。

$$F = F_1 + F_2 = \frac{V}{dK} + F_2 \tag{5-2}$$

式中　F——仓库建筑面积，m^2；

　　　F_1——仓库库房建筑面积，m^2；

F_2——仓库辅助用房建筑面积，m^2；

d——单位库房面积可堆放的物料净重，kg/m^2；

K——库房面积利用系数，一般可取 0.6～0.65；

V——仓库容量，kg。

（1）单位库房面积储放的物料量系指物料净重，没有计入包装材料重量。同样的物料，同样的净重，因其包装形式不同，所占的空间也随之不同。比如用某一果蔬原料箱装和用箩筐装，其所占的空间就不一样。即使同样是箱装，其箱子的形状和充满度也有关系，所以，在计算时，要根据实际情况而定。

（2）货物的堆放高度与地面或楼板承载能力及堆放方法有关。楼板承重能力也给货物堆放高度以相应的限制。在确定楼板负荷时，应按毛重计。在楼板承重能力许可情况下，机械堆装要比人工堆装装得更高，如铲车托盘，可使物料堆高至 3.0～3.5m，人工则只能堆到 2.0～2.5m。总之，单位库房面积可堆放的物料净重决定于物料的包装方式、堆放方法以及板的承载能力，在理论计算出基础数据后，应参照实测数据或经验数据来进行修正。

五、食品仓库对土建要求

（1）果蔬原料库　果蔬原料的贮藏，一般用常温库，可采用简易平房，仓库的门要方便车辆的进出，库温视物料对象而定，耐藏性好的可以在冰点以上附近，库内的相对湿度以 85%～90%为宜（如需要，对果蔬原料还可以采用气调贮藏、辐射保鲜、真空冷却保鲜等）。由于果蔬原料比较松散娇嫩，不宜受过多的装卸折腾。有些果蔬还需要对其进行装筐、装袋等，以防止贮运过程中产生机械损失。果蔬原料的贮存期短，进出库频繁，故高温库一般以建成单层平房或设在多层冷库的底层为宜。

（2）肉禽原料库　肉禽原料库一般采用冻藏方式，冻藏库温度为-18～-15℃，相对湿度为 95%～100%，库内采用排管制冷，避免使用冷风机，以防物料干缩。也有将冻肉用塑料袋包装后，置于货物架上静置，通过冷风速冻的肉用冻库。

（3）成品库　主要用于存放加工好的产品。对于这类库房设计，首先要考虑进出货方便，其次是库温和相对湿度。对于需要通过冷链运输的，则要控制库温和湿度；常温保藏的产品需要注意防鼠、防病虫害。此外，成品库地坪或楼板要结实，每平方米要求能承受 1.5～2.0t 的荷载，为提高机械化程度，可使用铲车。托盘堆放时，需考虑附加荷载。

（4）马口铁仓库　因负荷太大，只能设在多层楼房底层，最好是单独的平房。地坪的承载能力宜按 10～12t/m^2 考虑。为防止地坪下陷，造成房屋开裂，在地坪与墙柱之间应设沉降缝。如考虑堆高超过 10 箱时，库内应装设电动单梁起重机，此时单层高应满足起重机运行和起吊高度等的要求。

（5）空罐及其他包装材料仓库　要求防潮、去涩、避晒，窗户宜小不宜大。库房楼板的设计荷载能力，随物料容重而定，物料容重大的，如罐头成品库之类，宜按 $1.5\sim2t/m^2$ 考虑，容重小的如空罐仓库，可按 $0.8\sim1t/m^2$ 考虑。介于这两者之间的按 $1.0\sim1.5t/m^2$ 考虑。如果在楼层使用机动叉车，由土建设计人员加以核定。

六、食品仓库在总平面布置中的位置

食品工厂的仓库，在全厂建筑面积中占了相当大的比例，那么它们在总平面中的位置就要经过仔细考虑。生产车间是全厂的核心，仓库的位置以方便生产需要为主要原则，通常将其设置在与生产车间最近的地方。有些食品工厂，通常仓库就是生产车间的一部分。这样可以达到有效利用空间的效果。但作为生产的主体流程来说，原料仓库、包装材料库及成品仓库显然也属于总体流程图的有机部分。工艺设计人员在考虑工艺布局的合理性和流畅性时，决不能只考虑生产车间内部，应把重点扩大到全厂总体上来，如果只求局部合理，而在总体上不合理，所造成的矛盾或增加运输的往返，或影响到厂容厂貌，或阻碍了工厂的远期发展。因此，在进行工艺布局时，一定要结合地区的常年风向、厂区的地形地貌、周围的交通状况等因素，通盘全局地考虑仓库的设计位置。

第四节　产品运输

将产品运输列入设计范围，是因为运输设备的选型，与全厂总平面布局、建筑物的结构形式、工艺布置及劳动生产率均有密切关系。工厂运输是生产机械化、自动化的重要环节，而且是连接仓库和生产车间的必然要素。

在计算运输量时，应注意不要忽略包装材料的重量。比如罐头成品的吨位和瓶装饮料的吨位都是以净重计算的，它们的毛重要比净重大得多，前者等于净重的 $1.35\sim1.4$ 倍，后者（以 250mL 汽水为例）等于净重的 $2.3\sim2.5$ 倍。

一、厂外运输

进出厂的货物，大多通过公路或水路（除特殊情况外，现已很少用水路）。公路运输视物料情况，一般采用载重汽车，而对冷冻食品要采用保温车或冷藏车（带制冷机的保温车），鲜奶原料最好使用奶槽车。运输工具现在大部分食品工厂仍是自己组织安排，但已逐步向委托运输方式转变，即食品工厂委托由有实力的物流公司来承担。

二、厂内运输

厂内运输主要是指车间外厂区的各种运输，由于厂区道路较窄小，转弯多，许多货物有时还直接进出车间，这就要求运输设备轻巧、灵活，装卸方便，常用的有电瓶叉车、电瓶平板车、内燃叉车以及各类平板手推车、升降式手推车等。有些机

械化程度较高的食品工厂，通过采用传送带方式，实现厂区间物料的运输。

三、车间运输

车间内运输与生产流程往往融为一体，工艺性强，如输送设备选择得当，将有助于生产流程更加完美。下面按输送类别并结合物料特性介绍一些输送设备的选型原则。

（1）上下输送　生产车间采用多层楼房的形式时，就必须考虑物料的上下运输。上下运输设备最常见的是电梯，它的载重量大，常用的有 1t、1.5t、2t，轿厢尺寸可任意选用 2m×2.5m、2.5m×3.5m、3m×3.5m 等，可容纳大尺寸的货物甚至整部轻便车辆，这是其他输送设备所不及的。但电梯也有局限性，如：它要求物料另用容器盛装；它的输送是间歇的，不能实现连续化；它的位置受到限制，进出电梯往往还得设有较长的输送走廊；电梯常出故障，且不易一时修好，影响生产正常进行。因此在设置电梯的同时，还可选用斗式提升机、金属磁性升降机、真空提升装置、物料泵等。

（2）水平输送　车间内的物料流动大部分呈水平流动，最常用的是带式输送机。输送带的材料要符合食品卫生要求，用得较多的是胶带或不锈钢带、塑料链板或不锈钢链板，而很少用帆布带。干燥粉状物料可使用螺旋输送机。包装好的成件物品常采用传送带运输，笨重的大件可采用低起升电瓶铲车或普通铲车。此外，一些新的输送方式也在兴起，输送距离远，且可以避免物料的平面交叉等。

（3）起重设备　车间内的起重设备常用的有电动葫芦、手拉葫芦、手动或电动单梁起重机等。主要对较重的大块物品进行装载和卸料，如整件产品的出库、入库等。

第五节　机修车间

一、机修车间任务和组成

机修车间的任务是维修保养所有设备。食品工厂的设备类型主要有定型专业设备、非标准专业设备和通用设备。维修工作量很大的是专业设备和非标准设备的制造与维修保养。由于非标准设备制造比较粗糙，工作环境潮湿，腐蚀性大，故每年都需要彻底维修。此外，罐头工厂的空罐及有关模具的制造，通用设备易损件的加工等，工作盘也很大。所以，食品工厂一般都配备相当的机修力量。

中小型食品工厂一般只设厂一级机修，负责全厂的维修业务。大型食品工厂可设厂部机修和车间保全两级机构。厂部机修负责非标准设备的制造和较复杂的设备的维修，车间保全则负责本车间设备的日常维护。机修车间一般由机械加工、冷作及模具锻打等几部分组成。铸件等不能现场制作的零部件，一般通过外协作解决，作为附属部分，机修车间还包括木工间和五金仓库等。

二、机修车间常用设备

机修车间的常用设备如表 5-2 所示。

表5-2　机修车间常用设备

型号名称	性能特点
车床	适于车削各种螺纹、丝杆及多头蜗杆、磨铣等零部件加工
钻床	适于钻、扩、镗、铰、攻丝等零部件加工
镗床	适用于孔距相互位置要求极高的零件加工，并可做轻微的铣削；中小型零件的水平面、垂直面、倾斜面及成型面等
弓锯床	适用于各种断面的金属材料切断
插床	用于加工各种平面、成型面及链槽等
磨床	适用于磨削圆柱形或圆锥形工件的外圆、内孔端面及肩侧面；用于刀磨切削工具、小型工件以及小平面的磨削等
铣床	适于加工刀具、夹具、冲模、压模以及其他复杂小型零件；可用圆片铣刀和角度成型端面等铣刀加工等
刨床	用于加工垂直面、水平面、倾斜面以及各式导轨和T形槽等
砂轮机	作为磨削刃具使用，对小零件进行磨削去毛刺等
焊接机	使用 ϕ3～7mm 焊条，可焊接或堆焊各种金属结构及薄板焊接

三、机修车间对土建要求

机修车间对土建的要求比较常规。如果设备较多且较笨重，则厂房应考虑安装行车。修车间在厂区的位置应与生产车间保持适当的距离，使它们既不互相影响而又互相联系方便。锻打设备则应安置在厂区的偏僻角落为宜，要考虑噪声对厂区的影响，但更主要的是要考虑噪声对周围环境不能有影响，尤其是居民区附近，这是环境设计中必须考虑的问题。通常，在一些小型工厂，机修车间就在生产车间内，或者设置在仓库附近。

第六节　其他辅助设施

一、办公楼

办公楼是食品工厂的行政管理中心，里面除设置有行政办公区外，有些还将检验室、研发室、包装材料库设置在办公楼内。在现代化的工厂中，办公楼是所有办公业绩相结合。随着技术和经济的发展，办公楼的要求也越来越严格，其位置应该靠近在人流入口处。在办公楼中应该设置有各个部门的办公室，其面积与管理人员数及机构的设置情况有关。

办公楼建筑面积的估算可采用

$$F = \frac{GK_1A}{K_2} + B \qquad (5\text{-}3)$$

式中　F——办公楼建筑面积，m^2；

　　　A——每个办公人员使用面积，$5\sim7m^2$/人；

　　　B——辅助用房面积，根据需要确定；

　　　G——全厂职工总人数，人；

　　　K_1——全场办公人数比，一般 $8\%\sim12\%$；

　　　K_2——建筑系数，$65\%\sim69\%$。

二、食堂

食堂的位置应该处于靠近生活区，也有设置在食品工厂工人出入口处或人流集中处，其服务距离不宜超过 600m。食堂主要由用餐区和厨房两部分组成，其座位数和建筑总面积可由下式计算：

（1）用餐区座位数的确定：

$$N = \frac{M \times 0.85}{CK} \qquad (5\text{-}4)$$

式中　N——座位数；

　　　M——全厂最大班人数；

　　　C——进餐批数；

　　　K——座位轮换系数，一、二班制为 1.2。

（2）餐厅建筑面积的计算：

$$F = \frac{N(D_1 + D_2)}{K} \qquad (5\text{-}5)$$

式中　F——食堂建筑面积，m^2；

　　　N——座位数；

　　　D_1——每座位餐厅使用面积，$0.85\sim1.0m^2$；

　　　D_2——每座位厨房及其他面积，$0.55\sim0.7m^2$；

　　　K——建筑系数，$82\%\sim89\%$。

三、更衣室

为适应食品工厂对卫生的要求，食品工厂的生产车间应该设置更衣室，其位置应当分散，布置在靠近各部门或车间工人的进出口处。更衣室内应设个人单独使用的三层更衣柜，衣柜尺寸 500mm×400mm×1800mm，以分别存放衣物鞋帽等。更衣室使用面积应按固定总人数 1~1.5m²/人计。对需要二次更衣的车间，更衣间面积应加倍设计计算。

四、浴室

从食品卫生角度来说，从事直接生产食品的工人上班前应先淋浴。据此，浴室多应设在生产车间内与更衣室、厕所等形成一体。特别是生产肉类产品、乳制品、冷饮制品、蛋制品等车间的浴室，应与车间的人员进口处相邻接，此外，还有其他车间或部门的人员淋浴，厂区也应设置浴室。浴室淋浴器的数量按各浴室使用最大班人数的 6%~9% 计，浴室建筑面积按每个淋浴器 5~6m² 估算。

五、厕所

食品工厂内较大型的车间，特别是生产车间的楼房，应考虑在车间附近设厕所，以利于生产工人的方便卫生。厕所便池蹲位数量应按最大班人数计，男厕所每 40~50 人设一个，女厕所每 30~35 人设一个。厕所建筑面积按 2.5~3m²/蹲位估算。

六、托儿所

婴儿托儿所应设于女工接送婴儿顺路处，并应有良好的卫生环境。托儿所面积的确定按下式：

$$F = MK_1K_2 \tag{5-6}$$

式中　F——托儿所面积，m²；

　　　M——最大班女工人数；

　　　K_1——授乳女工所占比例，取 10%~15%；

　　　K_2——每个床位所占面积，以 4m² 计。

七、医务室

为了保证食品工厂的卫生和安全，医务室需要负责公司内员工常见病的诊治及健康宣讲，为企业员工做好健康监护、初级保健工作，提高员工发生工伤时的急救处理。食品工厂医务室的面积和组成见表 5-3。

表5-3　食品工厂医务室的面积和组成

组成	员工人数		
	300~1000	1000~2000	2000以上
候诊室	1间	2间	3间
医疗室	1间	3间	4~5间
其他	1间	1~2间	2~3间
面积/m²	30~40	60~90	80~130

食品工厂
公用工程

第一节　概述

一、公用工程主要内容

公用工程在食品厂建厂及其生产运行过程中扮演着至关重要的角色。所谓公用工程，是指与全厂各部门、车间、工段有密切关系的，为这些部门所共有的一类动力辅助设施的总称。就食品工厂而言，这类设施一般包括给排水、供电及仪表、供汽、制冷、采暖、通风六项工程。这些工程的有效设计和管理对于确保食品厂运转至关重要。

二、公用工程区域划分

（1）厂外工程　给排水、供电等工程中水源、电源的落实和外管线的敷设，牵涉的外界因素很多，如供电局、住房和城乡建设局、市政工程局、自然资源和规划局、环保局、自来水公司、消防局等。厂外工程属于市政工程性质，一般由当地市政工程设计院设计，专业设计院通常不承担厂外工程的设计。

（2）厂区工程　厂区工程是指厂区范围、生产车间以外的公用设施，包括：给排水系统中的水池、水泵房、冷却塔、外管线、消防设施；供电系统中的变配电所、厂区外线及路灯照明；供热系统的锅炉房、烟囱、煤场及蒸汽外管线；制冷系统的冷冻机房及外管线；污水处理站及外管线。

（3）厂车间内工程　车间内工程是指有关设备及管线的安装工程，如风机、水泵、空调机组、电气设备及制冷设备的安装，包括水管、汽管、冷冻水管、风管、电线、照明等。其中水管和汽管由于与生产设备关系十分密切，它们的设计一般由工艺设计人员担任，其他仍归属公用工程各专业承担。

三、公用工程的一般要求

食品工厂的公用工程由于直接与食品生产密切相关，所以必须符合如下设计要求。

（1）符合食品卫生要求　在食品生产中，生产用水的水质必须符合卫生部门规定的生活饮用水的卫生标准，直接用于食品生产的蒸汽不含危害健康或污染食品的物质。制冷系统中氨制冷剂对食品卫生有不利影响，应严防泄漏。公用设施在厂区的位置是影响工厂环境的主要因素，环境因素的好坏会直接影响食品的卫生，如锅炉房位置、锅炉型号、烟囱高度、运煤出灰通道、污水处理站位置、污水处理工艺等是否选择正确，与工厂环境卫生有密切关系，因此设计必须合理。

（2）能充分满足生产负荷　食品生产的一大特点就是季节性较强，导致公用设施的负荷变化非常明显，因此要求公用设施的容量对生产负荷变化要有足够的适应性。对于不同的公用设施要采取不同的原则，如供水系统，须按高峰季节各产品生产的小时需水总量来确定它的设计能力，才能具备足够的适应性。供电和供气设施一般采用组合式结构，即设置两台或两台以上变压器或锅炉，以适应负荷的变化。还应根据全年的季节变化画出负荷曲线，以求得最佳组合。

（3）经济合理，安全可靠　进行设计时，要考虑到经济的合理性，应根据工厂实际和生产需要，正确收集和整理设计原始资料，进行多方案比较，处理好近期的一次性投资和短期经常性费用的关系，从而选择投资最少、经济收益最高的设计。在保证经济合理的同时，还要保证给水、配电、供汽、供暖及制冷等系统供应的数量和质量都能达到可靠而稳定的技术参数要求，以保证生产正常安全。

第二节　水工程

食品厂水工程包括给水工程和排水工程两部分。其中给水工程的任务在于经济合理、安全可靠地供应全厂区用水，满足工艺、设备对水量、水质及水压的要求，而与此同时，食品厂排水工程的任务是收集和处理生产和生活使用过程中产生的废水和污水，使其符合国家的水质排放标准，并及时排放；同时还要有组织地及时排出天然降雨及冰雪融化水，以保证工厂生产的正常进行。

一、食品工厂对水质要求

在食品工厂中，水是重要的原料之一，水质的优劣直接影响产品的质量，食品工厂的用水大致可分为：产品用水、生产用水、生活用水、锅炉用水、冷却循环补充水、绿化用水、道路的浇洒水、汽车冲洗用水、未预见水量、管网漏失量、消防用水。一般生产用水和生活用水的水质要求符合生活饮用水标准。特殊生产用水是指直接构成某些产品的组分用水和锅炉用水。这些用水对水质有特殊要求，必须在符合《生活饮用水标准》的基础上给予进一步处理，各类用水的水质标准的某些项目指标见表6-1。

表6-1 各类用水水质标准

项目	生活饮用水	清水类罐头用水	饮料用水	锅炉用水
pH	6.5～6.8			>7
总硬度（CaCO$_3$）/(mg/L)	<250	<100	<50	<0.1
总碱度/(mg/L)			<50	
铁/(mg/L)	<0.3	<0.1	<0.1	
酚类/(mg/L)	<0.05	—	—	
氧化物/(mg/L)	<250		<80	
余氯/(mg/L)	0.5			

特殊用水，一般由工厂自设一套进一步处理系统，处理的方法有精滤、离子交换、电渗析、反渗透等，视具体情况分别选用。

冷却水（如制冷系统的冷却用水）和消防用水，在理论上，其水质要求可以低于生活饮用水标准，但在实际上，由于冷却用水往往循环使用，用量不大，为便于管理和节省一些投资，大多食品工厂并不另设供水系统。

二、食品工厂对水源要求

水源的选择，应根据当地的具体情况进行技术经济比较后确定。在有自来水的地方，一般优先考虑采用自来水。如果工厂自制水，则尽可能首先考虑地面水。水源的选用应通过技术经济比较后综合考虑确定，水量应充足可靠，原水质应符合要求，取水、输水、净化设施安全、经济和维护方便。各种水源的优缺点比较见表6-2。

表6-2 各种水源的优缺点比较

水源类别	优点	缺点
自来水	技术简单，一次性投资省，上马快，水质可靠	水价较高，经常性费用大
地下水	可就地直接取水，水质稳定，不易受外部污染，水温低，且基本恒定，一次性投资不大，经常使用费用小	水中矿物质和硬度可能过高，甚至有某种有害物质，抽取地下水会引起地面下沉
地面水	水中溶解物少，经常性使用费用低	净水系统管理复杂，构筑物多，一次性投资较大，水质、水温随季节变化较大

食品工厂用地下水作为供水水源时，应有确切的水文地质资料，取水必须最小开采量，并应以枯水季节的出水量作为地下取水构筑物的设计出水量，设计方案应取得当地有关管理部门的同意。地下取水构筑物的型式一般有以下几种。

① 管井　适用于含水层厚度大于 5m，其底板埋藏深度大于 15m。

② 大口井　适用于含水层厚度在 5m 左右，其底板埋藏深度小于 15m。

③ 渗渠　仅适用于含水层厚度小于 5m，渠底埋藏深度小于 6m。

④ 泉室　适用于有泉水露头，且覆盖厚度小于 5m。

用地表水作为供水水源时，其设计枯水流量的保证率一般可采用 90%～97%。

食品工厂地下取水构筑物必须在各种季节都能按规范要求取足相应保证率的设计水量。取水水质应符合有关水质标准要求，其位置应位于水质较好的地带，靠近主流，其布置应符合城市近期及远期总体规划的要求，不妨碍航运和排洪，并应位于城镇和其他工业企业上游的清洁河段。江河取水口的位置，应设于河道弯道凹岸顶冲点稍下游处。

在各方面条件比较接近的情况下，应尽可能选择近点取水，以便管理和节省投资，凡有条件的情况下，应尽量设计成节能型（如重力流输水）。

三、水处理系统

给水系统由相互联系的一系列构筑物和输配水管网组成。它的任务是从水源取水，按照用户对水质的要求，进行处理，然后将水输送到用水区，并向用户配水。

为了完成上述任务，给水系统常由下列工程设施组成：①取水构筑物，用于从选定水源（包括地表水和地下水）取水；②水处理构筑物，是将取水构筑物的来水进行处理，以期符合用户对水质的要求。

给水处理的任务是根据原水水质和处理后水质要求，采用最适合的处理方法，使之符合生产和生活所要求的水质标准。食品工厂水质净化系统分为原水净化系统和水质深度处理系统。如果使用自来水为水源，一般不需要进行原水处理。采用其他水源时常用的处理方法有混凝、沉淀和澄清、过滤软化、消毒、除铁、除盐等。食品工厂工艺用水处理要根据原水水质的生产要求，采用不同的处理方法。原水处理的主要步骤如下。

（1）混凝、沉淀和澄清处理　主要是对含沙量较高的原水进行处理。投加混凝剂（如硫酸铝、明矾、硫酸亚铁、三氯化铁等）和助凝剂（如水玻璃、石灰乳液等），使悬浮物及胶体杂质同时絮凝沉淀，然后通过重力分离（澄清）。

（2）过滤　原水经沉淀后一般还要进行过滤。采用过滤方式主要是去除细小悬浮物质和有机物等。生产用水、生活饮用水在过滤后再进行消毒；锅炉用水经过滤后，再进行软化或离子交换。过滤设备称过滤池，其型式有快滤池、虹吸滤池、重力或无阀滤池等，都是借助水的自重和位能差或在压力（或抽真空）状态下进行过滤，用不同粒径的石英砂组成单一石英砂滤料过滤，或用无烟煤和石英砂组成双层滤料过滤。

（3）消毒　消毒的目的是去除水中的致病微生物，确保水质安全。常用的消毒方法很多，包括氯及其氯化物消毒、臭氧消毒、紫外线消毒等。氯消毒经济有效，使用方便，是应用最为广泛的一种消毒方法。

四、供水系统

1. 自来水给水系统
见图 6-1。

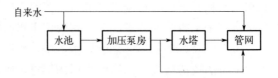

图6-1　自来水给水系统示意图

2. 地下水给水系统
见图 6-2。

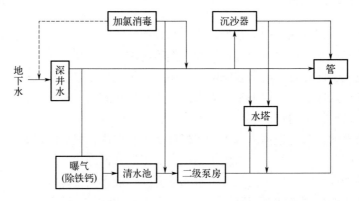

图6-2　地下水给水系统示意图

3. 地面水给水系统
见图 6-3。

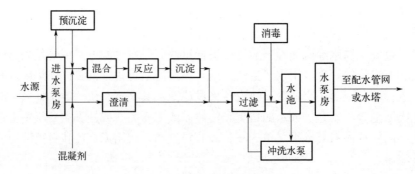

图6-3　地面水给水系统示意图

五、排水系统

食品厂的排水包括生产废水、生活废水和雨水，一般情况下，生产废水的排出可以与生活废水和雨水采取合流制。但当生产废水中含有有害物质的浓度超过排放标准时，需要对其进行一定的处理后才能排出，或者为了处理和利用生产排出水时，应该采取分流制。室内排水，一般食品生产车间内废水如果排放较多，多需要采用明沟，明沟应设在车间两侧，而不应设在车间中部。从车间内的明沟到车间外水沟的排水口应设水封，以防虫、鼠等进入车间。或者由车间内的明沟排入管道之前应设置铁丝网，以防生产下脚料堵塞管路。管道直径应选取比进水管大二号的口径，或者根据设计排水量确定，以免因油脂黏附管壁导致管径缩小；同时应该保证管道具有较大的坡度。

1. 排水量计算

食品工厂的排水量普遍较大，排水中包括生产废水、生活污水和雨水。

生产废水和生活污水，根据国家环境保护法，需经过处理达到排放标准后才能排放。生产废水和生活污水的排放量可按生产和生活最大小时给水量的85%～90%计算。雨水量按下式计算。

$$W=q\varphi F \tag{6-1}$$

式中 W——雨水量，kg/s；

q——雨水强度，kg/(s·m^2)（可查阅当地有关气象、水文资料）；

φ——径流系数，食品工厂一般取 0.5～0.6；

F——厂区面积，m^2。

2. 有关排水设计要点

工厂安全卫生是食品工厂的头等要事，而排水设施和排水效果的好坏又直接关系到工厂安全卫生面貌的优劣，工艺设计人员对此应有足够的注意。

① 生产车间的室内排水（包括楼层）宜采用无盖板的明沟，或采用带水封的地漏，明沟要有一定的宽度（200～300mm）、深度（150～400mm）和坡度（>1%），车间地坪的排水坡度宜为 1.5%～2.0%。

② 在进入明沟排水管道之前，应设置格栅，以截留固体杂物，防止管道堵塞，垂直排水管的口径应比计算的口径大 1～2 号，以保持排水通畅。

③ 生产车间的对外排水口应加设防鼠装置，宜采用水封窨井，而不用存水弯，以防堵塞。

④ 生产车间内的卫生消毒池、地坑及电梯坑等，均需考虑排水装置。

⑤ 车间的对外排水尽可能考虑清浊分流，其中对含油脂或固体残渣较多的废水（如肉类和水产加工车间），需在车间外，经沉淀池撇油和去渣后，再接入厂区下水管。

⑥ 室外排水也应采用清浊分流制，以减少污水处理量。

⑦ 食品工厂的厂区污水排放不得采用明沟，而必须采用埋地暗管，若不能自流排出厂外，得采用排水泵站进行排放。

⑧ 厂区下水管也不宜用渗水材料砌筑，一般采用混凝土管，其管顶埋设深度一般不宜小于 0.7m。由于食品工厂废水中含有固体残渣较多，为防止淤塞，设计管道流速应大于 0.8m/s，最小管径不宜小于 150mm，同时每隔一段距离应设置窨井，以便定期排除固体污物。

六、消防系统

食品工厂的建筑物耐火等级较高，生产性质决定其发生火警的危险性较低。食品工厂的消防给水宜与生产、生活给水管合并，室外消防给水管网应为环形管网，水量按 15L/s 考虑，水压应保证当消防用水量达到最大且水枪布置在任何建筑物的最高处时，水枪充实水柱仍不小于 10m。

室内消火栓的配置，应保证两股水柱每股水量不小于 2.5L/s，保证同时到达室内的任何部分，充实水柱长度不小于 7m。

第三节 供电工程

一、供电及自控工程设计

1. 设计内容

整体项目的供电及自控设计包括：厂区变配工程，厂区供电外线，车间内设备供电，厂区及室内照明，生产线、工段或单机的自动控制，电气及仪表的修理等。

2. 设计所需基础资料

① 全厂用电设备清单和用电要求。

② 供用电协议和有关资料，给电电源及其有关技术数据，供电线路进户方位和方式、量电方式及量电器材划分，供电费用，厂外供电器材供应的划分等。

③ 自控对象的系统流程图及工艺要求。

二、供电要求与相应措施

① 有些食品工厂如罐头工厂、饮料工厂、乳品工厂等生产的季节性强，用电负荷变化大，因此，大中型厂宜设两台变压器供电，以适应负荷的剧烈变化。

② 食品工厂的机械化水平提高，用电设备逐年增加，因此，要求变配电设施的容量或面积要留有一定的余地。

③ 食品工厂的用电性质属于三类负荷，一般采取单电源供电，但由于停电将很可能导致大量食品的变质和报废，故供电不稳定的地区而又有条件时，可采用双电

源供电。

④ 为减少电能损耗和改善供电质量，厂内变电所应接近或毗邻负荷高度集中的部门。当厂区范围较大，必要时可设置主变电所及分变电所。

⑤ 食品生产车间水多、汽多、湿度高，所以供电管线及电气应考虑防潮。

三、负荷计算

食品工厂的用电负荷计算一般采用需要系数法，在供电设计中，首先由工艺专业人员提供各个车间工段的用电设备的安装容量，作为电力设计的基础资料。然后供电设计人员把安装容量变成计算负荷，其目的是用以了解全厂用电负荷，根据计算负荷选择供电线路和供电设备（如变压器），并作为向供电部门申请用电的数据。负荷计算时，必须区别设备安装容量及计算负荷。设备安装容量是指铭牌上的标称容量。根据需要系数法算出的负荷，通常是采用30min内出现的最大平均负荷（指最大负荷班）。统计安装容量时，必须注意去除备用容量。

1. 车间用电计算

$$P_j = K_c P_c \tag{6-2}$$

$$Q_j = P_j \tan \varphi \tag{6-3}$$

$$S_j = \sqrt{(P_j)^2 + (Q_j)^2} = P_j / \cos \varphi \tag{6-4}$$

式中　P_j——车间最大负荷班半小时平均负荷中最大有功功率，kW；

　　　Q_j——车间最大负荷班半小时平均负荷中最大无功功率，kW；

　　　S_j——车间最大负荷班半小时平均负荷中最大视在功率，kW；

　　　K_c——需要系数（见表6-3）；

　　　P_c——车间用电设备安装容量（扣除备用设备），kW；

　　$\cos\varphi$——负荷功率因素（见表6-3）；

　　$\tan\varphi$——正切值，也称计算系数（见表6-3）。

表6-3　食品工厂用电数据

车间或部门		需要系数K_c	$\cos\varphi$	$\tan\varphi$
乳制品车间		0.6～0.65	0.75～0.8	0.75
实罐车间		0.5～0.6	0.7	1.0
番茄酱车间		0.65	0.8	1.73
空罐车间	一般	0.3～0.4	0.5	—
	自动线	0.5～0.5	—	0.33
	电热	0.9	0.95～1.0	0.88～0.75
冷冻机房		0.5～0.6	0.75～0.8	1.0

车间或部门	需要系数K_c	$\cos\varphi$	$\tan\varphi$
冷库	0.4	0.7	0.75~1.0
锅炉房	0.65	0.8	0.75
照明	0.8	0.6	0.33

2. 全厂用电计算

$$P_{j\Sigma}=K_\Sigma \times \sum P_j \qquad (6\text{-}5)$$

$$Q_{j\Sigma}=K_\Sigma \times \sum Q_j \qquad (6\text{-}6)$$

$$S_{j\Sigma}=\sqrt{(Px)^2+(Qx)^2}=P_{j\Sigma}/\cos\varphi \qquad (6\text{-}7)$$

式中　K_Σ——全厂最大负荷同时系数，一般为 0.7~0.8；

　　$\cos\varphi$——全厂自然功率因数，一般为 0.7~0.75；

　　$Q_{j\Sigma}$——全厂总无功负荷，kW；

　　$P_{j\Sigma}$——全厂总有功负荷，kW；

　　$S_{j\Sigma}$——全厂总视在负荷，kW。

3. 照明负荷计算

$$P_{j\Sigma}=K_c P_e \qquad (6\text{-}8)$$

式中　$P_{j\Sigma}$——照明计算功率，kW；

　　K_c——照明需要系数；

　　P_e——照明安装容量，kW。

照明负荷计算也可采用估算法，较为简便。照明负荷一般不超过全厂负荷的 6%，即使有一定程度的误差，也不会对全厂电负荷计算结果有很大的影响。

各车间、设备及照明负荷的需要系数 K_c 和功率因数 $\cos\varphi$ 可参考见表 6-4。

表6-4　食品厂动力设备需要系数K_c和负荷功率因数$\cos\varphi$

用电设备组名称	K_c	$\cos\varphi$	$\tan\varphi$
泵（包括水泵、油泵、酸泵、泥浆泵等）	0.7	0.8	0.75
通风机（包括鼓风机、排风机）	0.7	0.8	0.75
空气压缩机、真空泵	0.7	0.8	0.75
皮带运输机、钢带运输机、刮板、螺旋运输机 斗式提升机	0.6	0.75	0.88
搅拌机、混合机	0.65	0.8	0.75
离心机	0.25	0.5	1.73

用电设备组名称	K_c	$\cos\varphi$	$\tan\varphi$
锤式粉碎机	0.7	0.75	0.88
锅炉给煤机	0.6	0.7	1.02
锅炉煤渣运输设备	0.75	—	—
氨压缩机	0.7	0.75	0.88
机修间车床、钻床、刨床	0.15	0.5	1.73
砂轮机	0.15	0.5	1.73
交流电焊机、电焊变压器	0.35	0.35	2.63
直流电焊机	0.35	0.6	1.33
起重机	0.15	0.5	1.73
化验室加热设备、恒温箱	0.5	1	0

4. 年电能消耗量的计算

① 年最大负荷利用小时计算法

$$W_{有}=P_{总}\times T_{\max\Delta t} \tag{6-9}$$

式中　$P_{总}$——全厂计算负荷，kW；

$T_{\max\Delta t}$——年最大负荷利用小时，一般为 7000～8000h；

$W_{有}$——年电能消耗量，kW·h。

② 产品单耗计算法

$$W_{有}=ZW_0 \tag{6-10}$$

式中　$W_{有}$——年电能消耗量，kW·h；

Z——全年产品总量，t；

W_0——单位产品耗电量，kW·h/t，可以参考行业指标值。

5. 无功功率补偿

无功功率补偿的目的，是为了提高功率因数，减少电能损耗，增加设备能力，减少导线截面，节约有色金属消耗量，提高网络电压的质量。这是具有重要意义的技术措施。

在工厂中，绝大部分的用电设备，如感应电动机、变压器、整流设备、电抗器和感应器械等，都是具有电感特性的，需要从电力系统中吸收无功功率，当有功功率保持恒定时，无功功率的增加将对电力系统及工厂内部的供电系统产生不良的影响。因此，供电单位和工厂内部都有降低无功功率需要量的要求。无功功率的减少就相应地提高了负荷功率因数 $\cos\varphi$。为了提高功率因数，首先在设备方面采取措施：提高电动机的负载率，避免大马拉小马的现象；感应电动机同步化；采用同步电动机以及其他方法等。

仅仅在设备方面靠提高自然功率的方法，一般不能达到 0.9 以上的负荷功率因数，当负荷功率因数低于 0.85 时，应装设补偿装置，对负荷功率因数进行人工补偿。无功功率补偿可采用电容器法，电容器可装设在变压器的高压侧，也可装设在 380V 低压侧。装载低压侧的投资较贵，但可提高变压器效率。在食品工厂设计中，一般采用低压静电电容器进行无功功率的补偿，并集中装设在低压配电室。

四、车间配电

食品生产车间多数环境潮湿，温度较高，有的还有酸、碱、盐等腐蚀介质，是典型的湿热带型电气条件。因此，食品生产车间的电气设备应按湿热带条件选择。车间总配电装置最好设在一单独小间内，分配电装置和启动控制设备应防水汽、防腐蚀，并尽可能集中于车间的某一部分。原料和产品经常变化的车间，还要多留供电点，以备设备的调换或移动，机械化生产线则设专用的自动控制箱。

五、照明

照明设计包括天然采光和人工照明，良好的照明是保证安全生产，提高劳动生产率和保护工作人员视力健康的必要条件。合理的照明设计应符合"安全、适用、经济、美观"的基本原则。

人工照明类型按用途可分为常用照明和事故照明。按照方式可分为一般照明、局部照明和混合照明三种。

照明器选择是照明设计的基本内容之一。照明器选择不当，可以使电能消耗增加，装置费用提高，甚至影响安全生产。照明器包括光源和灯具，两者的选择可以分别考虑，但又必须相互配合。灯具必须与光源的类型、功率完全配套。

1. 光源选择

首先应考虑光效高、寿命长，其次考虑显色性、启动性能。当生产工艺对光色有较高要求时，在小面积厂房中可采用荧光灯或白炽灯。在高大厂房可用碘钨灯。当采用非自镇流式高压汞灯与白炽灯作混合照明时，当两者容量比为 2 时也会有较好的光色。

2. 灯具选择

在一般生产厂房，大多数采用配照型灯具（适用于 6m 以下的厂房）及深照型灯具（适用于 7m 以上的厂房）。配照型及深照型灯，较用防水防尘的密闭灯具可以得到较好的照明效果。

3. 灯具排列

灯具行数不应过多，灯具的间距不宜过小，以免增加投资及线路费用。灯具的间距 L 与灯具的悬挂高度 h 较佳比值（L/h）及适用于单行布置的厂房最大宽度见表 6-5。

表6-5　*L*/*h*值和单行布置灯具厂房最大宽度

灯具型式	*L*/*h*值（较佳值）		适用单行布置的厂房最大宽度
	多行布置	单行布置	
深照型灯	1.6	1.5	1.0 *h*
配照型灯	1.8	1.8	1.2 *h*
广照型、散照型灯	1.3	1.9	1.3 *h*

4. 照明电压

照明系统的电压一般为 380V/220V，灯用电压为 220V。有些安装高度很低的局部照明灯，一般可采用 24V。

当车间照明电源是三相四线时，各相负荷分配应尽量平衡，负荷最大的一相与负荷最小的一相负荷电流不得超过 30%。车间和其他建筑物的照明电源应与动力线分开，并应留有备用回路。

车间内的照明灯，一般均由配电箱内的开关直接控制。在生产厂房内还应装有 220V 带接地极的插座，并用移动变压器降压至 36（或 24）V 供检修用的临时移动照明。

六、建筑防雷及电气安全

1. 建筑防雷

（1）防雷装置的选择与安装

① 避雷针　避雷针主要用于避免建筑物直接遭受雷击。在食品工厂中，对于高度在 12m 以上的建筑物，应考虑在屋顶装设避雷针。特别是酒精蒸馏车间、酒精仓库、汽油库等易爆炸的第二类防雷建筑，必须安装避雷针。

② 阀式避雷器与羊角间隙避雷器　这些避雷器主要用于避免高电位的引入，保护变压器及配电装置等免受雷电波的侵袭。变电所应同时装设高避雷针和阀式避雷器，以确保双重保护。

（2）接地装置

① 流散电阻　第二类建筑防雷装置的流散电阻不应超过 10Ω，第三类建筑（如烟囱、水塔和多层厂房车间等）防雷装置的流散电阻可为 20～30Ω。

② 统一接地装置　为了进一步提高安全性，可将全厂防雷接地、工作接地互相连在一起组成全厂统一接地装置，其综合接地电阻应小于 1Ω。同时，电气设备的工作接地、保护接地和保护接零的接地电阻应不大于 4Ω。

（3）其他防雷措施

① 架空线路防护　为了防止高电位引入的雷害，可在架空线进出的变配电所的母线上安装阀式避雷器。对于低压架空线路，可在引入线的电杆上将其瓷瓶铁

脚接地。

② 共用接地装置　三类建筑防雷的接地装置可以共用，以节约成本和空间。此外，自来水管路或钢筋混凝土基础也可作为接地装置使用。

2. 电气安全

（1）电气设备与材料选择　应选用符合国家标准的电气设备和材料，确保电源的稳定性和安全性。

电源进线应设置切断装置，并设在便于操作管理的地点，以便在紧急情况下迅速切断电源。

（2）配电设备设计　应选择不易积尘、便于擦拭、外壳不易腐蚀的小型安装配电设备，避免设置大型落地安装的配电设备。

电气管线宜敷设在技术夹层或技术夹道内，以减少对车间洁净环境的影响。穿线导管应采用不燃烧体，以提高电气系统的安全性。

（3）照明系统设计　照明灯具应选用外部造型简单、不易积尘、便于清洁的洁净灯具，以减少清洁难度和保持车间洁净度。

灯具与顶棚接缝处应密封，防止灰尘进入灯具内部。同时应设置备用照明，确保在紧急情况下车间内的照明需求。

（4）接地与保护

① 工作接地　在正常或事故情况下，为了保护电气设备可靠地运行，而必须在电力系统中某一点（通常是中点）进行接地。

② 保护接地　为防止因绝缘损坏使人员有遭到触电的危险，而将电气设备的金属外壳或构架与接地之间做良好的连接。

重复接地与接零　根据具体情况选择合适的接地方式，确保电气设备的安全运行。

（5）自动控制系统　宜对供热、供冷、纯水、通风空调和气体供应等系统进行自动监控，以确保车间的环境稳定。

净化空调系统新风口、排风口应有自动关闭措施，防止外界污染。同时应具有风机启停顺序和温湿度的自动控制系统，实现节能控制。

（6）电气线路安全　所有电气线路应选用耐腐蚀、耐高温的材料，并采取密封措施，避免水汽和污染物侵入。

定期对电气线路进行检查和维护，确保电气设备的正常运行和人员的安全。

七、仪表控制和自动调节

控制和调节的参数或对象主要有温度、压力、液位、流量、浓度、相对密度、称量、计数及速度调节等。

自控设计的主要任务如下。

① 根据工艺要求及对象的特点，正确选择监测仪表和自控系统，确立检测点、位置和安装方式。

② 对每个仪表和调节器进行检验和参数鉴定，对整个系统按"全部手动控制—局部自动控制—全部自动控制"的步骤运行。

1. 气动薄膜调节阀

气动薄膜调节阀是气动单元组合仪表的执行机构，再配用电气转换器后，也可作为电动单元组合仪表的执行机构。它的优点是结构简单、操作可靠、维修方便、品种较全、防火防爆等，其缺点是体积较大、比较笨重。

2. 气动薄膜隔膜调节阀

气动薄膜隔膜调节阀适用于有腐蚀性、黏度高及有悬浮颗粒的介质的控制调节。

3. 电动调节阀

电动调节阀是以电源为动力，接受统一信号 0～10mA 或触点开关信号，改变阀门的开启度，从而达到对压力、温度、流量等参数的调节。电动调节阀可与 DF-1 型和 DFD-09 型电动操作器配合，做自动与手动的无扰动切换。

4. 电磁阀

电磁阀是由交流或直流电操作的二位式电动阀门，一般有二位二通、二位三通、二位四通及三位四通等。通电时，电磁线圈产生电磁力把关闭件从阀座上提起，阀门打开；断电时，电磁力消失，弹簧把关闭件压在阀座上，关闭。

第四节 供汽工程

一、食品工厂用汽要求

食品工厂使用蒸汽的部门主要有生产车间（包括原料处理、配料、热加工、成品杀菌等）和辅助生产车间（如综合利用、罐头保温库、试制室、洗衣房、浴室、食堂等）。

用汽压力，除以蒸汽作为热源的热风干燥、高温油炸、真空熬糖等要求较高的压力$(8\sim10)\times10^5Pa$ 之外，其他用汽压力大都在 7×10^5Pa 以下，有的只要求$(2\sim3)\times10^5Pa$。因此，在使用时需经过减压，以确保用汽安全。

由于食品工厂生产的季节性较强，用汽负荷波动较大，为适应这种情况，食品厂的锅炉台数不宜少于 2 台，并尽可能采用相同型号的锅炉。

二、锅炉容量及型号确定

锅炉的额定容量 Q，可按下式确定：

$$Q = 1.15(0.8Q_c + Q_s + Q_t + Q_g) \tag{6-11}$$

式中　Q——锅炉额定容量，t/h；

Q_c——全厂生产用的最大蒸汽耗量，t/h；

Q_s——全厂生活用的最大蒸汽耗量，t/h；

Q_t——锅炉房自用蒸汽量，t/h（一般取 Q_c 的 5%～8%）；

Q_g——管网热损失，t/h（一般取 Q_c 的 5%～10%）。

三、锅炉房位置及厂区布置

近年来，我国锅炉用燃料正在由烧煤逐步转向烧油，这主要是为了解决大气污染的问题，但目前仍有不少工厂在烧煤，为此本节对锅炉房的要求以烧煤锅炉为基准进行介绍。烧煤锅炉烟囱排出的气体中，含有大量的灰尘和煤屑。这些尘屑排入大气以后，由于速度减慢而散落下来，造成环境污染。同时煤堆场也容易对环境带来污染。所以，从工厂的角度考虑，锅炉房在厂区的位置应选在对生产车间影响最小的地方，具体要满足以下要求：应设在生产车间污染系数最小的上侧或全年主导风向的下风向；尽可能靠近用汽负荷中心；有足够的煤和灰渣堆场；与相邻建筑物的间距应符合防火规程安全和卫生标准；锅炉房的朝向应考虑通风、采光、防晒等方面的要求。

四、锅炉的供水处理

锅炉属于特殊的压力容器。水在锅炉中受热蒸发成蒸汽，原水中的矿物质则留在锅炉中形成水垢。当水垢严重时，不仅影响到锅炉的热效率，而且将严重地影响到锅炉的安全运行。因此，锅炉制造工厂一般都结合生产锅炉的特点，提出了给水的水质要求，见表6-6。

表6-6　锅炉给水水质要求

	锅炉类型	锅壳锅炉		自然循环水管炉及有水冷壁的火管炉			
项目	蒸汽压力/MPa	≤1.3		≤1.3		1.4～2.5	
	平均蒸发率/[kg/(m² · h)]	<30	>30				
	有否过滤器			无	有	无	有
给水	总硬度/(mmol/L)	<0.5	<0.35	0.1	<0.035	0.035	<0.035
	含氧量/(mg/L)			0.1	<0.05	0.05	<0.05
	含油量/(mg/L)	<5	<5	<5	<2	<2	<2
	pH	>7	>7	>7	>7	>7	>7

一般自来水均达不到上述要求，需要因地制宜地进行软化处理。处理的方法有多种。所选择的方法必须保证锅炉的安全运行，同时又保证蒸汽的品质符合食品卫生要求。水管一般采用炉外化学处理法。炉内水处理法（防垢剂法）在国内外也有采用。炉外化学处理法以离子交换软化法用得最广，并可以买到现成设备——离子交换器。离子交换器使水中的钙、镁离子被置换，从而使水得到软化。对于不同的水质，可以分别采用不同形式的离子交换器。

五、煤和灰渣的储运

煤场存煤量可按 25～30 天的煤耗量考虑，粗略估算每 1t 煤可产 6t 蒸汽，煤堆高度为 1.2～1.5m，宽度为 10～15m，煤堆间距为 6～8m。煤场一般为露天堆场，也可建一部分干煤棚。煤场中的转运设备，小型锅炉房一般采用手推车，运煤量较大时可用铲车或移动式皮带输送机。锅炉的炉渣用人工或机械排送到灰渣场，渣场的贮量一般按不少于 5 天的最大渣量考虑。

六、通风和排烟除尘

锅炉烟囱的口径和高度首先应满足锅炉的通风，即烟囱的抽力应大于锅炉及烟道的总阻力。其次，烟囱的高度还应满足大气环境保护及卫生的要求。

烟囱的材料以砖砌为多，它取材容易，造价较低，使用期限长，不需经常维修。但若高度超过 50m 或在震级 7 级以上的地震区，最好采用钢筋混凝土烟囱。

在锅炉出口与引风机之间应装设烟囱气体除尘装置。一般情况下，可采用锅炉厂配套供应的除尘器。但要注意，当采用湿式除尘器时，应避免由于产生废水而导致公害转移的现象。

第五节　制冷工程

食品工厂设置制冷工程的主要作用是对原辅料及成品进行储藏保鲜，如延长生产期，保持原辅料及成品新鲜，通常设置果蔬高温冷藏库及肉禽鱼类的低温冷藏库等。食品在加工过程中的冷却、冷冻、速冻工艺，车间空气调节或降温也需要配备制冷设施。

一、冷库容量及面积确定

1. 冷库容量的确定

供冷设计的主要任务是选择合适的制冷剂及制冷系统，并布置冷冻站设备。制冷剂选择，直接关系到制冷量能否满足生产需要，影响工厂投资与产品成本。食品工厂各类冷库的性质均属于生产性冷库，它的容量主要应围绕生产的需求来确定。食品工厂各种冷库的容量可参考表6-7。

表6-7　食品工厂各种冷库的容量

库房名称	温度/℃	储备物料	库房容量要求
高温库	0～4	水果，蔬菜	15～20天需要量
低温库	<-18	肉禽，水产	30～40天需要量
冰库	<-10	自制机冰	10～20天的制冰能力

库房名称	温度/℃	储备物料	库房容量要求
冻结间	<-23	肉禽类副产品	日处理量的50%
腌制间	-4~0	肉料	日处理量的4倍
肉制品库	0~4	西式火腿，红肠	15~20天的产量

2. 冷库面积的确定

在容量确定之后，冷库的建筑面积的大小取决于物料品种、堆放方式及冷库的建筑形式。计算可按下式进行：

$$A = \frac{1000m}{aphn} \qquad (6-12)$$

式中　A——冷库建筑面积（不包括穿堂、电梯间等辅助建筑），m^2；

　　　m——计划任务书规定的冷藏量，t；

　　　a——平面系数（有效堆货面积/建筑面积），多库房的小型冷库取 0.68~0.72，大库房的冷库取 0.76~0.78；

　　　h——冷冻食品的有效堆货高度，m；

　　　n——冷库层数；

　　　p——冷冻食品的单位平均体积质量，kg/m^3。

二、冷库耗冷量计算

耗冷量是制冷工艺设计的基础资料，库房制冷设备的设计和机房制冷压缩机的配置等都要以耗冷量作为依据。冷库的耗冷量受冷加工食品的种类、数量、温度、冷库温度、大气温度、冷库结构等多方面因素的影响。

1. 冷库总耗冷量的计算

$$Q_0 = Q_1 + Q_2 + Q_3 + Q_4 \qquad (6-13)$$

式中　Q_1——冷库维护结构的耗冷量，kJ/h；

　　　Q_2——物料冷却、冻结耗冷量，kJ/h；

　　　Q_3——库房换气通风耗冷量，kJ/h；

　　　Q_4——冷库运行管理耗冷量，kJ/h。

2. 冷库维护结构耗冷量 Q_1

冷库维护结构的耗冷量由库内外温差传热耗冷量 Q_{1a} 和太阳辐射热引起的耗冷量 Q_{1b} 两部分组成。

（1）库内外温差传热耗冷量计算

$$Q_{1a} = KA(t_w - t_n) \qquad (6-14)$$

式中　K——冷库维护结构的传热系数，$kJ/(m^2 \cdot h \cdot ℃)$；

　　A——冷库维护结构的传热面积，m^2；

　　t_w——库外计算温度，℃；

　　t_n——库内计算温度，℃。

其中，库外计算温度 t_w 可按 0.4 倍的当地最热月的日平均温度与 0.6 倍的当地极端最高温度之和计算求得。

（2）太阳辐射热引起的耗冷量计算

$$Q_{1b} = KAt_d \tag{6-15}$$

式中　K——外墙和屋顶的传热系数，$kJ/(m^2 \cdot h \cdot ℃)$；

　　A——受太阳辐射围护结构的面积，m^2；

　　t_d——受太阳辐射影响的昼夜平均温度，℃。

（3）物料冷却、冻结耗冷量计算

$$Q_2 = \frac{m(h_1 - h_2)}{t} + \frac{m'(t_1 - t_2)c}{t} + \frac{m(g_1 + g_2)}{t} \tag{6-16}$$

式中　m——冷库进货量，kg；

　　h_1, h_2——物料冷却、冻结前后的热焓，kJ/kg；

　　t——冷却时间，h；

　　m'——包装材料质量，kg；

　　t_1, t_2——进出库时包装材料的温度，℃；

　　c——包装材料的比热容，$kJ/(kg \cdot ℃)$；

　　g_1, g_2——果蔬进出库时相应的呼吸热，$kJ/(kg \cdot h)$。

因物料初次进入的热负荷较大，计算制冷设备冷量时应按 Q_2 的 1.3 倍计算考虑。

（4）库房换气通风耗冷量计算（需换气的冷风库才进行此项计算）

$$Q_3 = 3\rho V \Delta h / t \tag{6-17}$$

式中　ρ——库房内空气的体积质量，kg/m^3；

　　V——库房的体积，m^3；

　　Δh——库内外空气的焓差，kJ/kg；

　　t——通风机每天工作时间，h；

　　3——每天更换新鲜空气的次数，一般为 1～3，此处取最大值。

（5）库房运行管理的耗冷量计算

$$Q_4 = Q_{4a} + Q_{4b} + Q_{4c} + Q_{4d}$$
$$= q_d F + \frac{Vn(H_w - H_n)M\gamma_a}{24} + \frac{3}{24}n_t q_t + 3600 N \xi \rho \tag{6-18}$$

式中　Q_{4a}——照明的耗冷量，kJ/h；

Q_{4b}——开门耗冷量，kJ/h；

Q_{4c}——库房操作人员耗冷量，kJ/h；

Q_{4d}——电动机运转耗冷量，kJ/h；

q_d——每平方地板面积照明热量，kJ/(m² · h)，冷藏间可取 6.27～8.36kJ/(m² · h)，操作间可取 20.9kJ/(m² · h)；

F——冷库地板面积，m²；

V——冷库内净容积，m²；

n——每日开门换气次数；

H_w——冷库外空气含热量，kJ/kg；

H_n——冷库内空气含热量，kJ/kg；

M——空气幕效率修正系数（取 0.5，不设空气幕时取 1）；

γ_a——冷库内空气密度，kg/m³；

n_t——操作人员数量；

q_t——每个操作人员每小时产生的热量，kJ/h（冷库内温度高于或等于-5℃时取 1003.2kJ/h，低于-5℃时取 1421.2kJ/h）；

3/24——每日工作时间系数（按每日工作 3h 计）；

3600——电动机每一千瓦小时换算为热能的数值，kJ/(kW · h)；

N——电动机额定功率，kW；

ξ——热转化系数（电动机在冷间内时取 1，在冷间外时取 0.75）；

ρ——电动机运转时间系数（对冷风机配用的电动机取 1，对冷间内其他设备配用的电动机可按实际情况取值，一般可按每昼夜操作 8h 计）。

由于冷藏间使用条件变化大，为简便计，可按下式估算 Q_4：

$$Q_4 = (0.1 \sim 0.4)Q_1 \qquad (6-19)$$

对于大型冷库取 0.1；中型冷库取 0.2～0.3；小型冷库可取 0.4。

三、制冷设备的计算与选择

1. 与制冷相关的温度

在制冷系统中，各种温度相互关联，以下是氨制冷机在操作过程中的一般常用值。

（1）冷凝温度 t_k

$$t_k = \frac{t_{w1} + t_{w2}}{2} + (5 \sim 7) \qquad (6-20)$$

式中　t_{w1}、t_{w2}——冷凝器冷却水的进水、出水温度，℃。

冷凝器冷却水的进出口温差，一般按下列数值选用：立式冷凝器 2～4℃；卧式和组合式冷凝器 4～8℃；淋激式冷凝器 2～3℃。

（2）蒸发温度 t_0　当空气为冷却介质时，蒸发温度取低于空气温度 7～10℃，常采用 10℃。当盐水或水为冷却介质时，蒸发温度取低于介质温度 5℃。

（3）过冷温度　在过冷器的制冷系统中，需定出过冷温度。在逆流式过冷器中，氨液出口温度（即过冷温度）比进水温度高 2～3℃。

2. 主要辅助设备的选择

（1）冷凝器的选择　冷凝器的形式很多，最常用的是立式壳管式冷凝器、卧式壳管式冷凝器、大气冷凝器、蒸发式冷凝器。冷凝器的选择取决于水质、水温、水源、气候条件以及布置上的要求等。

立式冷凝器的优点是占地面积小，可安装在室外，冷却效率高，清洗方便，用于水温较高、水质差、水源丰富的地区。

卧式冷凝器的优点是传热系数高，结构简单，冷却水用量少，占空间高度小，可安装于室内，管理操作方便。缺点是清洗水管较困难，造价较高。冷凝器冷凝面积的确定：

$$F = Q_1 / q_1 \tag{6-21}$$

式中　F——冷凝器面积，m^2；

　　　Q_1——冷凝器热负荷，kJ/h；

　　　q_1——冷凝器单位面积热负荷，$kJ/(m^2 \cdot h)$。

立式冷凝器 $q_1 = 3500～4000kJ/(m^2 \cdot h)$，卧式冷凝器 $q_1 = 3500～4500kJ/(m^2 \cdot h)$。冷凝器为定型产品，根据冷凝器冷凝面积计算结果，可从产品手册中选择符合要求的冷凝器。

（2）蒸发器的选择　蒸发器是一种热交换器，在制冷过程中起着传递热量的作用，把被冷却介质的热量传递给制冷剂。根据被冷却介质的种类，蒸发器可分为液体冷却和空气冷却两大类。

3. 冷冻站的位置选择

冷冻站位置选择时应考虑下列因素。

① 冷冻站宜布置在全厂厂区夏季主导风向下风向，动力区域内。一般应布置在锅炉房和散发尘埃站房的上风向。

② 力求靠近冷负荷中心，并尽可能缩短冷冻管路和冷却水管网。

③ 氨冷冻站不应设在食堂、托儿所等建筑物附近或人员集中的场所。其防火要求应按规定的《建筑防火通用规范》执行。

④ 机器间夏季温度较高，其朝向尽量选择通风较好，夏季不受阳光照射的方向。

⑤ 考虑发展的可能性。

四、氨压缩机的选择

1. 氨压缩机允许的吸气温度

随蒸发温度不同而异，见表 6-8。

表6-8　氨压缩机的允许吸气温度

蒸发温度/℃	0	-5	-10	-15	-20	-25	-28	-30	-33
吸气温度/℃	1	-4	-7	-10	-13	-16	-18	-19	-21

2. 氨压缩机的排气温度 t_p

$$t_p = 2.4(t_k - t_0) \tag{6-22}$$

式中　t_k——冷凝温度，℃；

　　　t_0——蒸发温度，℃

3. 氨压缩机的选择及计算

选择氨压缩机要符合的一般原则为：选择压缩机时应按不同蒸发温度下的机械冷负荷分别予以满足。与此同时，当冷凝压力与蒸发压力之比 $p_k/p_0<8$ 时，采用单级压缩机；当 $p_k/p_0>8$ 时，则采用双级压缩机。

单级氨压缩机的工作条件如下：最大活塞压力差<1.37MPa；最大压缩比<8；最高冷凝温度<40℃；最高排气温度<145℃；蒸发温度 5～-30℃。

食品工厂的制冷温度≥-30℃，压缩机压缩比<8，所以采用单级氨压缩机。

4. 单级氨压缩机的选择计算

根据氨压缩机产品手册，只能查知压缩机标准工况下制冷量 Q_0，然后再根据制冷剂的实际蒸发温度、冷凝温度或再冷却温度，换算为工作工况下的制冷量 Q_c：

$$Q_c = KQ_0$$

式中，K 为换算系数，根据蒸发温度、冷凝或再冷却温度查有关表格。

5. 压缩机台数计算

$$M = Q_j / Q_c \tag{6-23}$$

式中　Q_j——全厂总冷负荷，kJ/h；

　　　Q_c——氨压缩机工作工况下的制冷量，kJ/h。

压缩机台数的确定，在一般情况下不宜少于两台，也不宜过多。特殊情况外，一般不考虑备用机组。

五、冷库设计概要

1. 平面设计的基本原则

① 冷库的平面形状最好接近正方形，以减少外部维护结构。

② 高温库房与低温库房应分区布置（包括上下左右），把库温相同的布置在一起，以减少绝缘层厚度和保持库房温湿度相对稳定。

③ 采用常温穿堂，可防止滴水，但不宜设施内穿堂。

④ 高温库因货物进出较频繁，宜布置在底层。

2. 库房的层高和换面负荷

单层冷库的净高不宜小于 5m。为了节约用地，1500t 以上的冷库应采用多层建筑，多层冷库的层高，高温库不小于 4m，低温库不小于 4.8m。各种库房的标准荷载见表 6-9。

表6-9　各种库房的标准荷载

库房名称	标准荷载/(kg/m²)	库房名称	标准荷载/(kg/m²)
冷却间、冷冻间	1500	穿堂、走廊	1500
冷藏间	1500	冰库	900×堆高
冻藏间	2000		

3. 冷库绝热设计

绝热材料应选用容量小、导热系数小、吸湿小、不易燃烧、不生虫、不腐烂、没有异味和毒性的材料。

地坪绝缘：由于承受荷载，低温库多采用软木，高温库可采用炉渣。

外墙绝缘：多采用砻糠或聚苯乙烯泡沫塑料。

冷库门绝缘：采用聚苯乙烯泡沫塑料。

4. 冷库的隔汽设计

隔汽设计是冷库设计的重要内容，由于库外空气中的水蒸气分压与库内的水蒸气分压有较大的压力差，水蒸气就由库外向库内渗透。为阻止水蒸气的渗透，要设良好的隔汽层。如隔汽层不良或有裂痕，蒸汽就会渗入绝缘材料中，使绝缘层受潮结冰以至破坏，这样，不仅会使库温无法保持，严重的会造成整个冷库的破坏。隔汽层必须敷设在绝缘层的高温侧，否则会收到相反的效果。在低温侧要选用渗透阻力小的材料，以及时排除或多或少存在绝缘材料中的水分。屋顶隔汽层采用三毡四油，外墙和地坪采用二毡三油，相同库温的内隔墙可不设隔汽层。

第六节　采暖工程

一、采暖的一般规定

按照国家规定，凡日平均温度≤5℃的天数为 90 天以上的地区应该集中采暖。我国日平均温度≤5℃的天数为 90d 的等温线基本上是以淮河为界的。

在等温线以北的地区为集中采暖地区，但也不能一概而论，而要根据具体情况分别对待。如有的车间热加工较多，车间温度比室外温度高得多，即使在等温线以北的地区也可以不再考虑人工采暖。反之，有些生产辅助室和生活室，如浴室、更衣室、医务室、女工卫生室等，由于使用或卫生方面的要求，即使在等温线以南地区，也需考虑采暖。

采暖的室内计算温度是指通过采暖应达到的室内温度（采暖标准）。当生产工艺无特殊要求时，按照《工业企业设计卫生标准》的规定，冬季车间内工作地点的空气温度应符合表6-10的规定。

表6-10 冬季车间的空气温度

分类	空气温度/℃	
	轻作业	重作业
每人占用面积＜50m²	≥15	≥12
每人占用面积为50～100m²	≥10	≥7
每人占用面积＞100m²	局部采暖	

另外，当生产工艺有特殊要求时，采暖温度则应按工艺要求来确定。如：果蔬罐头的保温间为25℃，肉禽水产类罐头的保温间为37℃。

二、采暖系统热负荷计算

采暖热负荷计算：

$$Q = PV(t_n - t_w) \tag{6-24}$$

式中 Q——耗热量，kJ/h；

P——建筑物的供暖体积热指标，kJ/(m³·h·K)，有通风车间 $P \approx 1.0$ kJ/(m³·h·K)，无通风车间 $P \approx 0.8$ kJ/(m³·h·K)；

V——房间体积，m³；

t_n——室内计算温度，K；

t_w——室外计算温度，K。

三、采暖方式

食品工厂的采暖方式有热风采暖和散热器采暖等几种，一般按车间单元体积大小来定。当单元体积大于3000m³时，以热风采暖为好，在单元体积较小的场合，多半采用散热器采暖方式。

符合下列条件之一时，应采用热风供暖。

① 能与机械送风系统合并时。

② 利用循环空气供暖技术经济合理时。

③ 由于防火、防爆和卫生要求必须采用全新风的热风供暖时。

属于下列情况之一时，不得采用空气再循环的热风供暖。

① 空气中含有病原体、极难闻的气味物质及有害物质浓度可能突破增高的

车间。

② 生产过程中散发出可燃气体、蒸汽、粉尘与供暖管道或加热器表面接触，引起燃烧的车间。

③ 在生产过程中散发出粉尘，受到水、水蒸气作用，能引起自燃、爆炸以及受到水、水蒸气的作用，能产生爆炸性气体的车间。

热风采暖时，工作区域风速宜为 0.15～0.3m/s，热风温度 30～50℃，送风口高度一般不要低于 3.5m。

食品工厂采暖用热媒一般为蒸汽或热水，蒸汽的工作压力要求在 200kPa 左右。采用热水时，则有 95℃ 和 135℃ 两种。

第七节　通风工程

一、通风与空调的一般规定

1. 自然通风

为节约能耗和减少噪声，应尽可能优先考虑自然通风。为此，要从建筑间距、朝向、内隔墙、门、窗的设置等方面加以考虑，使之最有利于自然通风。同时，在采用自然通风时，也要从卫生角度考虑，防止外界有害气体或粉尘的进入。

2. 人工通风

当自然通风达不到应有的要求时，要采用人工通风。当夏季工作地点的气温超过当地夏季通风室外计算温度 3℃ 时，每人每小时应有的新鲜空气量为不少于 20～30m³/h，而当工作地点的气温大于 35℃ 时，应设置岗位吹风，吹风的风速在轻作业为 2～5m/s，重作业 3～7m/s。另外在有大量蒸汽散发的工段，不论其气温高低，均需考虑机械排风。

3. 空调车间的温湿度要求

空调车间的温湿度要求随产品性质或工艺要求而定。现按食品工厂的特点提出车间温湿度要求如下，供参考（表 6-11）。

表6-11　食品工厂有关车间的温湿度要求

工厂类型	车间或部门名称	温度/℃	相对湿度/%
罐头工厂	鲜肉凉肉间	0～4	>90
	冻肉解冻间	冬天12～15	>95
		夏天15～18	>95
	分割肉间	<20	70～80
	腌制间	0～4	>90
	午餐肉车间	18～20	70～80

工厂类型	车间或部门名称	温度/℃	相对湿度/%
罐头工厂	一般肉禽、水产车间	22～25	70～80
	果蔬类罐头车间	25～28	70～80
乳制品工厂	消毒奶灌装间	22～25	70～80
	炼乳装罐间	<20	>70
	奶粉包装间	22～25	<65
	冷饮包装间	22～25	>70
糖果工厂	软糖成型间	25～28	<75
	软糖包装间	22～25	<65
	硬糖成型间	25～28	<65
	硬糖包装间	22～25	<60

4. 空气的净化

食品生产的某些工段，如奶粉的包装间、粉碎间及某些食品的无菌包装等，对空气的卫生要求特别高，空调系统的送风要考虑空气的净化。常用的净化方式是对进风进行过滤。

二、空调设计的计算

空调设计的计算包括夏季冷负荷计算、夏季湿负荷计算和送风量计算。

1. 夏季空调冷负荷计算

$$Q=Q_1+Q_2+Q_3+Q_4+Q_5+Q_6+Q_7+Q_8 \tag{6-25}$$

式中　Q_1——需要空调房间的围护结构耗冷量，kJ/h，主要取决于围护结构材料的构成和相应的导热系数 K；

　　　Q_2——渗入室内的热空气的耗冷量，kJ/h，主要取决于新鲜空气量和室内外温；

　　　Q_3——热物料在车间内的耗冷量，kJ/h；

　　　Q_4——热设备的耗冷量，kJ/h；

　　　Q_5——人体散热量，kJ/h；

　　　Q_6——电动设备的散热量，kJ/h；

　　　Q_7——人工照明散热量，kJ/h；

　　　Q_8——其他散热量，kJ/h。

2. 夏季空调湿负荷计算

（1）人体散湿量 W_1

$$W_1=nW_0 \tag{6-26}$$

式中　n——人数；

W_0——1个人的散湿量，g/h；

（2）潮湿地面的散湿量 W_2

$$W_2 = 0.006(t_n - t_s)F \tag{6-27}$$

式中　t_n、t_s——分别为室内空气的干、湿球温度，K；

　　　　F——潮湿地面的蒸发面积，m^2；

（3）其他散湿量 W_3　如开口水面的散湿量，渗入空气带进的湿量等。

（4）总散湿量 W

$$W = W_1 + W_2 + W_3 \tag{6-28}$$

3. 送风量的确定

确定送风量的步骤如下。

（1）根据总耗冷量和总散湿量计算热湿比 ε

$$\varepsilon = Q / W \tag{6-29}$$

（2）确定送风参数　食品工厂生产车间空调送风温差 Δt_{N-K} 一般为 6～8℃。在湿空气的 H-d 图（图 6-4）上分别标出室内外状态点 N 及 W。由 N 点，根据 ε 值及 Δt_{N-K} 值，标出送风状态点 K（K 点相对湿度一般为 90%～95%），K 点所标示的空气参数即为送风参数。

（3）确定新风与回风的混合点 C　在图 6-4 上，混合点 C 一定在室内状态点 N 与室外状态点 W 的连线上，且

$$\frac{NC线段长度}{WC线段长度} = \frac{新风量}{回风量} \quad 即 \quad \frac{NC}{NW} = \frac{新风量}{总风量} \tag{6-30}$$

应使比值（新风量与总风量）≥10%，并再校核新风量是否满足人的卫生要求（$30 m^3/h$）以及是否大于补偿局部排风并保持室内规定正压所需的风量。C 点即是新风、回风的混合点，C 点表示的参数即为空气处理的初参数，连接曲线 CK 即为空气处理过程在图 6-4 上的表示（可参阅相关书籍）。

（4）确定送风量 G

$$G = Q / (I_n - I_k) \tag{6-31}$$

式中，I_n、I_k 分别为室内空气及空气处理终了的热焓。

4. 空调系统的选择

按空调设备的特点，空调系统有局部式、集中式和混合式三类。

（1）局部式空调系统（即空调机组）　主要优点是：土建工程量小，易调节，上马快，使用灵活。其缺点是一次性投资较高，噪声也较大，不适于较长风道。

（2）集中式空调系统　主要优点是：集中管理，维修方便，寿命长，初投资和运行费较省，能有效控制室内参数。

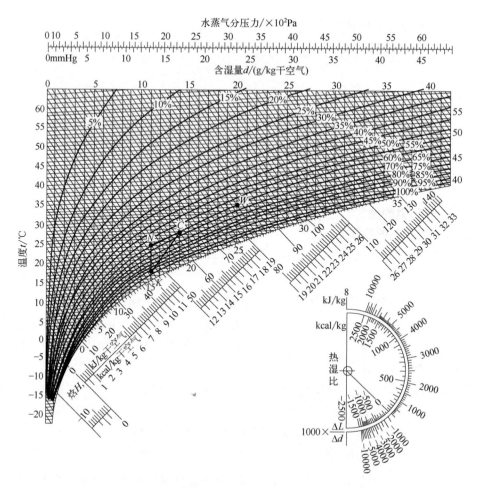

图6-4　湿空气的H-d图

（3）混合式空调系统　介于上述两者之间，既有集中，又有分散，如诱导器和风机盘管等。

集中式空调系统常用在空调面积超过 400～500m² 的场合，集中空调的空气处理过程常有空调向内的"冷却段"来完成。这种冷却段，可采用喷淋低温水，当要求较干燥的空气时，可采用表面式空气冷却器。这时为了节能，除采用一次回风外，还可采用二次回风。若需进一步提高送风的干燥状态，可再辅以电加热或蒸汽加热。空调房间内一般应维持正压，以保持车间卫生。

三、局部排风

食品生产的热加工工段，有大量的余热和水蒸气散发，造成车间温度升高，湿度增加，并引起建筑物的内表面滴水、发霉，严重影响劳动环境和卫生。为此，对这些工段需要采取局部排风措施，以改善车间条件。

小范围的局部排风一般采用排气风扇，但排气风扇的电动机是在湿热气流下工作，易出故障。故较大面积的工段或温度湿度较高的工段，常采用离心风扇排风。因离心机的电动机基本上在自然气流状态下工作，运转比较可靠。

　　有些设备如烘箱、烘房、排汽箱、预煮机等，可设专门的封闭排风管直接排出室外；有些设备开口面积大，如夹层锅、油炸锅等，不能接封闭的风管，可加设伞形排风罩，然后接风管排出室外。但对于易造成大气污染的油烟气或其他化学性有害气体，宜设立油烟过滤器等装置，进行处理后，再排入大气。

第七章

食品工厂卫生及安全生产

第一节　食品工厂设计卫生规范

食品生产环境的卫生程度接影响食品的卫生质量，良好的食品生产环境能很好地保证食品的卫生质量。反之，脏乱差的食品生产环境很难保证食品的卫生质量，因此食品生产过程不仅要求有良好的车间卫生条件，同时也要求具有良好卫生状况的生产厂区和良好的周围卫生环境。食品的生产环境包括土壤、大气和水。在食品加工厂里，主要是要控制食品生产过程的大气、水、人员、食品添加物、原料、工具、设备及包装材料的卫生质量。

一、生产环境对食品安全卫生的影响

生产环境的污染会直接影响食品的生产、加工、贮存和分配过程，从而影响食品的安全性，对人体健康造成危害。

1. 物理污染

（1）尘埃与颗粒物　生产环境中如果存在大量的尘埃、颗粒物或其他微小杂质，这些物质可能附着在食品表面或通过空气传播进入食品内部，造成污染。这些污染物可能来自设备磨损、运输过程中的灰尘以及外部环境等。

（2）设备磨损与碎片　食品生产设备在长期使用过程中可能会磨损，产生金属碎片或其他异物。如果这些碎片未能及时清理，就可能混入食品中，造成物理性污染。

2. 化学污染

（1）有害物质残留　生产环境中可能存在的化学物质，如清洁剂、消毒剂、农药残留等，如果未能得到有效控制和处理，就可能通过食品接触表面或空气传播进入食品中。这些化学物质可能对人体健康造成危害，如引起过敏反应、中毒等。

（2）包装材料污染　食品包装材料中的有害物质（如塑化剂、重金属等）如果迁移到食品中，也会造成化学污染。

3. 生物污染

（1）微生物污染　生产环境中的微生物是食品污染的主要来源之一。细菌、霉菌、病毒等微生物可能通过空气、水、设备、人员等途径进入食品生产区域。如果生产环境中的卫生条件不达标，如空气流通不畅、清洁消毒不彻底等，就会导致微生物大量繁殖并污染食品。

（2）害虫与动物入侵　食品工厂中如果缺乏有效的防虫防鼠措施，就可能导致害虫和动物（如老鼠、蟑螂等）入侵生产区域。这些害虫和动物不仅可能直接污染食品，还可能携带和传播致病微生物。

4. 环境污染

（1）水源污染　食品生产过程中需要大量的水资源。如果工厂所在地区的水源受到污染（如工业废水排放、农药化肥残留等），就可能导致食品在生产过程中受到污染。

（2）空气污染　工厂周边的空气污染也可能对食品生产造成影响。如空气中的尘埃、有害气体等可能通过通风系统或门窗进入生产区域，污染食品。

5. 操作不当与管理不善

（1）人员卫生问题　生产人员的个人卫生习惯不良或未能遵守卫生规范（如不戴手套、不洗手等），就可能将有害微生物带入食品生产区域。

（2）交叉污染　在生产过程中，如果未能有效隔离和处理不同种类的食品或原材料，就可能发生交叉污染。例如，将生熟食品放在同一个区域处理或使用同一套工具和设备进行加工。

为了降低生产环境对食品安全卫生的影响，食品工厂应采取以下措施：选址时应远离污染源；合理规划工厂布局和工艺流程；加强设备维护和管理；严格控制化学物质的使用和存放；选用安全的食品包装材料；加强微生物污染控制；实施有效的防虫防鼠措施；确保水源和空气的质量安全；提高员工的卫生意识和操作技能；建立完善的食品安全管理体系和监控机制。

二、食品工厂卫生规范

为了保证食品质量与安全卫生，便于食品质量的监督，人们广泛采用和推广各种食品药品生产过程管理标准，以加强食品安全卫生。我国把对产品的生产经营条件，包括原材料生产及运输、工厂厂址选址、工厂设计、厂房建筑、生产设备、生产工艺流程等一系列生产经营条件进行卫生学评价的标准体系，称为良好操作规范（good manufacturing practices，GMP），作为对新建、改建、扩建食品工厂进行卫生审查的标准依据。

随着食品商品的国际化和对食品安全的要求越来越高，开展食品安全的 GMP 管理、HACCP（hazard analysis and critical control point，危害分析与关键点控制）管理、卫生标准操作程序（sanitation standard operating procedure.，SSOP）管理、ISO 9000（ISO/TC176）质量体系管理、ISO14001 环境体系管理、OHSAS18000 职业健康管理、食品质量安全（QS）管理、食品生产许可证（SC）管理，以保证食品的安全性。我国于 2013 年组建了国家食品药品监督管理总局，以解决我国食品安全多头管理的弊端，修订了新的《食品安全国家标准 食品生产通用卫生规范》（GB14881—2013）并于 2014 年执行。国家于 2015 年 4 月 23 日颁布了《食品安全法》，国家市场监督管理总局 2020 年颁布了《食品生产许可管理办法》，2023 年颁布了《食品经营许可管理办法》，就是为了解决食品加工过程中的安全卫生问题，同时对食品工厂的卫生设计也提出了新的要求，所以在食品工厂设计和建设过程中，食品工厂、车间的环境卫生设计必须满足新标准要求。

三、食品工厂卫生要求

1. 厂址选择卫生要求

理想的食品生产厂址应符合以下条件。

（1）厂区不应选择在对食品有显著污染的区域。如某地对食品安全存在明显不利影响，且无法通过采取措施加以改善，应避免在该地址建厂。

（2）厂区不应选择在有害废弃物以及粉尘、有害气体、放射性物质和其他扩散性污染源不能有效清除的地址。要便于污水、废弃物的处理，附近最好有承受污水放流的地面水体。企业必须有自己有效的生活垃圾和生产加工废弃物的处理系统。

（3）厂区不宜选择在易发生洪涝灾害的地区，难以避开时应设计必要的防范措施。

（4）厂区周围不宜有虫害大量滋生的潜在场所，难以避开时应设计必要的防范措施。

（5）要有足够可利用的面积和适宜的地形，以满足工厂总体平面布局和今后发展扩建的需要，否则会降低生产效率，给工厂卫生工作带来障碍。

（6）厂区通风、日照良好，空气清新，地势高且干燥，具有一定坡度利于排水，土质坚硬适于建筑，地下水位较低，地下水位至少低于基础 0.5m。地下水位高，土壤潮湿易积水，蚊虫易滋生，墙壁易损坏，木材易腐朽，特别在基础与墙身之间未设隔潮层时，由于毛细管虹吸作用，水分会沿墙壁上升达 1～2m。如地下水位高，又无法排除其影响时，基础建设应用防水材料建筑，并在两侧挖沟，填以不渗水土层。

（7）厂区周围环境的土壤要清洁并适合于绿化，面积宽敞且留有余地，清洁、干燥、疏松的土壤在受到有机物污染时，可借细菌和空气中氧的作用，使其无机化和无害化，可缓冲污染。垃圾场、废渣场、粪场等曾被有机物污染的土壤利于苍蝇滋生繁殖和肠道传染病、寄生虫病的传播，对卫生极为不利。树林和有机物覆盖有调节土壤气温的能力，夏季植物遮挡阳光向土壤辐射，植物水分蒸发，降低土壤及其附近空气层温度；冬季树木和枯草可降低土壤导热性，使土壤及附近空气温度较低。绿化能改善微小气候，美化环境，使工作人员心情舒畅。绿化又能减少灰尘，减弱噪声，是防止污染的良好屏障。

（8）能源供应充足，并要有清洁的水源。凡用于食品生产，包括洗涤原料、容器、设备之水都必须符合饮用水水质标准。交通要便利，对一些保质期短、容易腐败的食品要能及时送货。但又必须与公路、街道有一定的间距，以免尘土飞扬造成污染。

（9）厂区内禁止饲养畜禽及宠物。

2. 厂区环境及内部总平面布置卫生要求

应考虑环境给食品生产带来的潜在污染风险，并采取适当的措施将风险降至最低水平。

（1）厂区主要道路应硬化（如混凝土或沥青路面等），路面平整、易冲洗，不积水。

（2）厂区应设有废弃物、垃圾暂存或处理设施，废弃物应及时清除或处理，避免对厂区环境造成污染。厂区内不应堆放废弃设备和其他杂物。

（3）废弃物存放和处理排放应符合国家环保要求。

（4）厂区内禁止饲养与屠宰加工无关的动物。

（5）厂区应有适当的排水系统。宿舍、食堂、职工娱乐设施等生活区应与生产区保持适当距离或分隔。

（6）食品厂、仓库应有单独的院落。厂内要进行绿化，特别是要求高度清洁的企业，如乳品、冷饮食品类生产企业，绿化面积最好能达到50%以上。绿地分布和绿化性质应达到隔离污染源的目的。例如在厂区周围，坑厕、垃圾场与车间之间应有较高的灌木，其他空地可适当种植草坪花草。车间与垃圾箱、牲畜圈、坑厕等污染源之间距离应在25m以上。锅炉房及污染源均应位于车间的下风向，厕所应有排臭、防蝇、防鼠措施并装置自动关闭式的向外开的纱门，可避免因开门而将躲避在门上的苍蝇带入厕所内。垃圾箱、厕所应用不渗水的材料建造，垃圾箱结构要紧闭，严防漏水、漏臭气。

（7）工厂内建筑物（如生产车间、办公室和生活设施等）应按类分开，不宜混在一起。仓库、冷藏库应单独设置。建筑物密度不能过大，要尽量避免四周连接的闭锁式建筑，以利于通风。

（8）必须配备以下辅助设施。

① 生产卫生用室，包括更衣室、洗衣房、浴室。

② 生活卫生用室，包括食堂、厕所、休息室。

③ 容器洗涤室，专用洗刷车辆、容器、工具等的洗涤室。

④ 工厂应备有蒸汽和热水供应设备。

3. 车间内部建筑卫生要求

（1）内部结构　建筑内部结构应易于维护、清洁或消毒。应采用适当的耐用材料建造。

（2）顶棚　顶棚应使用无毒、无味、与生产需求相适应、易于观察清洁状况的材料建造；若直接在屋顶内层喷涂涂料作为顶棚，应使用无毒、无味、防霉、不易脱落、易于清洁的涂料；顶棚应易于清洁、消毒，在结构上不利于冷凝水垂直滴下，防止虫害和霉菌滋生；蒸汽、水、电等配件管路应避免设置于暴露食品的上方；如确需设置，应有能防止灰尘散落及水滴掉落的装置或措施。

（3）墙壁　墙面、隔断应使用无毒、无味的防渗透材料建造。在操作高度范围内的墙面应光滑、不易积累污垢且易于清洁；若使用涂料，应无毒、无味、防霉、不易脱落、易于清洁，墙壁、隔断和地面交界处结构合理、易于清洁，能有效避免污垢积存。

（4）门窗　门窗应闭合严密；门的表面应平滑、防吸附、不渗透，并易于清洁、消毒；应使用不透水、坚固、不变形的材料制成，清洁作业区和准清洁作业区与其他区域之间的门应能及时关闭；窗户玻璃应使用不易碎材料，若使用普通玻璃，应采取必要的措施防止玻璃破碎后对原料、包装材料及食品造成污染；窗户如设置窗台，其结构应能避免灰尘积存且易于清洁；可开启的窗户应装有易于清洁的防虫害窗纱。

（5）地面　地面应使用无毒、无味、不渗透、耐腐蚀的材料建造。地面的结构应有利于排污和清洗的需要。地面应平坦防滑、无裂缝、易于清洁、消毒，并有适当的措施防止积水。

4. 设施卫生要求

（1）供水设施　应能保证水质、水压、水量及其他要求符合生产需要；食品加工用水的水质应符合 GB 5749—2022 的规定，对加工用水水质有特殊要求的食品应符合相应规定。间接冷却水、锅炉用水等食品生产用水的水质应符合生产需要；食品加工用水与其他不与食品接触的用水（如间接冷却水、污水或废水等）应以完全分离的管路输送，避免交叉污染。各管路系统应明确标识以便区分；自备水源及供水设施应符合有关规定。供水设施中使用的涉及饮用水卫生安全产品还应符合国家相关规定。

（2）排水设施　排水系统的设计和建造应保证排水畅通，便于清洁维护；应适应食品生产的需要，保证食品及生产、清洁用水不受污染。排水系统入口应安装带水封的地漏等装置，以防止固体废弃物进入及浊气逸出。排水系统出口应有适当措施以降低虫害风险。室内排水的流向应由清洁程度要求高的区域流向清洁程度要求低的区域，且应有防止逆流的设计。污水在排放前应经适当方式处理，以符合国家污水排放的相关规定。

（3）清洁消毒设施　应配备足够的食品、工器具和设备的专用清洁设施，必要时应配备适宜的消毒设施。应采取措施避免清洁、消毒工器具带来的交叉污染。

（4）废弃物存放设施　应配备设计合理、防止渗漏、易于清洁的存放废弃物的专用设施；车间内存放废弃物的设施和容器应标识清晰，必要时应在适当地点设置废弃物临时存放设施，并依废弃物特性分类存放。

（5）个人卫生设施　生产场所或生产车间入口处应设置更衣室；必要时特定的作业区入口处可按需要设置更衣室。更衣室应保证工作服与个人服装及其他物品分开放置。生产车间入口及车间内必要处，应按需要设置换鞋（穿戴鞋套）设施或工作鞋靴消毒设施，如设置工作鞋靴消毒设施，其规格尺寸应能满足消毒需要。应根据需要设置卫生间，卫生间的结构、设施与内部材质应易于保持清洁；卫生间内的适当位置应设置洗手设施。卫生间不得与食品生产、包装或贮存等区域直接连通。应在清洁作业区入口设置洗手、干手和消毒设施；如有需要，应在作业区内适当位置加设洗手和（或）消毒设施；与消毒设施配套的水龙头，其开关应为非手动式。洗手设施的水龙头数量应与同班次食品加工人员数量相匹配，必要时应设置冷热水混合器。洗手池应采用光滑、不透水、易清洁的材质制成，其设计及构造应易于清洁消毒。应在邻近洗手设施的显著位置标示简明易懂的洗手方法。根据对食品加工人员清洁程度的要求，必要时可设置风淋室、淋浴室等设施。

（6）通风设施　应具有适宜的自然通风或人工通风措施；必要时应通过自然通风或机械设施有效控制生产环境的温度和湿度。通风设施应避免空气从清洁度要求低的作业区域流向清洁度要求高的作业区域。应合理设置进气口位置，进气口与排气口和户外垃圾存放装置等污染源应保持适宜的距离和角度。进、排气口应装有防止虫害侵入的网罩等设施。通风排气设施应易于清洁、维修或更换，若生产过程需要对空气进行过滤净化处理，应加装空气过滤装置并定期清洁。根据生产需要，必要时应安装除尘设施。

（7）照明设施　厂房内应有充足的自然采光或人工照明，光泽和亮度应能满足生产和操作需要；光源应使食品呈现真实的颜色。如需在暴露食品和原料的正上方安装照明设施，应使用安全型照明设施或采取防护措施。

（8）仓储设施　应具有与所生产产品的数量、贮存要求相适应的仓储设施。仓库应以无毒、坚固的材料建成；仓库地面应平整，便于通风换气。仓库的设计应能易于维护和清洁，防止虫害藏匿，并应有防止虫害侵入的装置。原料、半成品、成品、包装材料等应依据性质的不同分设贮存场所或分区域码放，并有明确标识，防止交叉污染。必要时仓库应设有温、湿度控制设施。贮存物品应与墙壁、地面保持适当距离，以利于空气流通及物品搬运。清洁剂、消毒剂、杀虫剂、润滑剂、燃料等物质分别安全包装，明确标识，并应与原料、半成品、成品、包装材料等分隔放置。

（9）温控设施　应根据食品生产的特点，配备适宜的加热、冷却、冷冻等设施，以及用于监测温度的设施。根据生产需要，可设置控制室温的设施。

5. 设备卫生要求

应配备与生产能力相适应的生产设备，并按工艺流程有序排列，避免引起交叉污染。与原料、半成品、成品接触的设备与用具，应使用无毒、无味、抗腐蚀、不易脱落的材料制作，并应易于清洁和保养，设备、工器具等与食品接触的表面应使用光滑、无吸收性、易于清洁保养和消毒的材料制成，在正常生产条件下不会与食品、清洁剂和消毒剂发生反应，并应保持完好无损，所有生产设备应从设计和结构上避免零件、金属碎屑、润滑油或其他污染因素混入食品，并应易于清洁消毒、易于检查和维护。设备应不留空隙地固定在墙壁或地板上，或在安装时与地面和墙壁间保留足够空间，以便清洁和维护。

监控设备：用于监测、控制、记录的设备，如压力表、温度计、记录仪等，应定期校准、维护。

设备的保养和维修：应建立设备保养和维修制度，加强设备的日常维护和保养，定期检修，及时记录。

6. 卫生管理要求

（1）卫生管理制度

① 应制定食品加工人员和食品生产卫生管理制度以及相应的考核标准，明确岗位职责，实行岗位责任制。

② 应根据食品的特点以及生产、贮存过程的卫生要求，建立对保证食品安全具有显著意义的关键控制环节的监控制度，良好实施并定期检查，发现问题及时纠正。

③ 应制定针对生产环境、食品加工人员、设备及设施等的卫生监控制度，确立内部监控的范围、对象和频率。记录并存档监控结果，定期对执行情况和效果进行检查，发现问题及时整改。

④ 应建立清洁消毒制度和清洁消毒用具管理制度。清洁消毒前后的设备和工器具应分开放置，妥善保管，避免交叉污染。

（2）厂房及设施的卫生管理

① 厂房内各项设施应保持清洁，出现问题及时维修或更新；厂房地面、屋顶、天花板及墙壁有破损时，应及时修补。

② 生产、包装、贮存等设备及工器具、生产用管道、裸露食品接触表面等应定期清洁消毒。

（3）食品加工人员健康与卫生管理

① 食品加工人员健康管理　应建立并执行食品加工人员健康管理制度；食品加工人员每年应进行健康检查，取得健康证明；上岗前应接受卫生培训；食品加工人员如患有痢疾、伤寒、肝炎等消化道传染病，以及患有活动性肺结核、化脓性或者渗出性皮肤病等有碍食品安全的疾病，或有明显皮肤损伤未愈合的，应当调整到其他不影响食品安全的工作岗位。

② 食品加工人员卫生要求　进入食品生产场所前应整理个人卫生，防止污染食

品，进入作业区域应规范穿着洁净的工作服，并按要求洗手、消毒；头发应藏于工作帽内或使用发网约束；进入作业区域不应佩戴饰物、手表，不应化妆、染指甲、喷洒香水；不得携带或存放与食品生产无关的个人用品；使用卫生间、接触可能污染食品的物品或从事与食品生产无关的其他活动后，再次从事接触食品、食品工器具、食品设备等与食品生产相关的活动前应洗手消毒。

③ 来访者　非食品加工人员不得进入食品生产场所，特殊情况下进入时应遵守和食品加工人员同样的卫生要求。

（4）虫鼠害控制

① 应保持建筑物完好、环境整洁，防止虫害侵入及滋生。

② 应制定和执行虫害控制措施，并定期检查。生产车间及仓库应采取有效措施（如纱帘、纱网、防鼠板、防蝇灯、风幕等），防止鼠类昆虫等侵入。若发现有虫鼠害痕迹时，应追查来源，消除隐患。

③ 应准确绘制虫害控制平面图，标明捕鼠器、粘鼠板、灭蝇灯、室外诱饵投放点、生化信息素捕杀装置等放置的位置。

④ 厂区应定期进行除虫灭害工作。

⑤ 采用物理、化学或生物制剂进行处理时，不应影响食品安全和食品应有的品质，不应污染食品接触表面、设备、工器具及包装材料，除虫灭害工作应有相应的记录。

⑥ 使用各类杀虫剂或其他药剂前，应做好预防措施，避免对人身、食品、设备工具造成污染；不慎污染时，应及时将被污染的设备、工具彻底清洁，消除污染。

（5）废弃物处理与卫生管理

① 应制定废弃物存放和清除制度，有特殊要求的废弃物其处理方式应符合有关规定。废弃物应定期清除；易腐败的废弃物应尽快清除。

② 车间外废弃物放置场所应与食品加工场所隔离，防止污染；应防止不良气味或有害有毒气体溢出；应防止虫害滋生。

（6）食品原料、食品添加剂和食品相关产品的卫生管理

应建立食品原料、食品添加剂和食品相关产品的采购、验收、运输和贮存管理制度，确保所使用的食品原料、食品添加剂和食品相关产品符合国家有关要求。不得将任危害人体健康和生命安全的物质添加到食品中。

① 食品原料的管理

a. 采购的食品原料应当查验供货者的许可证和产品合格证明文件；对无法提供合格证明文件的食品原料，应当依照食品安全标准进行检验。

b. 食品原料必须经过验收合格后方可使用。经验收不合格的食品原料应在指定区域与合格品分开放置并明显标记，并应及时进行退、换货等处理。

c. 加工前宜进行感官检验，必要时应进行实验室检验；检验发现涉及食品安全项目指标异常的，不得使用；只应使用确定适用的食品原料。

d. 食品原料运输及贮存中应避免日光直射，备有防雨防尘设施；根据食品原料的特点和卫生需要，必要时还应具备保温、冷藏、保鲜等设施。

e. 食品原料运输工具和容器应保持清洁、维护良好，必要时应进行消毒。食品原料不得与有毒、有害物品同时装运，避免污染食品原料。

f. 食品原料仓库应设专人管理，建立管理制度，定期检查质量和卫生情况，及时清理变质或超过保质期的食品原料。仓库出货顺序应遵循先进先出的原则，必要时应根据不同食品原料的特性确定出货顺序。

② 食品添加剂管理

a. 采购食品添加剂应当查验供货者的许可证和产品合格证明文件，食品添加剂必须经过验收合格后方可使用。

b. 运输食品添加剂的工具和容器应保持清洁、维护良好，并能提供必要的保护，避免污染食品添加剂。

c. 食品添加剂的贮藏应有专人管理，定期检查质量和卫生情况，及时清理变质或超过保质期的食品添加剂。仓库出货顺序应遵循先进先出的原则，必要时应根据不同食品添加剂的特性确定出货顺序。

③ 食品相关产品管理

a. 采购食品包装材料、容器、洗涤剂、消毒剂等食品相关产品应当查验产品的合格证明文件，实行许可管理的食品相关产品还应查验供货者的许可证。食品包装材料等食品相关产品必须经过验收合格后方可使用。

b. 运输食品相关产品的工具和容器应保持清洁、维护良好，并能提供必要的保护，避免污染食品原料和交叉污染。

c. 食品相关产品的贮藏应有专人管理，定期检查质量和卫生情况，及时清理变质或超过保质期的食品相关产品。仓库出货顺序应遵循先进先出的原则。

第二节　食品工厂常用卫生消毒方法

食品工厂的生产原料、设备、设施、工具、环境的卫生清洗消毒工作是确定食品安全卫生质量的关键。食品工厂各生产车间的桌、台、架、工具、设备、设施及生产环境在生产过程中应保持干净清洁卫生，需要经常定期进行卫生清理和消毒处理，生产过程要严格执行食品企业的卫生制度和消毒制度，做好每天、每班的卫生清洗和消毒工作，确保生产过程的卫生安全，减少和防止微生物的滋生。

一、食品工厂清洗方法与设施

1. 食品工厂设备中的污物类型、成分及清洗方法

食品中一般都含有丰富的蛋白质、脂肪、糖、矿物质、维生素等物质，在加工过程中会在加工设备的表面形成不同的污物，这些污物的长时间滞留会成为微生物

繁殖的温床，污染食品。食品机械表面沉积的污垢来自两个方面：一方面是由于过滤不净存在于流体中的有害粒子或在磨损作用下产生的微粒，当这些粒子进入流体食品后，在系统停止运行期间（夜间或休息日），悬浮的粒子将在重力作用下沉淀下来，在食品机械表面淤积成垢；另一方面的污垢来自被加工食品中的蛋白质、脂肪和淀粉等原料，在食品机械表面附着和沉积而形成污垢。如果这些污垢没有被及时地清洗掉，在系统重新开始运行时，一部分沉积的污垢受到液流的扰动而被重新带入流体，而那些没有被带走的污垢将在重复的沉淀中逐步积聚，当已经形成很厚的污垢被流体的振荡直接带入敏感部件时，还会造成机械磨损等其他问题。由此可见，污垢对食品加工的卫生条件及工作状况会产生不良影响，这些污垢必须及时清洗。

因此在食品工厂中，为了保证食品的安全性，工厂对食品生产设备及设施都要进行定期严格的清洗和消毒。由于不同食品生产企业所用原料和生产食品的不同，所产生的污物成分也不相同，因此不同的食品工厂对生产设备的清洗方法也各不相同，下面我们就来讨论一下食品工厂中的污物类型及主要成分和清洗方法。

（1）糖类焦结物　糖类在受热后会发生焦糖化反应，形成多聚物，这类多聚物主要成分为焦糖成分，较易溶于水。如浓缩果汁厂管道的清洗，主要污物是糖分和焦糖成分，用热水、酸水、碱水均可将其溶解清洗干净。

（2）蛋白质、脂肪、矿物质复合焦结物　蛋白质、脂肪、矿物质经加热后会形成复合焦结物，如牛奶、各种植物蛋白乳等加热后易形成这类复合焦结物。这类焦结物的主要成分是蛋白质、脂肪、矿物质。矿物质中主要是钙和磷，其次是镁和钠。这类焦结物相对较难清洗，需要采用加酶和表面活性剂的清洗液、强酸、强碱化学清洗液将其清洗。一般采用温和的加酶和表面活性剂的清洗液清洗后，再采用热的强酸、强碱溶液进行清洗。

（3）矿物沉积物　矿物沉积物主要是水中的钙、镁离子及二氧化碳、磷酸根形成的碳酸盐、磷酸盐所形成的难溶于水的沉淀物，这类沉积物采用清水、热水无法清洗，只能根据沉积成分的情况采用热的强酸进行清洗。

（4）油脂污垢　油脂在热加工过程中会裂解，不饱和键发生交联形成油脂污物，这类污物也很难清洗。但这类污物一般会在热碱性溶液中进行水解形成水溶物，从而加以清除。因此对于油脂污物一般可以采用表面活性剂、洗洁剂、热碱液加以清洗。

（5）其他焦结物　食品中的一些有机酸、植酸、多酚、胶质会相互作用形成焦结物，这些焦结物成分相对较难清洗，需要采用较强烈的酸、碱溶液进行清洗，个别易溶于有机溶剂的成分需要采用有机溶剂来加以清洗。

2. 食品工厂设备清洗方法

分为物理清洗法和化学清洗法，对于不同的污物类型，选取不同的清洗方法。食品工厂常用的物理清洗方法有人工清洗法、超声波清洗法、微波清洗法。采用的化学清洗法有酸溶液、碱溶液、有机溶剂、清洗剂等化学洗涤剂进行清洗。

从现代清洗工艺的发展来看,为满足在低磷或无磷及低温清洗条件的特殊要求,人们在清洗剂或清洗液中常加入一些生物活性酶。由于其无毒,并能完全被生物降解,对环境又无污染,在食品机械的清洗过程中被广泛采用。

食品工厂常用的清洗剂,碱性清洗剂中氢氧化钠、碳酸钠的乳化性、湿润性、分散性、悬浮性均较差,它们洗去蛋白质、脂肪的能力低,溶解无机盐能力也相当差,但价格低。食品工厂普遍用碱液清洗后,再用酸液清洗。硅酸钠的乳化性、皂化性、分散性的性能较好,洗去蛋白质、脂肪的能力也较好,且具有溶解矿物质的能力,国外乳品工厂使用较多,它一般与磷酸三钠、三聚磷酸钠混合使用。磷酸三钠、三聚磷酸钠与其他碱液相比,各项性能都较好,特别对清洗蛋白质、脂肪、无机盐的清洗能力较强,国外使用较广。如生产奶油后,用磷酸盐清洗,同时还具有杀菌作用,但成本高。

3. 食品工厂的 CIP 清洗系统

CIP(clean in place)也叫就地清洗系统,被广泛地用于饮料、乳品、果汁、酒类等机械化程度较高的食品生产企业中,是一种免拆清洗设备,采用高温、高浓度洗净液,对加工设备装置内表面加以强力作用,将与食品接触的设备表面清洗干净的一种设施。具有清洗效率高,安全性好,节约时间,劳动强度低,节水节能,减少洗涤剂用量,生产设备可实现大型化,延长生产设备使用寿命,清洗自动化程度高的特点。CIP 系统由清洗贮罐、清洗管路、送液回液泵、清洗喷头和各种控制阀门构成。清洗液贮罐有酸罐、碱罐、热水罐、清水罐 4 个。前 3 个罐均装有 0~100℃温度传感器和蒸汽加热装置,酸罐和碱罐还有清洗液补给装置,见图 7-1。当 CIP 清洗站工作时,按照预先设定的程序用送液泵把清洗液泵入要清洗的管道和设备,再用回液泵把清洗后的洗液送回到清洗液贮罐。在清洗过程中,清洗液的浓度被稀释,可通过补给装置添加相应的高浓度介质,调节清洗液的浓度。清洗管路分为送液管路和回液管路,它们连接 CIP 清洗站和待清洗设备,组成清洗回路。清洗液经过对设备的清洗后,清洗液中含有污垢等杂质,经清洗液过滤装置对其进行过滤,过滤装置通常安装在接近清洗液贮罐的回液管路上。酸罐、碱罐、热水罐的进出口均采用两位三通气动阀门,蒸汽加热阀和贮液罐的进水阀均采用气动"O"形切断阀。送液、回液泵一般采用离心泵,其吨位由具体情况而定。清洗喷头主要有 T 形喷头、环形喷头、漏斗状喷头、球面状喷头和自转式清洗喷头等类型。喷头安装在被清洗的容器内,在清洗阶段,清洗液按工艺要求从喷头的喷孔喷出,对容器进行冲洗。喷孔在喷管上呈螺旋形均匀排列,并要求喷液具有一定的冲力,这样,当 CIP 工作站工作时,可保证从喷孔喷出的液体冲射到容器内的各个角落,提高清洗效果。

根据清洗设备和管道中是否包括加热设备,CIP 的清洗程序有所不同。

(1)对于带有热表面的巴氏杀菌器和其他设备管道的清洗过程必须有一个较长时间的酸洗循环阶段,以除去设备及管道热表面蛋白质的沉积焦结物。其 CIP 清洗程序是:用清水预冲洗设备及管道约 5min;用 75℃的碱液(一般用 NaOH 溶液)

循环 15min；用清水冲洗约 5min；用 70℃酸溶液（通常用硝酸溶液）循环 15min；用 90℃热水冲洗约 15min。

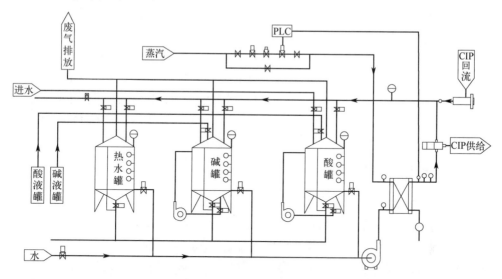

图7-1　典型的CIP系统构造

（2）对于不带热表面的管道、罐和其他加工设备的 CIP 清洗程序是：用清水预冲洗约 5min；用 75℃碱液循环约 10min；用 90℃热水冲洗约 10min。

4. 影响 CIP 清洗效率的因素

（1）清洗剂　用碱性清洗剂、酸性清洗剂和表面活性剂等来清除设备表面的沉积物。选用何种清洗剂应根据沉积物的组成成分和清洗剂的性质来决定清洗剂。

（2）清洗接触时间　清洗液和设备、管道的接触时间长，清洗效果好，但随接触时间的延长，清洗效果趋于平衡，且其消耗的能耗和人工都要增加，相应地增加了成本。最佳时间的长短要根据沉积物的厚度以及清洗液温度来确定。如凝结有蛋白质的热交换器板要用碱液清洗，还需用酸液循环约 20min；而奶罐壁上的牛奶薄膜用碱液清洗 10min 就可达到要求。

（3）清洗液温度　清洗液温度高，能提高水对沉积物的溶解度，使物体表面沉积焦结物分离，还能减少清洗液的黏度，提高雷诺数（Re），清洗效果好；但温度太高，对管道、设备有损坏作用，也会造成沉积物中的蛋白质变性，致使污物与设备间的结合力提高；其最佳温度为 70℃左右。

（4）清洗液浓度　开始时随浓度增大，清洗效果也相应增强，当清洗液的浓度超过其临界浓度时，随清洗液浓度增大，清洗效果反而下降，其临界浓度为 1%～2%。

（5）清洗液流速　清洗液的流速大，清洗效果好，但流速过大，清洗液用量就多，成本增加，因此最佳流速取决于清洗液从层流变为湍流的临界速度，其中雷诺数（Re）是一个重要指数。根据大量研究得知，临界速度时 $Re=2320$，一般情况下：层流 $Re<2000$，湍流 $Re>4000$。按此值考虑其最佳流速为 $1\sim3m/s$。

（6）清洗液压力　清洗液的压力越大，其冲击力就越大，清洗作用就越强。常用的喷射清洗，通过喷嘴把加压的清洗液喷射出去，在冲击力和化学作用的综合作用下，利用冲击和化学腐蚀将被清洗表面清洗干净。一般喷射压力可分为高压（1.0MPa 以上）、中压（0.5~1.0MPa）、低压（0.5MPa 以下）。CIP 装置清洗工作压力是 0.15~0.3MPa，属于低压范围。在低压喷射清洗中，化学清洗起主要作用，喷射清洗为辅助作用；在高压喷射清洗中，化学清洗起辅助作用，喷射清洗为主要作用。因此，高压常用水来清洗，低压常用化学清洗液来进行清洗。

二、食品工厂消毒方法

1. 物理消毒法

物理消毒法是较常用、简便且经济的方法。常见的物理消毒法如下。

（1）煮沸法　利用沸水的高温作用杀灭病原体，是一种较为简单易行、经济有效的消毒方法。适用于小型的食品容器、用具、食具、奶瓶等。将被消毒的物品置于锅内，加水加热煮沸，水温达到100℃，持续 5min 即可达到消毒目的。

（2）蒸汽法　通过高热水蒸气的高温使病原体丧失活性。此法是一种应用较广、效果确实可靠的消毒方法。适用于大中型食品容器、散装啤酒桶、各种槽车、食品加工管道、墙壁、地面等，蒸汽温度100℃，持续 5min 即可。

（3）流通蒸汽法　利用蒸笼或流通蒸汽灭菌器进行灭菌。适用于饭店、食堂的餐具消毒。蒸汽温度 90℃持续 15~20min 即可。

（4）烘烤消毒法　适用于餐具消毒。目前一些企业的大食堂使用此法。例如远红外线餐具消毒柜，靠柜内高温烘烤杀菌，达到消毒目的。

（5）辐射法　利用 γ 射线、X 射线等照射后，使病原体的核酸、酶、激素等钝化，导致细胞生活机能受到破坏、变异乃至死亡。常用的有电子辐射和钴 60 照射。尽管一些实验证明摄入辐照后的食品对人体无害，但目前仍无证据证明长期服用高剂量照射食品对健康无害。WTO 认为 10kGy 以下的剂量是安全的，但培养基灭菌试验证明 20kGy 还不能达到完全灭菌要求。因此具有灭菌作用的安全辐射剂量用于食品可能导致安全性问题。

（6）紫外线法　主要用于空气、水及水溶液、物体表面杀菌，由于紫外线的穿透力很弱，即使是很薄的玻璃也不能透过，只能作用于直接照射的物体表面，对物体背后和内部均无杀菌效果；对芽孢和孢子作用不大。此外，如果直接照射含脂肪丰富的食品，会使脂肪氧化产生醛或酮，形成安全隐患，因此在应用时要加以注意。

（7）臭氧法　臭氧杀菌是近几年发展较快的一种杀菌技术，常用于空气杀菌、水处理等。但是臭氧有较浓的臭味，对人体有害，故对空气杀菌时需要在生产停止时进行，对连续生产的场所不适用。

2. 化学消毒法

化学消毒法使用各种化学药品、制剂进行消毒。各种化学物质对微生物的影响是不相同的，有的可促进微生物的生长繁殖，有的可阻碍微生物的新陈代谢的某些环节而呈现抑菌作用，有的使菌体蛋白质变性或凝固而呈现杀菌作用。即使是同一种化学物质，由于浓度、作用时的环境、作用时间长短及作用对象等的不同，或呈现抑菌作用，或呈现杀菌作用。化学消毒法就是采用化学消毒剂对微生物的毒性作用原理，对消毒物品用消毒剂进行清洗或浸泡、喷洒、熏蒸，以达到杀灭病原体的目的。

（1）漂白粉　配制方法：称取含有效氯 25% 的漂白粉 1kg，倒入木器或搪瓷、陶瓷容器中，再称取 9kg 水，先用少量水粉碎团块，经搅拌后，再将剩余的水倒入容器中，混合后盖严，于阴暗处放置 24h，使其成为 10% 的漂白粉乳剂。取澄清液 200～500mL，加水稀释至 10L 即成消毒用 0.2%～0.5% 漂白粉溶液。适用于无油垢的工器具、机器，如操作台、夹层锅、墙壁、地面、冷却池、运输车辆、胶鞋的清洗消毒。将欲消毒物品充分清洗后，用 0.1% 的漂白粉溶液冲洗一遍，然后用清水洗干净，待其自然干燥后即可使用。

（2）烧碱溶液　配制方法：以 NaOH 0.5kg（或 1kg）溶于 49.5kg（或 49kg）水中，即成 1%（或 2%）烧碱溶液。适用于有油垢或浓糖玷污的工具、器具、机械、墙壁、地面、冷却池、运输车辆、食品原料库等的消毒清洗。

（3）石灰乳　配制方法：每 100kg 水加生石灰乳（CaO）20kg，先置石灰于容器（大罐或木槽）内，以少量冷水使石灰崩解后，再加入少量水调至浓糊状，最后加入剩余的水调成浆状，即成 20% 石灰乳剂，适用于干燥的空旷地面消毒。

（4）消石灰粉　配制方法：每 100kg 生石灰加水 35kg 即成粉状消石灰[$Ca(OH)_2$]，适用于潮湿的空旷地面。

（5）高锰酸钾溶液　配制方法：每 100kg 水加入高锰酸钾 0.1kg（或 0.2kg）即成 0.1%（或 0.2%）的高锰酸钾水溶液，适用于水果和蔬菜的消毒。

（6）酒精溶液　配制方法：将酒精（无水、90%、95% 均可）稀释至 70%～75%，吸入棉球。适用于手指、皮肤及小工具的消毒。

（7）过氧乙酸　制作方法：将 H_2O_2 50mL、H_2SO_4 0.5mL 和 CH_3COOH 10mL 混合后，即成为 14% 过氧乙酸消毒液。使用时根据所需浓度现用现配。

应用：过氧乙酸是一种高效、速效、广谱、原料易得、生产方便的消毒药物，对细菌繁殖体、芽孢、真菌、病毒均有高度的杀灭效果，是一种具有发展前途的新药。尤其是在低温下仍有较好的杀菌效果。主要应用于以下几个方面。

① 体温计的消毒　用纱布将体温计擦拭干净，然后全部浸入 0.5% 过氧乙酸溶液内消毒 30min，再用清水洗净备用。消毒液需每天调换 1 次。

② 手的消毒　将双手放入 0.5% 过氧乙酸溶液中，浸洗 2min，然后用肥皂流动

水冲洗。消毒液每天调换 1 次。

③ 地面、墙壁、家具等的消毒　用 0.5%过氧乙酸溶液进行喷雾或洗涤消毒。必须使物体表面喷洒透彻均匀。

④ 各种棉布、人造纤维等纺织品的消毒　用 0.2% 过氧乙酸溶液浸泡 2h。消毒液每周调换 2～3 次。

⑤ 各种塑料、玻璃制品的消毒　用 0.2%过氧乙酸溶液浸泡 2h。每周调换 2～3 次或添加消毒液继续使用。

⑥ 食具消毒　未清洗的食具用 0.5%过氧乙酸溶液浸泡 2h，已清洗过的食具用 0.2%过氧乙酸溶液浸泡 2h。

过氧乙酸使用注意事项：在配制前首先要搞清楚过氧乙酸的浓度，配制时依据此浓度计算所需要的浓度，现用现配，以免失效；成品原液具有腐蚀性，勿触及皮肤、衣物、金属以免损坏皮肤和损坏物品，不慎接触后可立即用清水或 2%苏打水溶液冲洗，成品切勿与其他药品、有机物等混合，否则易发生分解，甚至爆炸。因此，包装或分装成品的容器一定要清洗干净。预先用 2%的过氧乙酸洗涤几次，然后再分装，最后盛装在塑料容器内储放在阴凉通风的地方；成品应由专人负责，以免发生意外事故。如成品放置过久，应测定其浓度方可继续使用。

第三节　食品工厂 GMP 与 HACCP 管理

一、食品工厂 GMP 管理

GMP 称为良好生产规范，是为保障食品药品质量安全而制定的贯穿食品药品生产全过程的技术措施，也是一种食品药品质量保证体系。该规范以企业为核心，从建厂设计到产品开发、产品加工、产品销售、产品回收等，以质量和卫生为主线，全面细致地确定各种管理方案。

1. GMP 的基本原则

GMP 制度是对生产企业及管理人员的行为实行有效控制和制约的措施，其基本原则如下。

（1）食品生产企业必须有足够的资历、合格的技术人员承担食品生产和质量管理，并清楚地了解自己的职责。

（2）操作者应进行培训，以便正确地按照规程操作。

（3）按照规范化工艺规程进行生产。

（4）确保生产厂房、环境、生产设备符合卫生要求，并保持良好的生产状态。

（5）符合规定的物料、包装容器和标签。

（6）具备合适的储存、运输等设备条件。

（7）全生产过程严密并有有效的质检和管理。

（8）合格的质量检验人员、设备和实验室。

（9）应对生产加工的关键步骤和加工发生的重要变化进行验证。

（10）生产中使用手工或记录仪进行生产记录，以证明所有生产步骤是按确定的规程和指令要求进行的，产品达到预期的数量和质量要求，出现的任何偏差都应记录并做好检查。

保存生产记录及销售记录，以便根据这些记录追溯各批产品的全部历史。

将产品储存和销售中影响质量的危险性降至最低限度。

建立由销售和供应渠道收回任何一批产品的有效系统。

了解市售产品的用户意见，调查出现质量问题的原因，提出处理意见。

食品种类多，生产过程复杂，不同种类产品的生产技术又有差异，所以企业应执行各自食品的良好生产规范，或参照执行相近食品的良好生产规范，在实施过程中还应根据实际情况，进一步细化、具体化、数量化，使之更具有可操作性和可考核性。

2. GMP 主要内容

① 原辅料采购、运输及贮藏过程中的要求。

② 工厂设计与设施的卫生要求。

③ 工厂卫生管理。

④ 生产过程卫生要求。

⑤ 卫生和质量检验管理。

⑥ 成品贮存、运输卫生要求。

⑦ 个人卫生与健康要求。

其内容可以概括为硬件和软件，所谓 GMP 的硬件是指人员、厂房与设施、设备等方面的规定；软件是指组织、规程、操作、卫生、记录、标准等管理规定。

3. GMP 车间设计规范

GMP 车间是指符合 GMP 质量安全管理体系要求的车间。根据我国 GB 50457—2019《医药工业洁净厂房设计标准》中规定，洁净室和洁净区应以微粒和微生物为主要控制对象，同时对其环境温度、湿度、新鲜空气量、压差、照度、噪声等参数做出了规定。环境空气中不应有不愉快气味以及有碍产品质量和人体健康的气体。生产工艺对温度和湿度无特殊要求时，以穿着洁净工作服不产生不舒服感为宜。空气洁净度 100 级、10000 级区域一般控制温度为 20～24℃，相对湿度为 45%～60%。100000 级区域一般控制温度为 18～28℃，相对湿度为 50%～65%。

4. GMP 管理方法

（1）人员管理 非食品加工人员不得进入食品生产场所，特殊情况下进入时应遵守和食品加工人员同样的卫生要求。

① 在洁净区工作的人员（包括清洁工和设备维修工）应当定期培训，使无菌产品的操作符合要求。

② 未受培训的外部人员（如外部施工人员或维修人员）在生产期间需进入洁净区时，应当对他们进行特别详细的指导和监督。

③ 传染病患者、皮肤病患者、药物过敏者、体表有伤者不能从事直接接触产品的操作。

④ 进入洁净区的人员不得化妆和佩戴饰物（也不得带手机）。

⑤ 生产过程中随时保持现场的卫生工作，不得出现脏、乱、差的场面。

⑥ 洁净区及检验区禁止吸烟和饮食，禁止存放食品、饮料、香烟和个人用品等非生产用物品。

⑦ 要养成良好的卫生习惯，做到勤洗澡、勤洗手、勤刮胡子、勤剪指甲、勤换衣。应当按照操作规程更衣和洗手，尽可能减少对洁净区的污染或将污染物带入洁净区。

⑧ 当无菌生产正在进行时，应当特别注意减少洁净区内的各种活动。应当减少人员走动，避免剧烈活动散发过多的微粒和微生物。任何进入生产区的人员均应当按照规定更衣。每位员工每次进入洁净区，应当更换无菌工作服，或每班至少更换一次。

（2）人员培训

① 应建立食品生产相关岗位的培训制度，对食品加工人员以及相关岗位的从业人员进行相应的食品安全知识培训。

② 应通过培训促进各岗位从业人员遵守食品安全相关法律法规标准和执行各项食品安全管理制度的意识和责任，提高相应的知识水平。

③ 应根据食品生产不同岗位的实际需求，制定和实施食品安全年度培训计划并进行考核，做好培训记录。

④ 当食品安全相关的法律法规标准更新时，应及时开展培训。

⑤ 应定期审核和修订培训计划，评估培训效果，并进行常规检查，以确保培训计划的有效实施。

人员管理制度：应配备食品安全专业技术人员、管理人员，并建立保障食品安全的管理制度。食品安全管理制度应与生产规模、工艺技术水平和食品的种类特性相适应，应根据生产实际和实施经验不断完善食品安全管理制度。管理人员应了解食品安全的基本原则和操作规范，能够判断潜在的危险，采取适当的预防和纠正措施，确保有效管理。

（3）设备管理

① 在洁净区内进行设备维修时，如洁净度或无菌状态遭到破坏，应当对该区域进行必要的清洁、消毒或灭菌，待监测合格方可重新开始生产操作。

② 生产设备应当在确认的参数范围内使用。

③ 用于生产或检验的设备和仪器，应当有使用日志，记录内容包括使用、清洁、维护和维修情况以及日期、时间、所生产及检验的产品名称和批号等。

④ 除了对设备保养外，更重要的目的是防止交叉污染。因此，每次使用完或使用前都要对设备进行清洁和消毒，确保符合质量标准。

（4）生产设备的管理要求

① 应配备与生产能力相适应的生产设备，并按工艺流程有序排列，避免引起交叉污染。

② 材质要求与原料、半成品、成品接触的设备与用具，应使用无毒、无味、抗腐蚀、不易脱落的材料制作，并应易于清洁和保养；设备、工器具等与食品接触的表面应使用光滑、无吸收性、易于清洁保养和消毒的材料制成，在正常生产条件下不会与食品、清洁剂和消毒剂发生反应，并应保持完好无损。

③ 所有生产设备应从设计和结构上避免零件、金属碎屑、润滑油或其他污染因素混入食品，并应易于清洁消毒、检查和维护；设备应不留空隙地固定在墙壁或地板上，或在安装时与地面和墙壁间保留足够空间，以便清洁和维护。

（5）物料管理

① 进入洁净区的物料必须对其外包装进行处理。必要时，还应当进行清洁、消毒，发现外包装损坏或其他可能影响物料质量的问题，应当向质量管理部门报告并进行调查和记录。

② 盛装产品及物料的容器具必须是经过消毒灭菌的。

③ 物料必须检验合格后方可以使用。

④ 物料发放使用应当符合先进先出和近效期先出的原则。

⑤ 物料应当按照有效期贮存。贮存期内，如发现对质量有不良影响的特殊情况，应当进行复验。

⑥ 对温度、湿度或其他条件有特殊要求的物料应按规定条件储存。

（6）食品原料管理

应建立食品原料、食品添加剂和食品相关产品的采购、验收、运输和贮存管理制度，确保所使用的食品原料、食品添加剂和食品相关产品符合国家有关要求。不得将任何危害人体健康和生命安全的物质添加到食品中。

（7）生产过程的食品安全控制

① 产品污染风险控制要求　应通过危害分析方法明确生产过程中的食品安全关键环节，并设立食品安全关键环节的控制措施。在关键环节所在区域，应配备相关的文件以落实控制措施，如配料（投料）表、岗位操作规程等；鼓励采用危害分析与关键控制点体系（HACCP）对生产过程进行食品安全控制。

② 生物污染的控制　清洁和清毒应根据原料、产品和工艺的特点，针对生产设备和环境制定有效的清洁消毒制度，降低微生物污染的风险。清洁清毒制度应包括以下内容：清洁消毒的区域、设备或器具名称；清洁清毒工作的职责；使用的洗涤、消毒剂；清洁消毒方法和频率；清洁消毒效果的验证及不符合的处理；清洁消毒工作及监控记录。应确保实施清洁消毒制度，如实记录；及时验证消毒效果，发现问

题及时纠正。

③ 食品加工过程的微生物监控　根据产品特点确定关键控制环节进行微生物监控；必要时应建立食品加工过程的微生物监控程序，包括生产环境的微生物监控和过程产品的微生物监控。食品加工过程的微生物监控程序应包括：微生物监控指标、取样点、监控频率、取样和检测方法、评判原则和整改措施等，具体可参照 GB 14881—2013 附录 A 的要求，结合生产工艺及产品特点制定。微生物监控应包括致病菌监控和指示菌监控，食品加工过程的微生物监控结果应能反映食品加工过程中对微生物污染的控制水平。

④ 化学污染的控制　应建立防止化学污染的管理制度，分析可能的污染源和污染途径，制定适当的控制计划和控制程序。应当建立食品添加剂和食品工业用加工助剂的使用制度，按照 GB 2760—2014 的要求使用食品添加剂。不得在食品加工中添加食品添加剂以外的非食用化学物质和其他可能危害人体健康的物质。生产设备上可能直接或间接接触食品的活动部件若需润滑，应当使用食用油脂或能保证食品安全要求的其他油脂。建立清洁剂、消毒剂等化学品的使用制度，除清洁消毒必需和工艺需要，不应在生产场所使用和存放可能污染食品的化学制剂。食品添加剂、清洁剂、消毒剂等均应采用适宜的容器妥善保存，且应明显标示，分类贮存；领用时应准确计量，做好使用记录。应当关注食品在加工过程中可能产生有害物质的情况，鼓励采取有效措施降低其风险。

⑤ 物理污染的控制　应建立防止异物污染的管理制度，分析可能的污染源和污染途径，并制定相应的控制计划和控制程序。应通过采取设备维护、卫生管理、现场管理、外来人员管理及加工过程监督等措施，最大限度地降低食品受到玻璃、金属、塑胶等异物污染的风险。应采取设置筛网、捕集器、磁铁、金属检查器等有效措施降低金属或其他异物污染食品的风险。当进行现场维修、维护及施工等工作时，应采取适当措施避免异物、异味、碎屑等污染食品。

⑥ 包装　食品包装应能在正常的贮存、运输、销售条件下最大限度地保护食品的安全性和食品品质。使用包装材料时应核对标识，避免误用；应如实记录包装材料的使用情况。

⑦ 检验　应通过自行检验或委托具备相应资质的食品检验机构对原料和产品进行检验，建立食品出厂检验记录制度。自行检验应具备与所检项目适应的检验室和检验能力；由具有相应资质的检验人员按规定的检验方法检验；检验仪器设备应按期检定。检验室应有完善的管理制度，妥善保存各项检验的原始记录和检验报告。应建立产品留样制度，及时保留样品。应综合考虑产品特性、工艺特点、原料控制情况等因素合理确定检验项目和检验频次，以有效验证生产过程中的控制措施。净含量、感官要求以及其他容易受生产过程影响而变化的检验项目的检验频次应大于其他检验项目。同一品种不同包装的产品，不受包装规格和包装形式影响的检验项目可以一并检验。

⑧ 食品的贮存和运输　根据食品的特点和卫生需要选择适宜的贮存和运输条件，必要时应配备保温、冷藏、保鲜等设施。不得将食品与有毒、有害或有异味的物品一同贮存运输。应建立和执行适当的仓储制度，发现异常应及时处理。贮存、运输和装卸食品的容器，工器具和设备应当安全、无害，保持清洁，降低食品污染的风险。贮存和运输过程中应避免日光直射、雨淋、显著的温湿度变化和剧烈撞击等，防止食品受到不良影响。

（8）产品召回管理

① 应根据国家有关规定建立产品召回制度。

② 当发现生产的食品不符合食品安全标准或存在其他不适宜食用的情况时，应当立即停止生产，召回已经上市销售的食品，通知相关生产经营者和消费者，并记录召回和通知情况。

③ 对被召回的食品，应当进行无害化处理或者予以销毁，防止其再次流入市场。对因标签、标识或者说明书不符合食品安全标准而被召回的食品，应采取能保证食品安全且便于重新销售时向消费者明示的补救措施。

④ 应合理划分记录生产批次，采用产品批号等方式进行标识，便于产品追溯。

（9）记录和文件管理

① 文件应当分类存放、条理分明，便于查阅。

② 原版文件复制时，不得产生任何差错，复制的文件应当清晰可辨。

③ 分发、使用的文件应当为批准的现行文本，已撤销的或旧版文件除留档备查外，不得在工作现场出现。

④ 与本规范有关的每项活动均应当有记录，以保证产品生产、质量控制和质量保证等活动可以追溯。记录应当留有填写数据的足够空格。记录应当及时填写，内容真实，字迹清晰、易读，不易擦除。

⑤ 记录应当保持清洁，不得撕毁和任意涂改。记录填写的任何更改都应当签注姓名和日期，并使原有信息仍清晰可辨，必要时，应当说明更改的理由。生产和检验的记录应及时归档。

（10）记录管理

① 应建立记录制度，对食品生产中采购、加工、贮存、检验、销售等环节详细记录。记录内容应完整、真实，确保对产品从原料采购到产品销售的所有环节都可进行有效追溯。

② 应如实记录食品原料、食品添加剂和食品包装材料等食品相关产品的名称、规格、数量、供货者名称及联系方式、进货日期等内容。

③ 应如实记录食品的加工过程（包括工艺参数、环境监测等）、产品贮存情况及产品的检验批号、检验日期、检验人员、检验方法、检验结果等内容。

④ 应如实记录出厂产品的名称、规格、数量、生产日期、生产批号、购货者名称及联系方式、检验合格单、销售日期等内容。

⑤ 应如实记录发生召回的食品名称、批次、规格、数量、发生召回的原因及后续整改方案等内容。

⑥ 食品原料、食品添加剂和食品包装材料等食品相关产品进货查验记录、食品出厂检验记录应由记录和审核人员复核签名，记录内容应完整。保存期限不得少于2年。

⑦ 应建立客户投诉处理机制。对客户提出的书面或口头意见、投诉，企业相关管理部门应做记录并查找原因，妥善处理。

⑧ 应建立文件的管理制度，对文件进行有效管理，确保各相关场所使用的文件均为有效版本。

⑨ 鼓励采用先进技术手段（如电子计算机信息系统），进行记录和文件管理。

总之，只有不断提高生产的保障水平，才能保证生产质量的万无一失。

二、食品工厂 HACCP 管理

1. HACCP 概述

HACCP 是一个对食品安全显著危害加以识别、评估，以及控制的体系。HACCP 是由美国太空总署（NASA）和美国 Pillsbury 公司共同为保证太空食品安全而建立的保证体系发展而成的。1966 年 Pillsbury 公司 Howard Bauman 博士首先提出 HACCP 概念，1971 年美国食品保护协会公布了 HACCP 梗概，1973 年 Pillsbury 公司用以培训美国食品药物管理局（FDA）人员，1985 年美国科学院（NAS）肯定 HACCP，1988 年 HACCP 专著出版，1989 年美国国家食品微生物标准咨询委员会（NACMCF）批准 HACCP 标准版本。1993 年，国际食品法典委员会（CAC）推荐 HACCP 系统为目前保障食品安全最经济有效的途径。开展 HACCP 体系的领域包括：饮用牛乳、奶油、发酵乳、乳酸饮料、奶酪、冰激凌、生面条类、豆腐、鱼肉火腿、炸肉、蛋制品、沙拉类、脱水菜、调味品、蛋黄酱、盒饭、冻虾、罐头、牛肉食品、清凉饮料、腊肠、机械分割肉、盐干肉、冻蔬菜、蜂蜜、高酸食品、水果汁、动物饲料等。

2. HACCP 内容及原理

以 HACCP 为基础的食品安全体系是以 7 个原理为基础的，简介如下。

（1）危害分析　危害分析即危害识别和危害评估。

① 危害识别　按工艺流程图对从原料到成品完成的每个环节进行危害识别，列出所有可能潜在的危害，包括：微生物危害（病原性微生物、病毒、寄生虫等）；化学危害（自然毒素、化学药品、农残、重金属、不可使用的色素和添加剂等）；物理危害（金属、玻璃、木料等）。

② 危害评估　评估为显著危害就必须被控制。显著危害必须具备两个特性：一是有可能发生；二是一旦控制不当，可能给消费者带来不可接受的健康风险。

危害分析要把对食品安全的关注同对食品的品质、规格、数（质）量、包装和其他卫生方面有关的质量问题的关注分开，应根据各种危害发生的可能风险（可能性和严重性）来确定某种危害的显著性。通常根据工作经验、流行病学数据、客户投诉及技术资料的信息来评估危害发生的可能性，用政府部门、权威研究部门向社会公布的风险分析资料、信息来判定危害的严重性。进行危害分析时必须考虑加工企业无法控制的各种因素。例如：产品的运输、销传、食用方式和消费群体等环节，这些因素应在食品包装和文字说明中加以考虑，以确保食品的消费安全。工艺设计时不要把危害分析的控制考虑得太多，否则不易抓住重点，反而失去了实施 HACCP 的意义。

③ 危害控制措施　控制措施也称为预防措施，是用来防止或消除食品安全危害或将其降低到可接受水平所采取的方法，也是产品加工工艺流程在安全性方面的技术性论证。

不同的产品或生产过程的危害控制可以从原料基地或原料接收开始（如在原料基地对原料的种植、养殖过程的监控，供应商的检测报告等），也可以在加工过程中进行。某些危害的控制（如农药的控制）就必须在原料种植过程中开始或在原料接收时检测。有些危害可以在生产过程中进行控制，如冷藏或冷冻可以抑制微生物的生长和毒素的产生；蒸煮等加工过程可以杀死致病菌和寄生虫，冷冻可以杀死肉禽和水产品中的寄生虫；金属探测仪可以消除金属危害等。

在危害的控制措施中，应考虑整个工艺流程中的加工单元是否能做到既满足生产流程中工艺的其他作用，同时又能满足对安全性控制的要求，加工过程中的工艺流程的确定和安全性，这两者不是相对独立，而应是一个相互能够协调统一的整体。例如；烫煮在蔬菜加工中既可以起到杀灭微生物的作用，又可以达到脱水、抗氧化、抑制酶解反应的工艺目的。但必须注意，在大多数产品中，想去除已经引入的化学危害是十分困难的。通常，已鉴别的危害是与产品本身或某个单独的加工步骤有关的，必须由 HACCP 来控制；已鉴别的危害与环境或人员有关的，一般由卫生标准操作程序来控制较好（表 7-1）。

表7-1　HACCP和SSOP的区分

危害	控制	控制的类型	控制计划
组胺	贮存、运输、加工鲭鱼的时间和温度	特定的产品	HACCP
致病菌存活	烟熏鱼的时间和温度	加工步骤	HACCP
致病菌污染	接触产品前洗手	人员	SSOP
致病菌污染	限制工人在生熟加工区之间走动	人员	SSOP
致病菌污染	清洗、消毒食品接触面	工厂环境	SSOP
化学品污染	只使用食品级的润滑油	工厂环境	SSOP

（2）关键控制点确定　对危害分析中确定的每一个显著危害，均必须有一个或多个关键控制点对其进行控制。一个关键控制点可以控制一种以上的危害，也可以

用几个关键控制点来控制一个危害，关键控制点也不是一成不变的。

关键控制点确定的原则：①当危害能被预防时，这些点可以被认为是关键控制点。例如，通过控制原料接收来预防农药残留；通过添加防腐剂或调节 pH 来抑制病原体在成品中的生长。②能将危害消除的点可以被确定为关键控制点。例如，通过蒸煮和冷冻来杀死病原体和寄生虫；通过金属探测仪来检出金属碎片。③能将危害降低到可接受水平的点被确定为关键控制点。例如，通过人工挑选可以使外来杂质的发生减少到最低程度。通过从认可的种植/养殖基地、安全水域获得的原料，可以使某些微生物和化学危害减少到最低限度。完全消除和预防显著危害是不可能的，在加工过程中将危害尽可能地减少是 HACCP 唯一可行并且合理的目标，最主要的是明确所存在的显著危害，同时要了解 HACCP 计划中控制这些危害的局限性。

确定关键控制点的方法包括：①区分关键控制点和控制点，关键控制点应是能最有效地控制显著危害的点。例如，金属危害可以通过选择原辅料来源、磁铁、筛选和在生产线上使用金属探测仪来消除。②明确关键控制点和危害的关系。一个关键控制点上可以用来控制一种以上的危害。如冷冻贮藏可以用来控制病原菌的生长繁殖和组胺的产生；几个关键控制点也可以用来共同控制一种危害。如消毒浸泡可以部分杀灭蔬菜中的病原体，烫煮时间与消毒浸泡后残留在蔬菜中的病原体的含量有关，所以消毒液浸泡和烫煮时间都应被认为是关键控制点；如同一类产品在不同的生产线上生产时，可能会有不同的关键控制点，因为危害及其控制点随生产线的组成形式、不同的产品配方、不同的加工工艺、设备的先进程度、原辅料的选择、卫生和支持性程序的不同而不同。

（3）建立关键限值　关键控制点确定后，必须为每一个关键控制点建立关键限值（critical limiter，CL）。关键限值就是区分可接受与不可接受水平的指标。也就是设置在关键控制点上的具有生物的、化学的或物理特征的最大值或最小值，这将确保危害被消除或控制降低到可接受水平。如乳制品生产线上针对显著危害病原性微生物的一个 CCP（关键控制点）是巴氏杀菌工序，其关键限值是：$T \geqslant 72℃$，$t \geqslant 15s$。在大多数情况下，恰当的关键限值的确定应有充分的科学依据。

操作限值（operating limiter，OL）是比关键限值更严格的限值，是操作人员用以降低偏高关键限值风险的操作标准。操作限值的确定是综合加工过程中限值对工艺、设备、产品品质没有负面影响时，操作应尽可能地控制得严一些。如杀菌温度为：$OL \geqslant 121℃ \pm 2℃$，OL 最低应设在 123℃。

（4）关键控制点的监控　关键控制点的监控就是对被控操作点的操作参数所做的有计划的、连续的观察或测量及记录活动。监控的目的是跟踪加工过程，查明和注意可能偏离关键限值的趋势，进行加工调整，使加工过程在关键限值发生偏离前恢复到可控制的状态。当一个 CCP 发生偏离时，可查明何时失控，以便为及时采取纠偏行动提供监控的记录，并用于验证。

监控有 4 个要素：每个监控程序必须包括 3W 和 1H，即监控什么（what）、何时监控（when）、谁来监控（who）、怎样监控（how）。

① 监控什么（监控对象）　通常通过测量一个或几个参数，检测产品或检查证明性文件，来评估某个 CCP 是否在关键限值内操作。

② 怎样监控（监控方法）　对于定量的关键限值，通常用物理或化学的控制方法，对于定性的关键限值采用检查的方法，要求迅速和准确。

③ 何时监控（监控频率）　可以是连续的，也可以是间歇的。

④ 谁来监控（监控人员）　受过培训可以监控操作的人员。

（5）纠偏行动　纠偏行动是在监测结果失控时在关键控制点 CCP 上所采取的纠正行动。纠偏行动由两步组成：①纠正和消除偏离的起因，重建加工控制。当发生偏离时应先分析产生偏离的原因，及时采取措施将发生偏离的参数更新控制到关键限值的范围内，并采取预防措施，防止类似偏离的再次发生。②确认偏离期间加工的产品及处理方法。确认哪一段、哪些批次、多少产品发生偏离，并确定相应的处理方法。对已发生偏离的产品，从重建 OL 到一次有效监控期间的产品均需采取纠偏行动，以现场纠偏效果最好。

① 对偏离期间加工的产品的纠偏处理按下面 4 个步骤进行。

a. 确定产品是否存在安全危害（专家的评估，物理、化学或微生物的检测等）。

b. 若评估为不存在危害，产品可被通过；如果存在潜在的危害，确定产品能否被返工处理或转为安全使用。应注意：产品返工应不会产生新的危害，如被热稳定性高的生物毒素污染（如金黄色葡萄球菌肠毒素等），返工期间温度仍应受控。

c. 如果潜在的有危害的产品不能按第二步处理，产品必须被销毁。

② 可采取的纠偏行动可按以下 5 步进行：隔离和保存要进行安全评估的产品；将受到影响的原料、辅（配）料或半成品移作其他加工使用；重新加工；对不符合要求的原、辅（配）料退回或不再使用；销毁产品。

③ 纠偏行动记录　当因关键限值发生偏高而采取纠偏行动时，必须加以记录，填写纠偏行动报告，报告中应包括：确认产品；描述偏离；采取的纠偏行动；采取纠偏行动的负责人员；评估结果。

（6）建立验证程序　验证，即确定是否符合 HACCP 计划所采用的方法、程序、测试和其他评价方法的应用。一是证明 HACCP 计划是建立在严谨、科学基础上的，它足以控制产品本身和工艺过程中出现的安全危害；二是证明 HACCP 计划所规定的控制措施能被有效地实施，整个 HACCP 体系在按规定有效运转。

验证程序由如下 4 个要素组成。

① 确认。即通过收集、评估科学的技术信息资料，以评价 HACCP 计划的适宜性和控制危害的有效性（在 HACCP 计划实施前进行）。

② 确认的执行者。HACCP 小组成员和受过适当的培训或经验丰富的人员。

③ 确认内容。对 HACCP 计划的各个组成部分的基本原理，由危害分析到 CCP 验证方法做科学及技术上的回顾和评价。

④ 确认频率。a. 最初的确认；b. 当有因素证明确认是必需的时候，下述情况应当采取确认行动：原料的改变；产品或加工的改变，复查时发现数据不符或相反，重复出现同样偏差；有关危害或控制手段的新信息；生产中观察到异常情况；出现新的销售或消费方式。

（7）建立记录保持程序　建立有效的记录保持程序，是一个成功的 HACCP 体系的重要组成部分，是构建产品可追溯的基础。HACCP 体系应保存以下记录：①体系文件。②有关 HACCP 的记录，包括 HACCP 计划用于制定计划的支持性文件，关键控制点的监控记录、纠偏行动记录、验证活动记录。③HACCP 小组的活动记录。④HACCP 前提条件的执行、监控、检查和记录。企业在执行 HACCP 体系的全过程中，需有大量的技术文件和日常的监测记录，这些记录的表格应该是严谨和全面的。

记录的保存和检查：记录可能以不同的形式保存下来，可以是电子版本或文字图表，但无论使用何种记录形式，都必须包含有足够的信息。关键控制点的监控记录、纠偏行动记录、监控设备的校准记录应该由企业管理层的代表定期复查，复查者应接受过系统的 HACCP 培训，所有的记录复查者签名，并注明日期。对已批准的 HACCP 体系文件及体系运行中形成的记录应妥善保管和存档，应明确和保存记录的各级责任人员，所有文件和记录应定期装订成册，以便官方验证或第三方机构认证审核时使用。

HACCP 计划的有效实施，与 7 个原理的共同作用是分不开的；HACCP 的 7 个原理不是孤立的，而是一个有机的整体。

3. HACCP 管理程序

（1）组建 HACCP 工作小组。HACCP 工作小组负责制定 HACCP 计划以及实施和验证 HACCP 体系。HACCP 小组的人员构成应保证建立有效 HACCP 计划所需的相关专业知识和经验，应包括企业具体管理 HACCP 计划实施的领导、生产技术人员、工程技术人员、质量管理人员以及其他必要人员。技术力量不足的部分小型企业可以外聘专家。工作小组来确定 HACCP 计划的范围，即在食品供应链中的具体实施环节，以及须加以解决的危害的一般类别，例如，是有选择地解决危害问题还是解决所有的危害问题。

（2）描述产品，确定产品的预期用途。

HACCP 工作的首要任务是对实施 HACCP 系统管理的产品进行描述。描述的内容包括：产品名称（说明生产过程类型）、产品的原料和主要成分、产品的理化性质（包括 A_w、pH 等）及杀菌处理（如热加工、冷冻、盐渍、熏制等）、包装方式、贮存条件、保质期限、销售方式、销售区域，必要时，还包括有关食品安全的流行病学资料、产品的预期用途和消费人群。

（3）绘制和确认生产工艺流程图。

HACCP 工作小组应深入生产第一线，详细了解产品的生产加工过程，在此基础上绘制产品的完整生产工艺流程图，并对制作完成的工艺流程图进行现场验证，检验流程图与实际生产过程是否相符，如不相符，应加以更正。

（4）危害分析。

危害分析可分为两项活动自由讨论和危害评价。自由讨论时，范围要广泛、全面，要包含所用的原料、产品加工的每一步骤和所用设备、终产品及其储存和分销方式、消费者如何使用产品等。在此阶段，要尽可能列出所有可能出现的潜在危害。没有发生理由的危害不会在 HACCP 计划中做进一步考虑。自由讨论后，小组对每一个危害发生的可能性及其严重程度进行评价，以确定出对食品安全非常关键的显著危害（具有风险性和严重性），并将其纳入 HACCP 管理计划。

进行危害分析时应将安全问题与一般质量问题区分开。应考虑如下涉及安全问题的危害。

① 生物危害　包括细菌、病毒及其毒素、寄生虫和其他有害生物因子。

② 化学危害　包括天然的化学物质、有意加入的化学品、无意或偶然加入的化学品、生产过程中所产生的有害化学物质。天然的化学物质有霉菌毒素、组胺等；有意加入的化学品常有食品添加剂；无意或偶然加入的化学药品包括农业上的化学药品、禁用物质、有毒物质和化合物、工厂化学物质（润滑剂、清洁化合物等）。

③ 物理危害　任何潜在于食品中不常发现的有害异物，如玻璃、金属等。

④ 列出危害分析工作单　危害分析工作单可以用来组织和明确危害分析的思路。HACCP 工作小组还应考虑对每一危害可采取哪种控制措施。

（5）确定关键控制点。对产品生产过程的每一个工艺过程进行分析，应用判定树的逻辑推理方法，确定 HACCP 系统中的关键控制点（CCPs）。对判定树的应用应当灵活，必要时也可使用其他的方法。

如果在某一工艺步骤上对一个确定的危害进行控制对保证食品安全是必要的，然而在该步骤及其他步骤上都没有相应的控制措施，那么，对该步骤或该步骤前后的生产或加工工艺必须进行修改，以便使其包括相应的控制措施。图7-2是一个CCPs判断树实例。

（6）建立每个关键控制点的关键限值。

每个关键控制点会有一项或多项控制措施确保预防、消除已确定的显著危害或将其减至可接受的水平。每一项控制措施要有一或多个相应的关键限值。

关键限值的确定应以科学为依据，可来源于科学刊物、法规性指南、专家、试验研究等。用来确定关键限值的依据和参考资料应作为 HACCP 方案支持文件的一部分。

通常关键限值所使用的指标包括：温度、时间、湿度、pH、水分活度、含盐量、含糖量、可滴定酸度、有效氯、添加剂含量以及感官指标，如外观和气味等。

（7）建立起对每个关键控制点进行监测的系统。

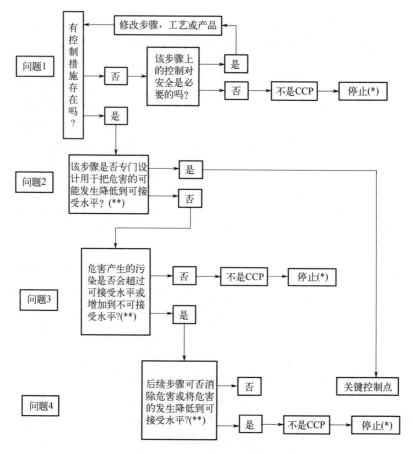

图7-2　确定CCPs判断树实例

（*）按过程进行至下一个危害；　（**）在HACCP计划的CCPs确定的总体目标内，

需对可接受的和不可接受的水平做出定义。

通过监测能够发现关键控制点是否失控。此外，通过监测还能提供必要的信息，以及时调整生产过程，防止超出关键限值。操作限值是比关键限值更严格的限值，是由操作人员使用用以降低偏离风险的标准。加工工序应当在超过操作限值时就进行调整，以避免违反关键限值，这些措施称为加工调整。加工人员可以使用这些调整措施避免失控和采取纠偏行动，及早发现失控的趋势，并采取行动以防止产品返工，或者更坏的情况，造成产品报废。只有在超出关键限值时才采取纠偏行动。

一个监控系统的设计，必须确定以下方面。

① 监控内容　通过观察和测量来评估一个 CCP 操作是否在关键限值内。

② 监控方法　设计的监控措施必须能够快速提供结果。物理和化学检测能够比微生物检测更快地进行，是很好的监控方法。常用的物理、化学监控指标包括时间和温度组合（常用来监控杀死或控制病原体生长的有效程度）、水分活度（可通过

限制水分活度来控制病原体的生长）、酸度或 pH（一定的 pH 水平可限制病原体的生长）、感官检验（一种检测食品的直观方法）。

③ 监控设备　例如温湿度计、钟表、天平、pH 计、水分活度计、化学分析设备等。

④ 监控频率　监控可以是连续的或非连续的，如有可能，应采取连续监控。连续监控对许多物理或化学参数都是可行的。如果监测不是连续进行的，那么监测的数量或频率应确保关键控制点是在控制之下。

⑤ 监控人员　可以进行 CCP 监控的人员包括流水线上的人员、设备操作者、监督员、维修人员、质量保证人员等。负责监控 CCP 的人员必须接受有关 CCP 监控技术的培训，完全理解 CCP 监控的重要性，能及时进行监控活动，准确报告每次监控工作，随时报告违反关键限值的情况，以便及时采取纠偏活动。

（8）建立纠偏措施。

在 HACCP 计划中，对每一个关键控制点都应预先建立相应的纠偏措施，以便在出现偏离时实施。纠偏措施应包括：确定并纠正引起偏离的原因；确定偏离期所涉及产品的处理方法，例如进行隔离和保存并做安全评估，退回原料，重新加工，销毁产品等；记录纠偏行动，包括产品确认（如产品处理和留置产品的数量）、偏离的描述、采取的纠偏行动（包括对受影响产品的最终处理）、采取纠偏行动的人员的姓名、必要的评估结果。

（9）建立验证程序。

通过验证、审查、检验（包括随机抽样化验），确定 HACCP 是否正确运行。验证程序包括对 CCPs 的验证和对 HACCP 体系的验证。

CCP 的验证活动：监控设备的校准，以确保采取的测量方法的准确度；复查设备的校准记录、检查日期和校准方法，以及实验结果，保存校准的记录；针对性的采样检测；记录的复查。

HACCP 体系的验证包括两个方面。

① 验证的频率　验证的频率应足以确认 HACCP 体系在有效运行，每年至少进行一次或在系统发生故障时，产品原材料或加工过程发生显著改变时或发现了新的危害时进行。

② 体系的验证活动　检查产品说明和生产流程图的准确性；检查 CCP 是否按HACCP 的要求被监控；监控活动是否在 HACCP 计划中规定的场所执行，监控活动是否按照 HACCP 计划中规定的频率执行；当监控表明发生了偏离关键限制的情况时，是否执行了纠偏行动；设备是否按照 HACCP 计划中规定的频率进行了校准；工艺过程是否在既定的关键限值内操作，检查记录是否准确和是否按照要求的时间来完成等。

（10）建立文件和记录档案。

一般来讲，HACCP 体系须保存的记录应包括以下方面。

① 危害分析小结　包括书面的危害分析工作单和用于进行危害分析和建立关键限值的任何信息的记录。支持文件也可以包括：制定抑制细菌性病原体生长的方法时所使用的充足的资料，建立产品安全货架寿命所使用的资料，以及在确定杀死细菌性病原体加热强度时所使用的资料。除了数据以外，支持文件也可以包含向有关顾问和专家进行咨询的信件。

② HACCP 计划　包括 HACCP 工作小组名单及相关的责任、产品描述、经确认的生产工艺流程和 HACCP 小结。HACCP 小结应包括产品名称、CCP 所处的步骤和危害的名称、关键限值、监控措施、纠偏措施、验证程序和保持记录的程序。

③ 计划实施过程中发生的所有记录。

④ 其他支持性文件例如验证记录，包括 HACCP 计划的修订等。

图 7-3 列出了 HACCP 应用的逻辑顺序。在实施 HACCP 计划时，由食品安全及卫生管理行政部门对社会公众进行 HACCP 知识的宣传和教育工作。食品安全及卫生管理技术人员和食品企业应定期对系统内部相关人员进行 HACCP 培训。同时，食品企业应将实施 HACCP 和进行企业的基础设施、技术改造结合起来。HACCP 是针对具体的产品和生产工艺的，生产工艺如有变更，企业应该结合实际情况对 HACCP 的部分内容进行修改。

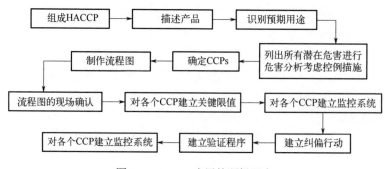

图7-3　HACCP应用的逻辑顺序

HACCP 能有效执行的基本要素是对生产企业、政府和学术界人员进行 HACCP 原理和应用培训，并增加管理者和消费者的意识。原料生产者、生产企业、贸易集团、消费组织和主管机构之间的合作是至关重要的，生产企业和主管机关之间应保持相互间的连续对话，并为实践中应用 HACCP 营造良好氛围。

第四节　食品工厂安全生产

一、安全生产责任制

安全生产责任制是经长期的安全生产、劳动保护管理实践证明的成功制度与措施，是根据我国"安全第一，预防为主，综合治理"的安全生产方针和安全生产法规建立的各级领导、职能部门、工程技术人员、岗位操作人员在劳动生产过程中对安全生产层层负责的制度。安全生产责任制是企业岗位责任制的一个组成部分，是企业中最基本的一项安全制度，也是企业安全生产、劳动保护管理制度的核心。

二、安全技术措施

安全技术措施是指为了防止事故发生，采取的约束、限制能量或危险物质，防止其意外释放的安全技术措施。常用的防止事故发生的安全技术措施如下：消除危险源；限制能量或危险物质；隔离；故障-安全设计；减少故障和失误。

用电安全技术措施，一般采取：保护接地防高压电窜入低压保护，保护接零，重复接地保护，采用安全低电压，采用静电消除器，安装熔断器、脱扣器、热继电器、避雷装置等。

三、防火、防爆、防毒

食品工厂中有很多生产工艺存在易燃易爆的安全隐患，如面粉加工、油脂生产、油炸工艺、焙烤工艺、白酒生产工艺等。为了防止工厂火灾爆炸事故的发生，我们必须了解防火防爆的基本知识和相关防范措施。

1. 燃烧

燃烧是可燃物质与空气（氧）或其他氧化剂进行反应而产生放热发光的现象。燃烧必须同时具备下列三个基本条件。

① 有可燃物，凡能与空气中的氧或其他氧化剂起反应的物质为可燃物，如木材、纸盒、谷壳、酒精等。

② 有助燃物，一般是指氧和氧化剂。因为空气中含有21%（体积分数）左右的氧，所以可燃物质燃烧能在空气中持续进行。

③ 有火源，指能引起可燃物质燃烧的热源，包括明火、聚集的日光、电火花、高温灼热体等。

2. 爆炸

爆炸是指物质由一种状态迅速地转化为另一种状态并在极短的时间内以机械功的形式放出很大能量的现象，或是气体（蒸汽）在极短的时间内发生剧烈膨胀，压力迅速下降到常压的现象，可分为两类。

① 化学性爆炸。指物质由于发生化学反应，产生大量的气体和热量而形成的爆炸，这种爆炸能直接造成火灾。

② 物理性爆炸。通常指锅炉、压力容器内的介质，受热温度升高，气体膨胀，压力急剧升高，超过了设备所能承受的限度而发生爆炸。

3. 防火防爆措施

防火防爆必须贯彻"以防为主，防消结合"的方针。防范措施如下。

（1）建筑防火结构　生产的火灾危险性应根据生产中使用或产生的物质性质及其数量等因素划分，可分为甲、乙、丙、丁、戊五类，见表7-2。

表7-2　生产的火灾危险分类

生产的火灾危险性类别	使用或产生下列物质生产的火灾危险性特征
甲	1. 闪点小于28℃的液体 2. 爆炸下限小于10%的气体 3. 常温下能自行分解或在空气中氧化能导致迅速自燃或爆炸的物质 4. 常温下受到水或空气中水蒸气的作用，能产生可燃气体并引起燃烧或爆炸的物质 5. 遇酸、受热、撞击、摩擦、催化以及遇有机物或易燃的无机物，极易引起燃烧或爆炸的强氧化剂 6. 受撞击、摩擦或与氧化剂、有机物接触时能引起燃烧或爆炸的物质 7. 在密闭设备内操作温度不小于物质本身自燃点的生产
乙	1. 闪点不小于28℃但小于60℃的液体 2. 爆炸下限不小于10%的气体 3. 不属于甲类的氧化剂 4. 不属于甲类的易燃固体 5. 助燃气体 6. 能与空气形成爆炸性混合物的浮游状态的粉尘、纤维、闪点不小于60℃的液体雾滴
丙	1. 闪点不小60℃的液体 2. 可燃固体
丁	1. 对不燃烧物质进行加工，并在高温或熔化状态下经常产生强辐射热、火花或火焰的生产 2. 利用气体、液体、固体作为燃料或将气体、液体进行燃烧作其他用的各种生产 3. 常温下使用或加工难燃烧物质的生产
戊	常温下使用或加工不燃烧物质的生产

国家颁布的《建筑设计防火规范》（GB 50016—2018）规定，按工业建、构筑物结构材料的耐火性能的大小，共分为四级，见表7-3。

表7-3　工业建、构筑物耐火程度分级

耐火等级	耐火性
一级	主要建筑构件全部为不燃烧性
二级	主要建筑构件除吊顶为难燃烧性，其他为不燃烧性
三级	屋顶承重构件为可燃性
四级	火墙为不燃烧性，其余为难燃烧性和可燃性

其中甲、乙类属于火灾危险性较大的生产，如酒精、醋酸，必须采用比较耐火的建筑结构，同时建筑物间的防火间距要求也较大。根据以上规定，厂房之间及与乙、丙、丁、戊类仓库的防火间距，应按表7-4确定。

为了防止烟和火焰由外墙窗口蔓延到上层建筑物内，必须有利于烟气的扩散。因而在进行高层建筑设计时，一般规定上下两层窗口间的距离必须大于0.9～1m。

表7-4　厂房之间与乙、丙、丁、戊类仓库的防火间距　　　　单位：m

名称			甲类厂房 单、多层 一、二级	乙类厂房（仓库） 单、多层 一、二级	乙类厂房（仓库） 单、多层 三级	乙类厂房（仓库） 高层 一、二级	丙、丁、戊类厂房（仓库） 单、多层 一、二级	丙、丁、戊类厂房（仓库） 单、多层 三级	丙、丁、戊类厂房（仓库） 单、多层 四级	丙、丁、戊类厂房（仓库） 高层 一、二级
甲类厂房	单、多层	一、二级	12	12	14	13	12	14	16	13
乙类厂房	单、多层	一、二级	12	10	12	13	10	12	14	13
	单、多层	三级	14	12	14	15	12	14	16	15
	高层	一、二级	13	13	15	13	13	15	17	13
丙类厂房	单、多层	一、二级	12	10	12	13	10	12	14	13
	单、多层	三级	14	12	14	15	12	14	16	15
	单、多层	四级	16	14	16	17	14	16	18	17
	高层	一、二级	13	13	15	13	13	15	17	13
丁、戊类仓房	单、多层	一、二级	12	10	12	13	10	12	14	13
	单、多层	三级	14	12	14	15	12	14	16	15
	单、多层	四级	16	14	16	17	14	16	18	17
	高层	一、二级	13	13	15	13	13	15	17	13
室外变电站、配电站	变压器总油量/t	≥5，≤10	25	25	25	25	12	15	20	12
		>10，≤50					15	20	25	15
		>50					20	25	30	20

（2）预防措施　主要是从思想上、组织管理和技术等方面采取预防措施。具体如下。

① 建立健全群众性义务消防组织和防火安全制度；经常开展防火安全宣传及防火安全教育；开展经常性防火安全检查，并根据生产场所的性质，配备适用和足够的消防器材。

② 认真执行建筑防火设计规范，根据生产的性质，厂房和库房必须符合防火等级要求，厂房、库房应有安全距离，并布置消防用水和消防通道。

③ 合理布置生产工艺，根据产品、原料的火灾危险性质。安排选用符合安全要求的设备和工艺流程；性质不同又相互作用的物品分别存放；具有火灾、爆炸危险

的厂房，要采取局部通风或全面通风，降低易燃易爆气体、蒸汽在厂房中的浓度；易燃易爆物质的生产，应在密闭设备中进行等。

（3）消防措施　万一发生火灾事故，要迅速组织灭火，防止火灾的蔓延扩大，以减少损失。扑灭火灾的方法有窒息法、隔离法、冷却法和中断化学反应（抑制法）。火灾中使用的灭火剂就具有这些不同的作用，可以破坏继续燃烧的条件。常用的灭火剂有水、泡沫、二氧化碳、四氯化碳、卤代烷、干粉、惰性气体等。为了扑灭火灾，应根据燃烧物质的性质和火势发展情况，从效能高、使用方便、来源丰富、成本低廉，对人体和物质基本无害几方面考虑，选择适合、足够的灭火剂。

4. 防毒

所谓"毒物"是指在一定条件下，以较少的量进入人体后，能与人体组织发生作用，影响人体正常生理功能，导致机体发生病理变化的物质。其可以通过呼吸道、皮肤、消化道进入人体，并呈现不同程度的病变现象。

（1）工业毒物分类　目前工业毒物的分类有几种。如按毒物的化学类属可分为有机毒物和无机毒物；如按毒作用性质可分为窒息性、刺激性、麻醉性、全身性等毒物。常见的是按毒物的物理形态分类和常用的综合性分类两种。

（2）按物理形态分类　可分为气体、液体、固体，一般常以气体、蒸汽、烟尘、雾等形态污染生产环境。

（3）常用的综合性分类　综合其存在形态，作用特点和化学结构等各种因素分为以下几种。

① 金属、类金属毒物　主要有汞、铅、砷、铬、镉等。

② 刺激性或窒息性气体　主要有氯气、二氧化硫、光气、一氧化碳、硫化氢等。

③ 有机溶剂　苯、二氯乙烷、四氯化碳、汽油、二硫化碳。

④ 苯的硝基、氨基化合物。

⑤ 高分子化合物生产中的毒物。

⑥ 农药　农药生产从原料到成品多为剧毒或毒性大的物质。

（4）工业毒物对人体的危害　工业毒物进入人体后，与人体组织发生作用，并在一定条件下破坏人体的正常生理机能，使人体某些器官和系统发生暂时或永久性的病变，也叫职业中毒。职业中毒可分急性中毒，如急性苯中毒；慢性中毒，如慢性铅、汞中毒；亚急性中毒，如亚急性铅中毒。

（5）综合防毒措施　为了保护职工在生产活动过程中的安全与健康，防止职业中毒事故的发生，必须从工艺和设备的技术改造、通风排毒、毒物净化、个体防护、管理与法制等方面采取综合措施，才能达到理想的要求，保证职工生产活动过程中的安全与健康。

四、建筑防雷

工厂的电气设备及建筑物的防雷，是保障安全用电及避免生命财产遭受损失的一项重要工作。通常雷击电流可达数千安甚至数百千安，雷放电能可达数十千瓦至数千千瓦，能量非常可观。为防止发生火灾等重大事故，食品工厂在设计时应遵循相应的国家防雷建筑标准，国家标准《建筑物防雷设计规范》（GB 50057—2010）适用于新建、扩建、改建建筑物的防雷设计。

五、安全性评价

安全性评价又称危险度评价或风险度评价。安全性评价是运用系统安全工程的理论方法，从人、机、物、法、环境等五个方面对系统的安全性进行评价、预测和度量。其基本点是以生产设备设施为主体，运用现代科学技术知识方法与检测手段，逐一分析度量生产过程中各个环节上人、机、物、法、环境的危险特性，预先研究各种潜在危险因素，为采取技术和管理的治理措施提供可靠的依据。评价采取现场检查、资料查阅、现场考问、实物检查、仪表检测、调查分析、现场测试分析试验等 7 种查评方法。

1. 评价的原则

（1）评价人员的客观性　要防止评价人的主观因素影响评价数据，同时要坚持对评价结果进行复查。

（2）评价指标的综合性　单一指标只能反映局部功能，而综合性指标能反映评价对象各方面的功能。

（3）评价方案的可行性　只有从技术、经济、时间和方法等条件分析都可行，才是较佳方案。

（4）所采用的标准参数资料，应是最新版本，确实能反映人、机、物、环境的危险程度。

（5）评价结果应用综合性的单一数字表达。

2. 制订评价计划

可参考同行业中其他企业安全性评价的计划，结合本企业情况，提出一个供讨论的初步方案。方案应是动态的，在评价过程中发现了某些缺陷或漏掉了项目，应及时修改、补充和完善。计划中包括以下项目：评价任务和目的；评价的对象和区域；评价的标准；评价的程序；评价的负责人和成员；评价的进度；评价的要求；试点建议；安全问题的发现、统计和列表，整改措施的提出；测试方法；整改效果分析；总结报告等。

3. 安全性评价的步骤

① 确认系统的危险性，即找出危险性并加以定量化。

② 根据危险的允许范围，具体评价危险性及排除危险，消除或降低系统的危险性，使其达到允许范围。

4. 安全性评价技术

安全性评价是方案制订、设计、制造、使用、报废整个过程中的安全保证手段，它一般分为若干个阶段。

① 根据有关法规进行评价。

② 据校验一览表或事故模型与影响分析做定性评价。

③ 有关物质（材料）、工艺过程的危险性定量评价。

④ 对严重程度，实行相应的安全对策。

⑤ 据事故灾害信息重新做出评价，进行全面定性、定量评价。

第八章

食品工厂
环境保护

第一节 食品工业大气污染防治工程

随着社会经济的发展，城市化进程的逐渐加快，大气污染源逐渐增加，不仅工业生产、居民生活等产生大量污染物，而且多种交通工具的混合使用一定程度加剧了大气污染。污染物（在本章中也叫作废物）种类多，涉及气态、固态等多种形态和有机物和无机物多种化学成分；甚至有些污染物排放至大气中，在大气环境中相互作用或多次作用，生成成分更复杂、毒性更强的化合物。

一、大气污染物及危害

大气污染物是指由于人类活动或自然过程排入大气，并对人和环境产生有害影响的那些物质。大气污染源和污染因子的存在，导致不同尺度和范围上的大气污染现象存在，可对自然环境和地球上的生命体产生多方面的影响和危害。目前，对环境和人类产生危害的大气污染物约有 100 种。按照存在方式，大气污染物可分为颗粒污染物和气态污染物两大类。

1. 颗粒污染物

颗粒污染物是指大气中分散的液态或固态物质，其粒度大小一般在 $0.0002\sim500\mu m$ 之间，具体包括尘、烟、雾等。尘和烟分别是粒度大于 $1\mu m$ 和小于 $1\mu m$ 的固体颗粒，雾则是指液体微粒，其直径可达 $100\mu m$，一般由蒸汽凝结、液体喷雾、雾化以及化学反应形成，如水雾、酸碱雾、油雾。颗粒污染物按粒径大小可分为以下四种类型：

（1）降尘。降尘指粒径大于 $10\mu m$ 的颗粒物，因本身的重力作用，可迅速沉降于地面。降尘多来自土壤、岩石的风化或固体物料的输送、粉碎、研磨、装卸等过程，一般可被鼻腔和咽喉所捕集，不进入呼吸道。单位面积的降尘量可作为评价大气污染程度的指标之一。

（2）飘尘。飘尘指粒径小于 10μm 的颗粒物，多见于燃料的燃烧、高温熔化和化学反应等过程。飘尘能长期在大气中飘浮，可进入到呼吸道，故又称可吸入颗粒物（PM10）。许多有害气体和液体附着在飘尘上被带入呼吸道深处，对人体产生较大的危害。因此，可吸入颗粒物（PM10）是大气环境中最引人注目的研究对象。

（3）细颗粒物。在飘尘中，粒径小于等于 2.5μm 的颗粒物为细颗粒物（PM 2.5），因其容易在肺泡上沉积，又被称为可入肺颗粒物。PM 2.5 是造成灰霾天气的主要原因，相比 PM 10，二者来源基本相同，但 PM 2.5 可深入到细支气管和肺泡，直接影响肺的通气功能，使机体处于缺氧状态，引发包括哮喘、支气管炎和心血管病等方面的疾病。而且细颗粒物一旦进入肺泡，吸附在肺泡上很难掉落，因而对人体健康和大气环境质量的影响更大。

（4）总悬浮颗粒物（total suspended particulate，TSP）。总悬浮颗粒物是指悬浮于空中，粒径小于等于 100μm 的颗粒物，是目前大气质量评价中一个通用的重要污染指标。

颗粒物是影响城市空气质量的主要污染物，其危害可归纳为以下几方面：①遮挡阳光，使气温降低，或形成冷凝核心，导致云雾和雨水增多，以致影响气候；②使可见度降低，影响交通，航空与汽车事故增加；③可见度低时需要照明，导致耗电和燃料消耗增加，空气污染也随之更严重，因而形成恶性循环；④飘尘和细颗粒物对呼吸系统的危害很大；⑤用四乙基铅作汽油的防爆剂时，可导致小于 0.5μm 的铅微粒排入到空气中，分布很广，危害很大。

2. 气态污染物

气态污染物是以分子状态存在的污染物，常见的有含硫化合物、含氮化合物、含碳化合物、碳氢化合物和卤素化合物等五大类。

（1）含硫化合物　含硫化合物包括 SO_2、SO_3 和 H_2S，还有少量的亚硫酸和硫酸（盐）微粒。人为污染源产生的含硫化合物主要是 SO_2，部分是 SO_3，天然源产生的含硫化合物主要是 H_2S，一般由有机物腐败产生，它在大气中存留时间很短，很快被氧化成 SO_2。SO_2 的腐蚀性较大，可破坏植物的叶面结构、腐蚀材料和损害人体的呼吸器官，与固体微粒结合有特别的危险性。此外，SO_2 还可以在太阳紫外光的照射下，发生光化学反应，生成 SO_3 和硫酸雾。硫酸烟雾是强氧化剂，对人和动植物有极大的危害，且在空气中可存留一周以上，能够飘移至 1000km 以外，所以可造成远离污染源以外的区域性污染。SO_2 之所以被视为重要的大气污染物，原因在于它是形成硫酸烟雾和酸雨的主要物质。

（2）含氮化合物　含氮化合物主要为 NO、NO_2，除此之外，还有 N_2O、N_2O_3、N_2O_4 等多种化合物。人为污染源多来自燃料燃烧、汽车尾气、部分生产或使用硝酸的工厂排放的尾气等，天然源排放的含氮化合物主要来自土壤和海洋中有机物的分解以及闪电作用。在高温燃烧条件下，含氮化合物主要以 NO 的形式存在，它进入大气后可与空气中的氧气发生反应，生成 NO_2，若大气中有臭氧等强氧化剂存在时，在催化剂的作用下，能迅速被氧化成 NO_2，故大气中的含氮化合物普遍以 NO_2 的形式存在。NO_2 的毒性约为 NO 的 5 倍，可引起急性呼吸道病变和致命的肺气肿，也可毁坏棉花、尼龙等织物，以及损害植物，使柑橘落叶、发生萎黄病和减产。此外，NO 和 NO_2 还是消耗臭氧的一个重要因子，也是形成酸雨和光化学烟雾的重要物质。

（3）含碳化合物　含碳化合物主要为 CO 和 CO_2，多来源于煤、石油的燃烧和汽车尾气的排放。CO 是城市大气中数量最多的污染物，其人为污染源主要是燃料的不完全燃烧产生的，而天然污染源来自海水的挥发，海水中 CO 过饱和程度很大，可不间断地向大气提供 CO。对于发达国家来说，城市空气中 80%的 CO 是汽车排放的。CO 易与血红蛋白结合，使血红蛋白携带氧气能力大大降低，使人体缺氧而窒息。而 CO_2 是大气的正常组分，对人体无显著危害作用，之所以在大气污染问题中引起人们的普遍关注，原因在于它是"温室效应"气体，能引起全球性环境的演变，其人为污染源主要是矿物燃料的燃烧过程，天然污染源主要来自海洋的脱气和生物的生命过程。

（4）碳氢化合物　碳氢化合物包括烷烃、烯烃、苯以及多环芳烃等，其人为污染源主要为汽油燃料的不完全燃烧、有机物品的焚烧和有机化合物的蒸发等过程，而天然污染源主要由生物的分解作用产生的。其中，汽车废气是重要的来源。碳氢化合物的污染危害性表现在许多碳氢化合物具有明显的致癌性，如多环芳烃等。另外，碳氢化合物也参与大气的光化学反应，生成有害的光化学烟雾。

（5）卤素化合物　卤素化合物主要包括卤代烃、含氯化合物和含氟化合物三类。卤代烃的人为污染源主要是一些有机合成工业，在其生产和使用过程中，因挥发而进入大气。大气中的含氯化合物主要是氯气和氯化氢，氯气多来自化工厂、塑料厂以及自来水净化厂，而氯化氢主要来自盐酸制造，在空气中可形成盐酸雾。含氟化合物包括氟化氢（HF）、氟化硅（SiF_4）、氟硅酸（H_2SiF_6），其主要污染源是使用萤石、磷矿石和氟化氢的冶金工业、磷肥工业等。大气中卤素化合物含量过多时，也会给人类和植物带来不良影响，如含氟化合物过多时，可使人的鼻黏膜溃疡出血，肺部有增殖性病变，儿童形成牙斑釉，严重时导致骨质疏松，易发生骨折。对植物来说，含氟化合物从叶片的气孔进入到植物体内，可与叶片内的钙质反应生成难溶性的氟化钙沉淀于局部，从而阻碍代谢机制，破坏叶绿素和原生质。

大气中的污染物组分与能源消费结构有密切关系。发达国家的能源以石油为主，大气污染物主要是 CO、SO_2、NO 和碳氢化合物，我国能源以煤为主，主要大气污染物则是颗粒物和 SO_2。

二、大气污染物治理技术

1. 颗粒污染物控制技术

颗粒污染物控制是我国大气污染控制的重点，可以通过两种路径控制大气中颗粒污染物的含量，一是采用清洁的能源，改变燃料的构成，改进燃烧方式等，以减少燃烧过程中颗粒物的生成量；二是对燃烧后已经形成的颗粒污染物，在排放进入大气以前，采用除尘技术将颗粒物从废气中分离、回收，以减少最终排入大气中的颗粒污染物含量。

2. 气态污染物控制技术

气态污染物属于均相混合物，所以不能像颗粒污染物那样，采用简单或机械的物理方法，而需要利用它与载体气流之间的物理性质、化学性质的差异，经过物理、化学变化，使污染物的物相或物质结构改变，从而实现分离或转化。因此，气态污染物的净化技术一般比较复杂，所需费用也比较高。

（1）一般净化法

① 吸收法　吸收法是以溶液、溶剂或水等液体作吸收剂，让废气与液体接触，利用溶液对气态污染物的溶解作用，将有害组分从气相中转入液相被吸收，使气体得到净化。

吸收法具有设备简单、捕集效率高、应用范围广、一次性投资低等特点，但因废液的排出易引起二次污染。

② 吸附法　吸附法是利用表面多孔性固体物质作为吸附剂，让其与废气接触，废气中的气态污染物分子被吸附剂表面所捕集，使废气得以净化。

吸附净化效果好，设备简单，可回收某些物质，但吸附容量小，吸附剂需再生，设备体积大。因此，该法特别适宜处理低浓度废气或高净化要求的场合。

③ 冷凝法　冷凝法是根据气态污染物在不同压力和不同温度下具有不同的饱和蒸汽压，通过降低废气温度或提高废气压力的方法，使某些气态污染物过饱和而凝结成液体，从气体中分离出来，达到净化、回收的目的。

冷凝法运行费用较高，对于低浓度有机废气不适用，仅适用于分离回收气体量较小、VOCs含量高的有机废气。

④ 催化法　催化法是在催化剂作用下，将废气中气态污染物转化为无害物质排放，或者转化成其他更易除去的物质的净化方法。

催化法对不同浓度的污染物都有较高的转化率，而且无须使污染物与主气流分离，避免了其他方法可能产生的二次污染。因此，该方法在大气污染控制中得到较多应用，如 SO_2 转化为 H_2SO_4 加以回收利用。

⑤ 燃烧法　燃烧法是对混合气体进行氧化燃烧或高温分解,使有害组分转化为无害物质的方法。这种方法可以回收燃烧过程中产生的热量，一般分为直接燃烧法和催化燃烧法。

直接燃烧法是在高温（600～800℃）条件下，将有害气体中的可燃组分在空气中或氧气中完全氧化为 CO_2、H_2O 和其他氧化物。

催化燃烧法是在催化剂作用下，使废气中气态污染物在较低的温度（250～450℃）下氧化分解的方法。催化燃烧法与直接燃烧法相比较有许多优点：①起燃温度低。含有机物质的废气在通过催化剂床层时，能在较低温度下迅速完全氧化分解成 CO_2 和 H_2O，能耗小。②适用范围广。③基本不产生二次污染。

（2）SO_2 控制方法　大气中 SO_2 的人为污染源主要来自两方面，一是化石燃料燃烧产生的低浓度 SO_2 烟气；二是铅锌冶炼厂及硫酸厂工业生产排放的高浓度 SO_2。其中，燃烧生成是 SO_2 的主要来源。目前，主要有燃料脱硫、燃烧过程脱硫和烟气脱硫三种途径控制其生成排放。

（3）NO_x 控制方法　NO_x 控制方法与 SO_2 一样，大气中 NO_x 的来源也主要是燃料的燃烧，所以控制 NO_x 也可分为燃烧前的燃料脱氮、燃烧过程的控制和燃烧后的烟气脱氮三种途径。

（4）汽车尾气控制技术　我国城市大气污染是以 SO_2、颗粒物为代表的煤烟污染，燃煤是形成我国大气污染的根本原因。因此，汽车工业发展带来的环境污染物总量增加与人们对生存环境质量要求提高的矛盾日益尖锐。在现阶段我国人均汽车保有量远低于全球平均水平的实际情况下，缓解和解决这一矛盾的主要方法是通过技术措施控制汽车的环境污染物排放总量。

第二节　食品工业水污染防治工程

一、废水污染物及危害

《中华人民共和国水污染防治法》中对水体污染下了明确的定义，即水体因某种物质的介入而导致其物理、化学、生物或者放射性等方面特征的改变，从而影响水的有效利用，危害人体健康或破坏生态环境，造成水质恶化的现象，称为水体污染。

1. 需氧污染物

废水中能通过生物作用和化学作用而消耗水中溶解氧的物质，统称为需氧污染物。需氧污染物绝大多数是有机物，如蛋白质、碳水化合物、脂肪、氨基酸、醛类、酚类以及酮类等。在工程实际中，通常采用以下几个综合指标来反映需氧有机物的含量。

（1）COD　即化学需氧量，指在酸性条件下，用化学氧化剂氧化单位体积水中的有机污染物时所需的氧量，以每升水消耗氧的毫克数表示。所测定的 COD 一般仅为理论值的 95%左右。

（2）BOD　即生物化学需氧量，简称生化需氧量，表示在有氧条件下，好氧微生物通过生物作用氧化分解单位体积水中的有机物所消耗的氧量。目前水质标准采用在 20℃下分解 5 天所需耗用的氧量，以 BOD_5 表示，它通常是 BOD 总量的 70% 左右，用以表示水中可以被微生物降解的有机污染物含量。

（3）TOD　即总需氧量，当有机物在高温氧化燃烧时，C、H、N、S 分别被氧化为 CO_2、H_2O、NO_2 和 SO_2，此时所消耗的氧量称为总需氧量（TOD）。TOD 的测定条件下，几乎所有的有机物能被全部氧化燃烧，因而几乎能反映出全部有机物被燃烧后所需的氧量，它更接近理论需氧量。

（4）TOC　又称总有机碳，是指水中有机污染物质中的碳含量。在高温燃烧氧化过程中，有机物中所含的有机碳被氧化成 CO_2，用红外气体分析仪测定在燃烧过程中产生的 CO_2，再折算出其中的含碳量。

TOC 和 TOD 这两个指标均可由仪器快速测定，几分钟可完成。BOD 和 COD 不能反映有机物的全部含量，再加上测定 BOD 和 COD 都比较费时间，不能快速测定水体被需氧有机物污染的程度，国内外正在提倡用 TOC 和 TOD 作为衡量水中有机污染的指标。

2. 营养性污染物

营养性污染物主要包括 N、P、K、S 及其化合物，它们是植物生长发育所需的养料。这类营养物质排入湖泊、水库、河流等水流缓慢的水体中，会造成某些藻类大量繁殖，水生生态系统破坏，这种现象被称为水体富营养化。

3. 无机有毒物质

无机有毒物质包括金属毒物和非金属毒物两类。

（1）金属毒物。金属毒物主要指汞、铬、铅、镉、锌、铜等重金属。这些重金属不能被生物所分解，容易沿着食物链富集，在生物体和人体内浓度放大，是危害较大的污染物质。

（2）非金属毒物。非金属毒物主要包括砷、氟、硫、氰化物以及亚硝酸根等。砷进入人体后，可在毛发中、指甲中蓄积，引起慢性中毒，对神经细胞的危害最大。

4. 有机有毒物质

有机有毒物质一般包括酚类化合物、多氯联苯、有机农药、洗涤剂等。

（1）酚类化合物。酚类化合物广泛存在于自然界中。苯酚产生臭味，溶于水，毒性较大，能使白细胞蛋白质发生变性和沉淀。当水体中酚的浓度为 0.1～0.2mg/L 时，鱼肉产生酚味，浓度高时可使鱼类死亡。若人们长期饮用含酚水，可引起头昏、贫血及各种神经系统症状，严重时甚至中毒。

（2）有机农药。有机农药及其降解产物对水环境污染十分严重。有机氯农药是一种高残留农药，其化学性质稳定，长久存留在环境中，很难降解。有机磷农药由于具有药效高、应用范围广、品种多、降解快、残毒低等特点，逐步取代曾经大量使用的有机氯农药，成为世界范围内使用最为广泛的一类杀虫剂。虽然有机磷农药的半衰期较短，但是大多数水生生物对有机磷农药十分敏感，某些种类的有机磷农药降解过程中还能产生毒性更大的产物。因此，有机磷农药的大量使用必然会给水环境带来较高的污染危险，危及许多生物的生存，对水生生态产生多方面不利影响。

（3）多氯联苯。多氯联苯已成为环境污染影响最具代表性物质，不仅污染地表水，还可污染海洋。多氯联苯是一种稳定性极高的合成化学物质，一旦侵入生物肌体就不易排泄，易集聚在脂肪组织、肝和脑中，引起皮肤和肝脏损害。

（4）洗涤剂。洗涤剂在广泛用于生产生活之后，排入水体的量越来越大，逐渐显示出对水环境的危害。洗涤剂中的表面活性剂会使水生动物的感官功能减退，甚至丧失觅食或避开有毒物质的能力，使水生动物失去生存本能。

5. 油类污染物

油类污染物包括石油类污染物和动植物油类污染物两类。沿海和河口石油的开发、油轮运输、炼油工业废水的排放，内河水运以及生活污水的排放等，都可导致水体受到油污。

6. 酸碱污染物

酸碱污染物主要来源于工业废水的排放以及酸雨。各种生物都有自己的 pH 适应范围，超过该范围就会影响其生存。因此，水体受到酸碱污染后，可抑制一些微生物的生长，破坏水体的自净能力、缓冲能力，使水质恶化。除此之外，用污染的水灌溉，还可造成土壤酸化、盐碱化。酸性废水对金属、混凝土材料有一定的腐蚀性，也是不可忽视的环境问题。

7. 生物污染物

生物污染物主要指废水中的致病性微生物及其他有害的生物体，包括致病细菌、病毒、寄生虫以及水草、藻类、铁细菌等。生物污染物主要来自生活污水、医院污水、垃圾和屠宰厂、肉类加工厂、制革厂等工业废水。

8. 热污染

热污染主要来源于工矿企业（如热电厂）向江河排放的冷却水。热污染首当其冲的受害者是水生生物。由于水温升高导致水中溶解氧减少，水生生物代谢速率增高需要更多的氧，造成水生生物在热效力作用下发育受阻或死亡，从而影响环境和生态平衡。此外，热污染还可加快藻类繁殖，从而加快水体的富营养化过程。

9. 固体污染物

各种废水中均含有固体污染物，排入水体后会造成以下几方面危害：①破坏了水的外观，提高了水体的混浊度，增加了给水净化工艺的复杂性；②降低了光的穿透能力，妨碍水生生物的生长，也妨碍了水体的自净作用；③可能堵塞鱼鳃，导致鱼死亡；④沉于河底的悬浮固体形成污泥层，会危害底栖生物的繁殖，影响渔业生产；⑤水中的悬浮物可能成为各种污染物的载体，吸附水中的污染物并随水流迁移，扩大了污染区域。

10. 放射性污染

放射性物质是指各种放射性元素，这类物质通过自身的衰变而放射一定能量的射线，如 α、β 和 γ 射线，能使生物和人体组织受电离而受到损伤，某些放射元素还可被水生生物浓缩，通过食物链进入人体，使人体受到内照射损伤。

二、废水污染物治理技术

1. 废水的物理处理法

物理处理方法是利用物理作用，将废水中呈悬浮状态的物质分离出来，在整个处理过程中污染物质的性质不发生变化。废水的物理处理方法主要有筛滤法、重力分离法和过滤法，相应的处理设备或单体构筑物有格栅或筛网、沉淀池或沉砂池、浮选池或气浮池和过滤池。

2. 废水的化学处理法

废水的化学处理方法主要有化学混凝、中和、化学沉淀、氧化还原等方法，相应的处理设备或单体构筑物有混凝反应装置、中和池、化学沉淀和氧化还原反应池等。

3. 废水的物理化学处理法

物理化学法是利用物理化学反应的作用分离、回收污水中的污染物，其主要方法有吸附、离子交换、膜分离等，相应的处理设备或单体构筑物有吸附柱或塔、离子交换柱或塔、电渗析器、反渗透装置等，物理化学法多用于处理工业废水。

4. 废水的生物处理法

利用微生物的代谢作用把污水中呈胶体态和溶解态的有机污染物质转化为稳定的无害物质，称为污水的生物处理法。目前常用的生物处理法可归纳为表 8-1 所示。

表8-1　废水生物处理法分类

微生物存在形态	好氧处理	厌氧处理
悬浮生长	传统活性污泥法及其变形、氧化沟、氧化塘	厌氧消化地、上流式厌氧污泥床
固着生长	生物绿地、生物转盘、接触氧化法	厌氧绿地、厌氧生物流化床

5. 废水的生态处理法

在天然或人工的生态系统中，利用其中的微生物作用、土壤的物理化学特性净化废水的方法，称为生态工程技术处理法。生态处理系统包括人工湿地废水处理系统、废水土地处理系统和氧化塘等，其特点是所需基建和运行费用低，兼顾环境效益和经济效益，但占地面积一般较大。因此，没有空闲余地时不宜采用，该方法特别适宜于小城镇及乡村使用。

三、污泥处理技术

污泥中含有大量的有机物及其他的有毒有害物质，且污泥含水率很高，体积很大。因此，污泥需要及时处理与处置，以便达到如下目的：①使有害有毒物质得到妥善处理,即无害化;②使容易腐化发臭的有机物得到稳定处理,即稳定化;③使有用物质能够得到综合利用,变害为利,即资源化;④降低污泥含水率,对其进行减容和减量,即减量化。

污泥处理的基本方法有浓缩、消化、脱水、干燥和焚烧等。

1. 污泥浓缩

污泥浓缩的目的是降低其含水率和缩小体积,处理对象是来自二沉池的剩余污泥或初沉污泥和二沉污泥的混合污泥。主要浓缩方法有重力浓缩法、气浮浓缩法和离心浓缩法。

2. 污泥消化

污泥中含有大量的有机物,如果不做进一步处理,容易腐化发臭,成为环境的二次污染源。污泥消化是指在有氧或无氧的人工控制条件下,利用微生物的代谢作用,使污泥中的有机物转化为较稳定物质的过程。污泥消化有厌氧消化法和好氧消化法两种,最常用的是厌氧消化法。

3. 污泥脱水

污泥浓缩后的含水率仍很大,为了便于输送、储存、利用和处置,还要进行脱水,进一步降低其含水率。污泥脱水有自然脱水和机械脱水两种,自然脱水一般又称为污泥干化,机械脱水则习称为污泥脱水。

4. 污泥干燥与焚烧

污泥脱水或干化后,仍含有 65%~85%的水分,且含部分有机物,还会继续腐化。为便于运输和防止二次污染,还需对污泥进行干燥或焚烧处理。污泥干化在干燥器中进行,在 150~500℃的温度下,可将污泥含水率降至 20%左右。经干燥后的污泥体积小,便于包装运输,病原菌和寄生虫卵被完全杀死,有利于卫生。

污泥中含有有机物,干燥后的污泥有机质含量一般在 50%~70%之间,有较高的热值,可以通过焚烧进一步缩小其体积。污泥焚烧是将干燥后的污泥放进焚烧炉中进行焚烧,可将污水中的水分全部除去,同时有机物成分完全无机化,残留物减至最小。当采用焚烧工艺时,污泥不必用污泥消化处理或其他稳定处理,以避免有机物减少而降低污泥的燃烧值。

第三节　食品工业固体污染防治工程

一、固体污染物及危害

固体废物在一定条件下,会发生化学、物理或生物转化,对周围环境造成一定的影响,如果采取的处理与处置方式不当,有害物质将通过大气、水体、土壤和食物链等途径危害环境与人体健康。固体废物对人类环境的危害,表现在以下几个方面。

1. 对土壤环境的影响

某些工业固体废物中含有大量的有害化学物质，经过风化、雨雪淋溶和地表径流的侵蚀，化学物质可进入土壤环境，破坏土壤的性质和结构，使土壤板结、肥力下降，甚至导致土地荒芜，成为草木不生的死亡之地。城市生活垃圾中通常含有病原体、病菌、寄生虫等生物，若不合理处置可使土壤受到生物污染。人直接接触了污染的土壤或食用了污染土壤上种植的蔬菜、瓜果，就会致病，甚至诱发癌症或导致胎儿畸形。

2. 对水环境的影响

固体废物直接向江河湖泊倾倒，不仅减少了水域面积、淤塞航道，而且还会污染水体，使水质下降；当长期不适当堆放时，固体废物会受到雨水的淋溶或地下水的浸泡，使废物中的有毒有害成分析出。析出的有毒有害成分随着地表径流进入江河湖泊等水体，造成地面水污染，同时也会随着雨水下渗，造成地下水污染。

3. 对大气环境的影响

固体废物在收运、堆放过程中，若未做密封处理，则经日晒、风吹、雨淋等作用，会挥发大量废气、粉尘进入大气，加重大气的粉尘污染。如粉煤灰堆遇到四级以上的风力时，可被剥离 $1\sim1.5cm$，灰尘飞扬可高达 $20\sim50m$。固体废物中的有机物质在适宜的温度和湿度下，可被某些微生物分解产生有毒气体，向大气中飘散，造成大气污染。此外，采用焚烧法处理固体废物时，如果不采取严格的尾气处理措施，其排放的废气和粉尘也会严重污染大气。

4. 其他影响

固体废物在城市里大量堆放，不仅妨碍市容，而且还危害城市卫生。城市生活垃圾非常容易发酵腐化，产生恶臭，招引蚊蝇、老鼠等，容易引起疾病传染。

二、固体污染物再利用

固体废物处理是指通过一定的技术手段，将其转化为适宜运输、储存、利用或处置的物料的过程。

1. 固体废物的预处理

固体废物的预处理是指采用物理、化学、生物的方法，将固体废物转变成便于运输、储存、回收利用、处置的形态，一般包括压实、破碎、分选、浓缩、脱水、干燥、固化等预处理技术。

2. 固体废物的资源化技术

固体废物的资源化是指将固体废物中的有用物质转化成有用的产品或能源的技术，主要包括热处理技术和生物处理技术。

（1）热处理技术　固体废物的热处理技术是通过高温破坏和改变固体废物的组成和结构，使废物中的有机物质得到分解或转化，同时达到减容、无害化或综合利用的目的，主要包括焚烧、热解和湿式氧化等方法。

（2）生物处理技术　固体废物的生物处理技术是指直接或间接的利用微生物的氧化、分解能力，对固体废物中的某些组分进行降解、转化，以降低或消除污染物，同时还可生产有用物质和能源的工程技术。可见，生物处理技术既可实现固体废物的减量化、无害化，又可实现其资源化。在废物排放量大且普遍存在，资源和能源短缺情况下，采用该处理技术具有深远意义。目前，应用比较广泛的生物处理技术有固体废物的堆肥化和固体废物的沼气化等。

三、固体污染物的最终处置

固体废物的最终处置是解决其归宿问题。一些固体废物经过资源化利用后，或多或少会有残渣存在，这些残渣中往往富集了大量有毒有害成分，而且难以加以利用。另外，还有一些固体废物在当今的技术条件下无法被利用，只能长期存在于环境之中。为了控制这些废物对环境的污染，需要对其进行科学处置，以确保其中的有毒有害物质在任何时候都不对环境和人类造成危害。固体废物的最终处置方法分为海洋处置和陆地处置两大类。

1. 海洋处置

固体废物的海洋处置包括海洋倾倒和远洋焚烧两种方法。海洋倾倒是利用海洋巨大的环境容量，将废物直接倾入海水中。为了运输和操作方便，被处置的固体废物一般要进行预处理、包装或用容器盛装，特别是，像放射性或重金属废物等有毒有害废物，在进行倾倒前必须进行固化或稳定化处理。废物通常装在专用处置船内，用驳船拖到处置区域。散装废物一般在驳船行进中投放入海，容器装的废物通常加重物后沉入海底，有时也将容器破坏后沉海。

2. 陆地处置

固体废物的陆地处置主要包括土地耕作、深井灌注和土地填埋三种方法。

（1）土地耕作　土地耕作处置是指将固体废物施于农田，充分利用土壤表层的离子交换、吸附、微生物降解、渗滤水的浸出，以及降解产物的挥发等综合作用净化受纳污染物，同时起到改良土壤和增产作用的方法。该方法对废物的质和量均有一定的限制，通常适合处置含有较丰富且易于生物降解的有机质，含盐较低，不含有毒物质的固体废物，如污泥、粉煤灰、城市垃圾等。当这类废物在土壤中经过上述各种作用后，大部分有机质被分解，一部分与土壤底质结合，改善土壤结构，增加肥效；另一部分挥发于大气中，未被分解的部分则永久留存于土壤中。

（2）深井灌注　深井灌注是将固体废物液体化，用强制性措施注入可渗性岩层内。在灌注井施工前，应对灌注区进行钻探，探明地层，寻找适宜的灌注岩层。适于灌注的地层必须满足以下条件，包括岩层必须位于地下饮用水层之下；岩层孔隙率大，有足够的液体吸收容量、面积与厚度，能在适当的压力下将灌注液以适宜速度注入;有不可渗透性岩层或土层与含水层相隔;岩层结构及其含有的液体能与注入液相容。

在灌注前应对废物进行适当预处理,防止灌注后堵塞岩层孔隙。预处理可以采用固液分离,使易堵塞的固体沉出。

(3)土地填埋 土地填埋是指在陆地上选择合适的天然场所或人工改造出的合适场所,把固体废物用土层覆盖起来的处置技术。该法工艺简单、成本较低,可以有效地隔离污染物,而且填埋完毕后的土地还可重新用作停车场、游乐场、高尔夫球场等场所,目前已成为处置固体废物的一种主要方法,适于处置多种类型的废物。但该法也存在着产生渗滤水、易燃易爆或有毒气体以及臭味等致命缺点。根据处置的废物种类,土地填埋可分为卫生填埋和安全填埋两种。

卫生填埋的处置对象主要是城市垃圾或一般固体废物。安全填埋的主要处置对象是有毒有害固体废物,考虑到其对环境的长期潜在危害性,安全填埋对防止二次污染的要求更为严格,除了敷设更为完善的渗滤液集水、排水和处理设施以外,还须设置人造或天然防渗层。

第四节　噪声污染防治工程

一、食品企业噪声来源

食品企业噪声来源,主要是由各种机器设备的震动、摩擦和管道排气产生。食品生产车间噪声由各种生产机械设备产生,如油炸机、食品切丝机等,还有工厂生产车间内空调器、电风扇等产生的噪声。典型噪声的噪声级范围如表 8-2 所示。

表8-2　典型噪声的噪声级范围

不同噪声源		噪声级/dB	不同噪声源		噪声级/dB
交通运输噪声	喷气式飞机发动机	120~160	建筑施工噪声	柴油机打桩机	93~112
	160km/h运行列车	93~98		混凝土搅拌机	70~86
	机动车辆	70~90		挖掘机、推土机	75~84
	交通堵塞时的车辆	可达100以上		振动机	84~91
工厂噪声	电子工业	90以下	社会和家庭生活噪声	洗衣机	50~80
	纺织厂	90~106		抽水马桶、电视机	60~83
	机械工业	80~120		排风机	45~70
	大型球磨机	120左右		电风扇	30~65
	大型鼓风机	130以上		电冰箱	35~45

按照产生的机理,噪声可以分为机械震动性噪声、空气动力性噪声、电磁性噪

声和电声性噪声等四种类型。由于机械运转中的机件摩擦、撞击以及运转中由于动力不平衡等原因而产生的机械震动辐射出来的噪声，称为机械震动性噪声；由于物体作高速运动、气流高速喷射引起周围空气急速膨胀而产生的噪声，称为空气动力性噪声；电磁性噪声是指由于电磁场交替变化引起电气部件振动产生的噪声；电声性噪声则是由于电声转换而产生的噪声。

二、噪声控制措施

噪声污染控制是指采用工程技术措施控制噪声源的声音输出、控制噪声的传播途径和接收，把噪声污染限制在可容许的范围内，以得到人们所要求的声学环境。噪声污染控制一般程序是首先进行减噪环境的噪声现状调查，测量现场的噪声级和噪声频谱，然后根据有关的环境标准确定现场允许的噪声级，并根据现场实测的噪声级和容许的噪声级之差进而制定技术上可行、经济上合理的噪声污染控制技术方案。

噪声源、噪声的传播途径、接受者是发生噪声污染的三个要素，只有三要素同时存在时，才会构成噪声污染。因此，控制噪声污染必须着眼于三要素，即首先要降低噪声源的噪声级，其次从传播途径上降低噪声，最后考虑接受者的个人防护。只有综合考虑这三方面，噪声污染才能得到有效控制。

1. 噪声源的控制

声源是噪声系统中最关键的组成部分，噪声污染的能量均来自声源。因此，降低噪声源的发声声级是噪声控制中最根本和最有效的手段，也是近年来最受重视的问题。对噪声源进行控制，一般有设计控制、管理控制和技术控制三种方法。

（1）设计控制 设计控制是指在工程或产品设计上，使其符合国家有关噪声标准。为此，应首先逐步完善各种噪声标准和法规，使噪声控制实践有法可依，有标准可循。其次，在设计环节应严格执行国家噪声标准和法规。如汽车车辆、建筑机械设备等产品在出厂时，必须把噪声标准作为其众多产品标准的重要组成，严把噪声标准关；民用建筑工程设计时，要务必考虑如水泵、通风系统等声源的合理选址和选型，使其符合《民用建筑隔声设计规范》（GB 50118—2010）的相关要求等。

（2）管理控制 管理控制是指通过管理措施对噪声源的使用加以控制。如汽车在市区内行驶不许鸣喇叭；载重大的过境货车通过途经城市时走外环城路；限制噪声超标的汽车在马路上行驶；限制高噪声车辆的行驶区域；发展公共交通，合理减少道路上的车辆；淘汰高噪声施工机械和工艺，推广使用低噪声的施工机械和工艺；采用合理的操作方法以降低机械设备噪声的发生功率；建筑工程质量监督部门对施工现场的噪声进行测量和监督；对施工人员进行环境知识、意识等方面的教育，使其进行文明施工；环保部门采取行政手段，对娱乐饮食业等社会噪声进行控制等。

（3）技术控制 技术控制是指对声源的某些装置采取定的技术措施，使其发出的声音变小。如将现有的道路路面改造成低噪声路面，以降低车辆轮胎与路面的摩擦噪声；水泵安装时装设减震垫，以降低震动辐射出的噪声；改进设备结构，提高部件加工精度和装配质量，以降低噪声的发生功率；用润滑剂或提高光洁度等方法以减少机械零部件之间的摩擦噪声等。

2. 传播途径的控制

由于技术或经济上的原因，使得从声源上控制噪声难以实施时，可以考虑从传播途径上加以控制。常用方法有以下几种。

（1）充分利用噪声随距离衰减的规律 合理规划防噪布局，中切断噪声的传播途径。如在城市规划时，把高噪声工厂或工业园区与居民区、文教区等隔离开；在工厂内部，把强噪声的车间与生活区分开，强噪声源尽量集中安排，便于集中治理；避免过境道路穿越城市中心；长途汽车站应尽量紧靠火车站，且不宜放在市中心，以避免下火车的旅客为改乘长途汽车而往返于市内；合理划定建筑物与交通干道的防噪声距离，并提出相应的规划设计要求，规定交通干道距离居住区不小于 30m，一级、二级公路和铁路不允许穿越居民区等。

（2）充分利用声源的指向性 高频噪声的指向性较强，可充分利用声源的指向性特点降低噪声。如通过改变机械设备安装的方位来控制噪声的传播方向，使噪声源指向旷野或天空；安装火车站列车报站的喇叭时，应避免朝向周边居民区、学校、幼儿园等敏感性目标；通风系统的出口应避免朝向人群密集处；城市中多建一些带底层商店的住宅等。

（3）利用屏障的阻挡作用 当声波在传播过程中遇到障碍物时，一部分会被反射，另一部分则从屏障的上部绕射，在屏障后形成声影区，声影区的噪声明显降低。因此，可充分利用屏障阻止噪声的传播。如在噪声严重的工厂周围，利用土坡、山冈等天然屏障或设置足够高的围墙建立隔声屏障；在施工现场周围采用围墙围挡可防止建筑施工噪声外泄；交通道路两侧设置足够高的围墙或植树造林，以降低交通噪声对敏感性目标的影响；垂直于街道的住宅建筑，可在山墙墙头沿街布置一些商店之类的服务建筑，或者建筑物后退，在建筑物与车行道之间布置林带，以降低交通噪声对住宅建筑的影响等。

（4）利用声学控制技术 当采用上述措施不能满足环境要求时，可利用吸声、隔声和消声等局部的声学技术进行噪声控制，这是传播途径上进行噪声控制的最有效措施。如利用泡沫塑料、吸声砖等吸声材料，减少室内噪声的反射；在临街建筑设置隔声门窗，以降低交通噪声的传播问题；在通风管道上装设消声器，以降低空气动力性噪声的传播等。

3. 个人防护

因条件限制，噪声源控制和传播途径控制都难以达到标准时，需要采取个人防护的被动措施，在接收点有效阻止噪声。如采用耳塞、防声棉、耳罩和头盔等防护用具对听觉和头部进行防护；采取轮班作业，缩短在强噪声环境中的暴露时间。当噪声超过140dB时，不但对听觉、头部有严重的危害，而且对胸部、腹部各器官也有极严重的危害，尤其是心脏。因此，在极强噪声的环境下，还要考虑人们的胸部防护，如穿上由玻璃钢或铝板内衬多孔吸声材料制成的防护衣等。

三、震动控制措施

1. 防震装置

安装机械设备时，多数情况下需要安装防震装置以防止机械设备的震动传向地板和墙壁，形成噪声声源。当震动传给房屋时，会出现二次声音，并造成噪声污染。例如，车间、医院、办公室等，常常因为隔壁动力机械、电梯等的震动出现新的噪声源。常用的防震装置有防震垫、防震弹簧、防震圈等，这些防震支撑能简单而有效地防止震动，减少噪声。

2. 消声装置

风机、水泵、空气压缩机等难以密闭的机械，最常用的消声办法是在设备的入口、出口或管道上安装消声器或类似的消声装置。用消声器消除高频噪声一般都会收到良好的效果，而消除低频噪声，效果往往不理想。为此，不得不设计和安装体积相当庞大的消声器，这又是不经济的。所以，在防止低频噪声时，宜采用共鸣措施等特殊手段，来达到消除噪声的目的。常用的消声器有以下几种。

（1）阻性消声器　阻性消声器是把吸声材料，例如玻璃棉、木丝板、泡沫塑料等固定在气流通过的管道内壁或按一定排列方式装置在管道中，利用吸声材料使噪声能量耗损，达到降低噪声的目的。阻性消声器构造简单，设计、制造容易，对较宽范围的中、高频率的噪声有很好的消声效果。在气体流量小时，要用管式阻性消声器。当气体流量大时，往往把吸声材料安装成片式、蜂窝式或迷宫式，以提高消声效果。在应用中应注意避免把它用于高温、高湿气体的场合。

（2）抗性消声器　这种消声器是用声波的反射或干涉来达到消声的目的。它又分为膨胀腔式和共鸣式两类。膨胀腔式消声器又称为扩张室式消声器。它是在截面为 S1 的管道上连接段截面突然扩大为 S2 的管段构成膨胀的。为了提高消声效果，膨胀腔可由多段组成，或者在膨胀腔再加上微孔板等。抗性消声器适用于消除低、中多孔扩散消声器，多孔扩散消声器是让气流通过多孔装置而扩散，从而达到降低噪声目的。这种消声器降低噪声效果显著，一般可使噪声降低30～50dB，而且结构简单，重量较轻。但容易积尘，造成小孔堵塞，所以在使用中要定期清洗。

作为机械的使用厂家，为了减少噪声的危害，可以根据厂房或者房屋的具体情况进行种种消声处理，这也是减少噪声的一种有效方法。对噪声较大的机械厂房，充分利用吸声技术进行消声减噪处理，能够收到十分明显的效果。例如，在墙壁和顶棚上贴木屑板、聚苯板等吸声材料。然而，对已具备某种程度吸声能力的厂房，要想再增加数倍吸声能力就比较困难了。如果不是室内产生的噪声，而是通过墙壁或窗户传来的声音，这时可以把墙壁和窗户当作声源来考虑。准备把噪声降低到什么级水平，就在壁面采取什么样的措施。例如，当大街上的汽车噪声或天空的飞机噪声传入室内时，就应考虑窗户为声源，密闭窗户并设法增加壁面的吸声能力，以便保持室内的环境条件。

声音会从室内传到室外或从室外传到室内，也会从一个厂房传到另一个厂房。为了减少其传播应考虑墙壁本身的隔声功能，墙壁本身就是最好的隔声措施之一。隔声墙一般都是用来隔断来自室外的种种声音。如果墙壁距离声源或受害者较远，隔声效果则不好，这就是宽阔的工厂厂界线上设置围墙往往对防止噪声无济于事的原因。

在工厂周围植树，能够减少灰尘、美化环境，而对防止噪声多半只起到心理上的作用，而没有明显的实际效果。种植绿篱、灌木、花卉尤其是这样。用距离防止噪声是重要防止噪声的技术措施。如果有条件的话，把噪声源与受害者分开一定的距离来防止噪声，会收到理想的效果。在工厂，把声源和受害者尽可能地离开些距离也是防止噪声的常用办法。例如，靠近居民区的工厂，在厂区配置时，应把噪声大的车间配置到远离居民区的一边，把没噪声的或噪声小的车间放到靠近居民区一边。

第五节　绿化工程

在工厂中，应用绿色植物在保护环境和净化空气方面的特殊作用，合理地组织空间，创造宜人而良好的劳动环境，以保证职工的身心健康，提高生产效率，很有必要。

一、绿化对环境的保护作用

1. 调节温湿度，改善小气候

树木和草坪能有效地反射太阳辐射热，一般大约只有47%的太阳辐射能透到树冠下。在炎热的夏天，树木通过叶片蒸发水分，以降低自身的温度，提高树叶附近空气中的湿度。所以在绿化好的地方，人们会感到空气清新而凉爽。

食品厂某些车间有空调设备，日常消耗的水电开支很大，而且这类车间外围常设车间办公室或临时仓库等辅助用房，作为车间与室外的过渡性建筑，人们的进出能影响车间的温度与湿度。因此，在车间周围大搞绿化，对调节车间外部的温度和湿度能起一定作用。

2. 减尘杀菌，净化空气

枝叶茂盛的树木和草坪可以阻滞空中和地面的固体微粒污染物的飞扬，起到滞留和吸收作用，是净化大气的特殊过滤器。树木在吸收粉尘的同时，也吸收其他有害气体混合物，空气中72%的粉尘和60%的二氧化硫将沉积和吸附在乔灌木上。附着在枝叶表面的尘埃，又经过风吹雨淋而被带走，使树木重新恢复蒙尘能力。据测定，1公顷林木1年内可净化1800万立方米的空气。草坪和一些低矮的地被植物，对于防止地面的二次扬尘，吸收和过滤粉尘有特殊的作用。一般在有草皮覆盖的地方，空气中的粉尘大约只有裸露地面的1/5～1/3，工厂中许多管线多而土层小于30cm的地方，应以种草坪为主。

3. 吸毒减噪，增强健康

许多工厂在燃料燃烧过程中，产生大量二氧化硫，它是大气污染物质中数量最多、分布最广、危害最大的气体。植物通过叶片的气孔，能吸收二氧化硫。植物从空气中吸收的硫，除一部分在叶片内积累外，一部分转化为有机物如胱氨酸、蛋氨酸等，少量转移到根部或排出体外。

4. 监测环境，促进平衡生态

利用植物对某些有害气体的敏感性，作为大气的"监测仪器"。因为植物对环境污染远比人和动物要敏感得多，当植物表现受害症状时，就预示污染浓度需要注意了。

5. 防灾防火防风作用

据研究，当风速为8m/s，房屋的建筑率（建筑与用地的比例）在22%左右，各栋楼房之间时相距10～22m之间时，即有利于阻止火灾的蔓延。绿地和开放空间对大城市火灾的防止效果约为58%。防火为主的绿带，以两边植两行树，中央为空地的配植较一般种满树的林带效果为佳。绿地不仅有物理上的防火作用，而且绿地式开放空间还给人以安全感，在受灾时可作为避难和疏散用的缓冲地段。树林和草地都能降低风速而起防护作用。一般与主风向垂直的防护林带，从上风向相当于树高的6倍至下风向树高的35倍范围内，能起到减风速的作用。

二、绿化措施

工业企业排放出来的"三废"是污染环境的主要根源，由于各种植物对降低环境污染有不同的能力，因此，绿化措施要根据企业性质而有所区别。

1. 重工业工厂的绿化措施

重工业工厂具有占地面积大、工序复杂、车间多、炉窑多、露天堆场大、运输量大和道路多等特点。因此，在排放烟尘的车间周围应种植抗烟尘的树木，道路绿化要作为重点内容，使全厂道路形成纵横交错的绿化骨架，减少车辆扬尘、废气和噪声的污染。

在车间周围空旷地带可以种植高大的乔木，以造成树荫产生降温的效果；堆料场四周可以种植高的绿篱；空地都种植草皮，减少裸露的泥土地，不使灰尘飞扬；办公区与厂房间用高大整齐的树木隔开。在有条件的情况下，可以配以园艺小品、花坛、观赏树木等。

2. 轻工业工厂的绿化措施

食品工厂的四周,特别是在靠马路的一侧,应有一定距离的树木组成防护林带,起阻挡风沙、净化空气、降低噪声的作用。种植的绿化树木、花草,要经过严格选择,食品工厂内不栽产生花絮、散发种子和特殊异味的树木花草,以免影响产品质量。一般来说,选用常绿树较为适宜。

3. 排放有害气体工厂的绿化措施

排放有害气体的工厂,包括化肥厂、农药厂、冶炼厂、铝厂、硫酸厂等。这些工厂产生有害气体的车间与生活区、办公室之间必须种植较宽的隔离林带,林带宽度可在30~150m,由3~5行高大乔木组成,面向污染源的第一行树木要选种抗污力强的树种,其他配置吸污能力强的树木。如果没有足够的植林面积,也可在生产区和生活区之间的马路旁种植高大的行道树。

4. 有粉尘污染的工厂的绿化措施

产生粉尘污染的工厂与办公室区、生活区之间应设置高大乔木(配以小乔木和灌木)林带,以阻挡、吸滞粉尘。在产生污染物的建筑物周围应大量种植各种乔木、灌木和绿篱,组成浓密的树丛,对粉尘进行阻挡和过滤。较好的防尘树种有刺楸、榆树、朴树、重阳木、刺槐、臭椿、构树、悬铃木、女贞、泡桐等。

5. 有噪声污染的工厂的绿化措施

在发生噪声的车间周围,应设置较宽的隔声林带,或在噪声源和办公区、生活区设置几道窄林带(或高绿篱),形成较宽的隔声区。

(1)林带宽度 总图布置比较紧凑时,林带宽度可为6~15m;有条件的情况下,最好为15~30m;如能建立多条窄林带,效果更好。

(2)林带高度 林带中心的树行高度最好在10m以上。

(3)林带长度 防声林带的长度大致应为声源到受声区距离的2倍。

(4)防声林与声源的距离 防声林应尽量靠近声源而不要靠近受声区,一般林带边缘到声源的距离应在6~15m之间。

(5)林带的结构与配置 林带以乔木、灌木和草地相结合,形成一个连续、密集的障碍带,树种应选择较高大的、树叶密集的、叶片垂直分布均匀的乔木,也可以用小乔木、矮灌木与草地配合。常绿树种防声效果更好。

三、对绿化植物的要求

1. 环境污染对植物的影响

(1)植物受大气污染危害的主要特点 工厂排放的有害气体会使植物受害,其受害症状容易与冻害、干旱、药害、缺肥等症状相混淆,但受大气污染危害的植物有以下一些特点。

① 具有与风向有关联的方向性。即植物受害是沿着污染源顺风方向形成条状或扇状分布。

② 受害程度一般与污染源距离有着密切的关系，一般距离污染源越远，受害程度越轻。

③ 处于障碍物附近的植物能够幸免受害，因为气体扩散遇到障碍物会受到一定阻挡的作用，植物可避免受害。

④ 大气污染危害不只局限在一种植物上，在一定范围内同时涉及各种植物，而其受害程度又可以各不相同，一般敏感植物受害重。

（2）主要大气污染物质对植物的伤害症状 由于大气污染物质种类较多，对各种植物伤害的表现各不相同，因此不仅要掌握植物受大气污染危害的特点，而且应当具体了解主要有害物质及其对植物的伤害症状特点，便于针对不同有害气体，选择不同的抗性植物，从而正确地发挥抗性植物在环境保护中的作用。主要大气污染物质对植物的伤害症状表现如下。

① 二氧化硫 二氧化硫伤害植物时，落叶阔叶树在叶脉间出现不规则的坏死斑，一般先是脱绿，呈黄褐色，其伤斑的边缘常有较深的色泽，呈棕褐色，而叶脉不受害，仍保持绿色，与健康组织形成明显界限。针叶植物则从叶尖部向下发展，呈条状斑，受害部位先脱绿呈棕红色，后慢慢地变成褐黄色斑点，当危害严重时，可使叶片萎蔫下垂或卷曲，叶片脱落，植物早衰呈"小老树"。受害明显、抗性弱的有紫花苜蓿、油松等。

② 氯气 氯气伤害可使植物叶或小叶卷曲，从两缘向上卷缩，尖部向上翘起或卷曲，有时向下卷，严重伤害可引起密集的脱绿小点，逐渐扩大而集结成较大的脱绿漂白斑点，脱绿斑中央出现各种褐色的伤斑，呈不规则点斑或块斑，伤斑周围有浸润状的周缘，易引起落叶，但受伤组织与健康组织之间往往没有明显的界限，可与二氧化硫伤害加以区别。一般对氯抗性弱的植物有柳树、梧桐、白兰花、茉莉、楸树等。

③ 氟化物 氟化物以氟化氢有毒气体为主，受害植物伤斑最初多数集中于叶片的先端和边缘，呈环状、带状分布，然后逐步向里发展，并使叶缘及叶尖枯焦，严重受害时整叶枯焦脱落。一般受害组织与健康组织有鲜明的界限，两者之间产生一条红棕色带。对氟化氢抗性弱的植物有唐菖蒲、白蜡、海桐、玉簪等。

④ 其他气体

氨：当氨浓度达 40μL/L 时，可使叶片受害，一般为叶肉组织崩溃，叶绿素解体，造成叶脉间呈点状、块状褐黑色斑块。如臭椿、楝树在氨浓度为 50μL/L 就受害，幼叶掉落。有的沿叶脉两侧产生条状伤斑，伤斑与正常组织间多数有分明的界限。对氨污染敏感的植物有臭椿、木槿等。

乙烯：乙烯是一种生长激素，但超过一定浓度，可以影响植物的正常生长发育，主要使植物的伸长生长受抑制，呈畸形发展。失去顶端优势，促使侧枝生长，叶片下垂皱缩，果实过早成熟和着色等，急性危害使植株死亡。对乙烯污染敏感的植物有芝麻、四季海棠、文冠梨等。

酸雾：一般有硫酸雾、盐酸雾、硝酸雾等，伤害植物时，可使叶面上出现许多细密的各种近圆形坏死斑点。

（3）抗性植物划分等级的依据　植物种类繁多，它们生长发育阶段各不相同，对大气污染物质的反应差别比较大，一般抗性植物的等级划分主要依据以下几个方面。

① 植物受害程度的轻重　根据植物叶片、枝梢、树皮等部位对大气污染物的反应、受害程度的轻重和伤害症状表现来划分。受害重、症状明显者，属于抗性弱。

② 植株生长状况的好坏　根据植物受污染后叶子不同阶段的表现、形状大小色泽变化；枝梢疏密程度、新梢粗细和长短；树冠高矮和胸径大小；以及生长快慢、产量质量变化等来衡量植物抗性能力。

③ 植物受害后恢复能力的强弱　一些植物受害后，生长虽受到一定的影响，但能重新恢复生长能力，对最后的产量和质量影响不大，则其抗性较强。如合欢受氯气污染后落叶，很快又能长出新叶；又如玉簪受氟化氢污染危害后，也具有较好的恢复能力。

④ 对其他不良条件的抵抗能力大小　一般植物受到污染危害后，往往对不良条件如病虫害、干旱等的抗性能力降低。因此，衡量植物抗性，必须全面综合考虑。

以上着重以外部表现来划分抗性等级，有的外部表现不明显，可以结合进行叶内含污染物的分析。一般在污染区生长正常的植物，叶内含污染物高于对照区，往往属于净化能力强的植物。

（4）对尘埃抗性等级的划分　由于粉尘对植物的污染形式不同，一般可分为停着、附着和黏着三种。抗尘强的植物一般指有较强的蒙尘停着或少数附着能力，又不影响植物的正常生长发育，也不影响产量和品质者。抗尘中等的植物指有一定的蒙尘（附着及部分停着）能力，正常生长发育受一定影响，但不影响产量和品质者。抗尘能力弱的植物蒙尘能力较差，以黏着尘为主，不易恢复重新蒙尘的能力，植物往往生长发育不良，产量和质量受到直接影响。

（5）抗性植物的分类　由于工厂大气中污染物质的种类较多，最普通的有毒气体有二氧化硫、氯气、氟化氢、氮氧化物等。植物种类繁多，生长状况各不相同，对大气污染的反映有很大差别，其抗性等级也不同。

2. 植物的生态习性与观赏特性

（1）生态习性　植物的生态习性表现在对环境条件的要求上，工厂绿化时要根据具体环境条件加以选择耐酸性的树种有白蜡、榆树、加拿大杨、夹竹桃、白花泡桐、刺槐、皂荚、山桃等。耐碱性的树种有白榆、苦楝、柽柳、臭椿、槐树、桑树、杜梨、侧柏、枣、杏、榆叶梅、紫穗槐、水曲柳等。耐干旱的树种有小叶杨、臭椿、榆树、槲树、油松、玉兰、山里红、毛白杨、杜仲等。耐阴树种有黄栌、垂盆草、云杉、珍珠梅等。

（2）观赏特性　自然界的植物千姿百态，它们不同的观赏特性是树种选择时要加以注意的。

观花：合欢、玉兰、樱花、山桃、梨、碧桃、紫薇、连翘、丁香、海棠、木槿、李、杏等。

观姿态：银杏、七叶树、雪松、棕榈、云杉、龙柏等。

观叶：银杏、黄栌、五叶地锦、枫树、美国白蜡、丝棉木、野漆、元宝枫、柿树等。

观果：柿树、南天竺、金银木、小檗等。

进行种植设计时，要求设计者不仅掌握植物的形态特征和生态习性，还应对植物的物候有初步了解，才能创造出从春到秋开花不断的景观。

植物配置必须从整体出发，平面上要注意配置的疏密和轮廓线，在竖向上要注意树冠线，成片树木还要留出透视线和景观的层次，注意远近观赏效果。另外植物配置还应处理好与建筑、山、水、道路的关系。植物个体的选择，如体形、高矮大小、轮廓等都应有合适的比例。

第六节　环境质量评价工程

在进行环境污染控制、环境规划和环境管理等工作时，一个必不可少的基础工作是环境质量的现状评价。通过环境质量的现状评价，明确评价区域的环境质量所处水平与状况，分析引起环境质量变化的原因，为污染治理和环境质量改善提供科学依据。

一、环境质量评价意义

环境质量评价是指根据环境监测、环境调查及其他方式获取的环境数据资料，按照一定的评价标准，选取适宜的评价方法对一定区域内的当前环境质量所进行的描述分析与评定。环境质量评价的意义在于研究、控制和保护环境质量，使之与人类的生存和发展相适应。环境质量评价不仅是进行环境污染控制和环境质量改善的基础，而且是环境规划和环境管理的依据。

二、环境影响评价的标准体系

在人类社会发展中，人们已经认识到，为了自身的生存和发展，需要协调社会经济发展与环境保护的关系，开展环境影响评价，进行环境管理。而环境影响评价和环境管理都必须依据环境标准。

1. 环境标准的概念

环境标准是控制污染、保护环境的各种标准的总称。环境标准是为了保护人群健康、社会物质财富和促进生态良性循环，对环境结构和状态，在综合考虑自然环境特征、科学技术水平和经济条件的基础上，由国家按照法定程序制定和批准的技术规范；是国家环境政策在技术方面的具体体现；也是执行各项环境法规的基本依据。

2. 环境标准体系

按照环境标准的性质、功能和内在联系进行分级、分类，构成一个统的有机整体，称为环境标准体系。各环境标准之间互相联系、互相依存、互相补充，具有配套性，相互之间协调发展，这个体系不是一成不变的，它与各个时期社会经济的发展相适应，不断变化、充实和发展。我国目前的环境标准体系，是根据我国国情，总结多年来环境标准工作经验、参考国外的环境标准体系而制定的。

主要环境标准简述如下。

（1）环境质量标准　环境质量标准是指在一定时间和空间范围内，对各种环境介质（如大气、水、土壤等）中的有害物质和因素所规定的容许容量和要求，是衡量环境是否受到污染的尺度，以及有关部门进行环境管理、制定污染排放标准的依据。环境质量标准分为国家和地方两级。国家环境质量标准是由国家按照环境要素和污染因素规定的环境质量标准，适用于全国范围。地方环境质量标准是地方根据本地区的实际情况对某些标准的更严格要求，是对国家标准的补充、完善和具体化。环境质量标准主要包括大气质量标准、水质量标准、环境噪声及土壤、生物质量标准等。

（2）污染物排放标准　污染物排放标准是根据环境质量要求，结合环境特点和社会、经济、技术条件，对污染源排入环境的有害物质和产生的有害因素所做的控制标准，或者说是排入环境的污染物和产生的有害因素的允许限值或排放量（浓度）。污染物排放标准对于直接控制污染源，防治环境污染，保护和改善环境质量具有重要作用，是实现环境质量目标的重要手段。污染物排放标准也分为国家污染物排放标准和地方污染物排放标准两级。

（3）环境基础标准　环境基础标准是在环境保护工作范围内，对有指导意义的有关名词术语、符号、指南、导则等所做的统一规定。在环境标准体系中它处于指导地位，是制定其他环境标准的基础，如地方大气污染物排放标准的技术方法、地方水污染物排放标准的技术原则和方法，以及环境保护标准的编制、出版、印刷标准等。

（4）环境方法标准　环境方法标准是环境保护工作中，以试验、分析、抽样、统计、计算等方法为对象而制定的标准，是制定和执行环境质量标准和污染物排放标准，实现统一管理的基础，如锅炉大气污染物测试方法、建筑施工场界噪声测量方法、水质分析方法标准。有统一的环境保护方法标准，才能提高监测数据的准确性，保证环境监测质量;否则对复杂多变的环境污染因素，将难以执行环境质量标准和污染物排放标准。

（5）环境标准样品标准　环境标准样品标准是对环境标准样品必须达到的要求所做的规定。环境标准样品是环境保护工作中，用来标定仪器、验证测量方法、进行量值传递或质量控制的标准材料或物质。

（6）环保仪器设备标准　环保仪器设备标准是为了保证污染物监测仪器所监测数据的可比性和可靠性，以保证污染治理设备运行的各项效率。对有关环境保护仪器设备的各项技术要求也编制统一的规范和规定。

（7）强制性标准和推荐性标准　凡是环境保护法规、条例和标准化方法上规定的强制执行的标准为强制性标准，如污染物排放标准、环境基础标准、环境方法标准、环境标准样品标准和环保仪器设备标准中的大部分标准均属强制性标准；环境质量标准中的警戒性标准也属强制性准。其余属推荐性标准。

总之，环境质量标准是制定污染物排放标准的主要依据。污染物排放标准是实现环境质量标准的主要手段和措施。环境基础标准是环境标准体系中的指导性标准，是制定其他各种环境标准的总原则、程序和方法。而环境方法标准、环境标准样品标准和环保仪器设备标准是制定、执行环境质量标准和污染物排放标准的重要技术依据和方法。它们之间的关系是既互相联系，又互相制约。

第九章

食品工厂基本建设概算

第一节　项目概算

项目概算是编制项目概算书的重要组成部分，项目进行初步设计阶段，由项目单位根据初步投资估算、设计要求以及初步设计图纸，依据概算定额或概算指标、各项费用定额或取费标准、建设地区自然、技术经济条件和设备、材料预算价格等资料，或参照类似工程预算和决算文件，确定和编制的建设项目从筹建开始到全部工程竣工、投产和验收所需要的全部建设费用的经济文件。

一、项目概算的意义

① 项目概算是对建设项目所需的总投资的预测和估算，是编制项目投资计划、确定和控制建设项目投资额度的依据。国家规定，编制年度固定资产投资计划，确定项目投资总额及其构成数额，要以批准的初步设计概算为依据，没有批准的初步设计及其概算的建设工程不能列入年度固定资产投资计划。初步项目概算经过有关部门批准后，作为项目建设投资的最高限额，如果不经过规定的程序批准，在项目建设过程中，年度固定资产投资计划安排，银行拨款或贷款、施工图及其预算、竣工决算等，原则上是不能突破这一限额。投资项目的设计、项目管理组织与项目招标投标、项目施工管理、项目竣工验收等各个工作环节都要以项目概算为依据。

② 初步项目概算是进行项目技术经济分析的前提条件之一。

评价一个项目技术经济的优劣，应综合考核每个技术经济指标。其中，工厂总成本、单位成本、折旧基金、投资回收期、贷款偿还期、内部收益率等的计算，都需在概算投资额计算出来之后才能进行。一个投资项目在确定之后，在建设初期一般提出几个不同的方案，其中可通过计算各项技术经济指标进行多方案进行比较，通过项目概算反映设计方案技术、经济合理性等，据此可以用来对不同设计方案进行技术与经济合理性的比较，以便选择最佳的设计方案。

③ 项目概算是确定项目贷款额度的依据。

投资项目的资金来源主要是项目投资主体的自有资金，其次是信贷资金，部分项目还能得到赠款、财政无偿拨款或借款。借贷资金是以项目的名义向有关金融机构、金融组织等获得的借款，是项目建设资金的重要来源。为满足项目建设既定目标的实现，项目资金的筹备必须在自有资金等具体资金来源确定的条件下，通过项目概算来确定需要贷款的额度。

④ 项目概算是确定项目拨款、项目实施和控制项目阶段投资额度的依据。

一个完整的项目概算在进行初步设计之前需要进行总体规划或总体设计，在项目概算中一般要按照设计的要求确定项目建设的阶段投资额。其中投资项目的资金来源主要包括自有资金和信贷资金。项目设计阶段一般取决于项目建设工程规模的大小和技术的复杂程度以及设计水平的高低等因素。对技术比较复杂的项目还需要增加技术设计阶段，采用初步设计、技术设计和加工图三个阶段设计。这就要求项目概算在每个阶段给出确定的阶段投资额。

⑤ 项目概算是考核与评价项目投资效果的依据。

通过项目概算与竣工决算对比，可以分析和考核投资效果的好坏，同时还可以验证项目概算的准确性，有利于加强项目概算管理和建设项目的造价管理工作。

⑥ 项目概算是编制项目建设年度计划的依据。

项目设计中对项目建设所需要的财力、人力、物力等都做出了精确的预算。在项目实施之前还需要进行建设工期和年度建设计划的编制，在项目设计过程中项目概算经过批准后，可作为编制项目分年度投资计划的依据。

二、项目概算的内容

项目概算的内容一般由建筑工程费用、设备及工具器具购置费用、建筑设备安装工程费用、其他费用及预备费等组成。

1. 建筑工程费用

主要指建设项目在工程建设期发生的各种费用，包括直接、间接费用、计划利润及税金等四部分组成。

直接费用，指直接耗用在建设项目建筑工程上的各种费用的总和，一般由人工费、材料费、施工机械使用费及其他直接费用组成。

间接费用，包括施工管理费和其他间接费两部分。

（1）施工管理费　指施工管理工作人员工资及附加费、办公费、差旅费及有关部门管理费等。

（2）其他间接费　指固定资产及工具器具使用费、劳保费、检验测试费、人员培训费及施工队伍调遣费等。间接费一般建筑工程以直接费为基础按间接费率计算。

（3）计划利润　指我国建筑安装企业承包建安工程按照国家统一规定计取的利

润。这是作为独立存在的建筑部门和建筑企业具有自身发展所必需的经济利益和经营自主权的需要，它对于促进建筑企业经济核算，调动建筑业广大职工的积极性有着重要的意义。现行制度下，计划利润是以工程预算成本为基础，按国家统一规定的利润率计提。

（4）税金　指的是国家税法规定的应计入建筑安装工程造价内的营业税、城市维护建设税、教育费附加以及地方教育附加等。这些税金是建筑工程费用中必须支付的一部分，以确保企业遵守国家税收法规。

2. 设备及工具器具购置费用

主要为购置需要安装和不需要安装的全部设备而花费的所有费用，包括工业产品的原价、供销部门的手续费、包装费、运输费、采购及保管费等。

工业产品的原价，主要指购置所需工业产品的价格。有出厂价的产品安装出厂价计算，没有出厂价的产品按照厂家报价或参考有关资料或同类产品进行估计计算。

设备运杂费，指设备原价之外的关于设备采购、运输、途中包装及仓库保管等方面支出费用的总和。进口设备按照中国进出口公司、各专业公司的算法计价；直接向国外订货的设备，按照报价或者签订的合同价并按照有关标准作出适当调整后计价；无报价也没有签订合同的设备，可以参考国内同类进口设备进行价格计算。

工具、器具及家具购置费，主要指项目新建或扩建项目初步设计规定的，保障初期能够正常生产而购置的为达到固定资产标准的设备、工具、器具及生产用家具等所发生的费用。可以全厂设备购置为基础按照一定费率计算得到，也可按照项目设计生产工人的定员及定额计算得到。

3. 建筑及设备安装工程费用

按照住房城乡建设部、财政部关于印发《建筑安装工程费用项目组成》的通知（建标[2013]44号）规定，建筑安装工程费主要有两种不同的分类方式，一种是按照费用构成要素划分，另外一种是按照工程造价形成划分。

（1）将建筑安装工程费按照费用构成要素可划分为人工费、材料费、施工机具使用费、企业管理费、利润、规费和税金。其中人工费、材料费、施工机具使用费、企业管理费和利润包含在分部分项工程费、措施项目费、其他项目费中。

① 人工费　是指按工资总额构成规定，支付给从事建筑安装工程施工的生产工人和附属生产单位工人的各项费用。内容包括计时工资或计件工资、奖金、津贴补贴、加班加点工资以及特殊情况下支付的工资，其中特殊情况下支付的工资是指根据国家法律、法规和政策规定，因病、工伤、产假、计划生育假、婚丧假、事假、探亲假、定期休假、停工学习、执行国家或社会义务等原因按计时工资标准或计时工资标准的一定比例支付的工资。

② 材料费　是指施工过程中耗费的原材料、辅助材料、构配件、零件、半成品或成品、工程设备的费用。内容包括材料原价、运杂费、运输损耗费以及采购及保管费。

③ 施工机具使用费　是指施工作业所发生的施工机械、仪器仪表使用费或其租赁费。主要包括仪器仪表使用费和施工机械使用费，其中施工机械使用费由折旧费、大修理费、经常修理费、安拆费及场外运费、人工费、燃料动力费和税费七部分组成。

④ 企业管理费　是指建筑安装企业组织施工生产和经营管理所需的费用。内容包括管理人员工资、办公费、差旅交通费、固定资产使用费、工具用具使用费、劳动保险和职工福利费、劳动保护费、检验试验费、工会经费、职工教育经费、财产保险费、财务费、税金、技术转让费、技术开发费、投标费、业务招待费、绿化费、广告费、公证费、法律顾问费、审计费、咨询费等。

⑤ 利润　是指施工企业完成所承包工程获得的盈利。

⑥ 规费　是指按国家法律、法规规定，由省级政府和省级有关权力部门规定必须缴纳或计取的费用。包括社会保险费（包括养老保险费、失业保险费、医疗保险费、生育保险费和工伤保险费）、住房公积金和工程排污费。

⑦ 税金　是指国家税法规定的应计入建筑安装工程造价内的营业税。

（2）将建筑安装工程费按照工程造价形成可分为分部分项工程费、措施项目费、其他项目费、规费、税金组成，分部分项工程费、措施项目费、其他项目费包含人工费、材料费、施工机具使用费、企业管理费和利润。

① 分部分项工程费　是指各专业工程的分部分项工程应予列支的各项费用。主要包括专业工程和分部分项工程。

② 措施项目费　是指为完成建设工程施工，发生于该工程施工前和施工过程中的技术、生活、安全、环境保护等方面的费用。内容主要包括：安全文明施工费、夜间施工增加费、二次搬运费、冬雨季施工增加费、已完工程及设备保护费、工程定位复测费、特殊地区施工增加费、大型机械设备进出场及安拆费和脚手架工程费。

③ 其他项目费　主要包括暂列金额、计日工、总承包服务费和暂估价。其中暂列金额是指建设单位在工程量清单中暂定并包括在工程合同价款中的一笔款项。用于施工合同签订时尚未确定或者不可预见的所需材料、工程设备、服务的采购，施工中可能发生的工程变更、合同约定调整因素出现时的工程价款调整以及发生的索赔、现场签证确认等的费用。总承包服务费是指总承包人为配合、协调建设单位进行的专业工程发包，对建设单位自行采购的材料、工程设备等进行保管以及施工现场管理、竣工资料汇总整理等服务所需的费用。

第二节　工程项目概算的方法

一、工程项目层次划分

工程项目，一般指在一个总体设计或初步设计范围内，由一个或若干个相互有内在联系的单项工程组成，建成后在经济上可以独立核算经营，在行政上又可以统一管理的工程单位。在一个设计任务书的范围内，按规定分期进行建设的项目，仍算作一个建设项目。就项目概算的整体而言，设备及工具、器具的概算价值比较容易计算；工程建设的其他费用确定也比较方便，可以按照国家或者地方有关部门单位的规定进行计算即可。但是建筑及按照工程造价的确定，需要安装工程项目的划分，分层次逐项计算，然后汇总，求出整个建设项目的工程造价。工程项目的层次划分一般如下。

1. 单项工程

是指在一个建设单位中，具有独立的设计文件，竣工后可以独立发挥生产能力或工程效益的工程，如工业企业建设中的生产车间仓库、锅炉房、办公楼等，通常又称作单体项目。单项工程的施工条件往往具有相对的独立性，因此一般单独组织施工和竣工验收。工业建设项目中的各个生产车间、生产辅助办公楼、仓库等，民用建设项目中的某幢住宅楼等都是单项工程。

2. 单位工程

是指具有单独设计，可以独立组织施工的工程。通常又称为子项工程，是单项工程的组成部分。一般情况下指一个单体的建筑物或构筑物，民用住宅也可能包括一栋以上同类设计、位置相邻、同时施工的房屋建筑或一栋主体建筑以及附带辅助建筑物共同构成的单位工程。建筑物单位由建筑工程和设备工程组成。住宅小区或工业厂区的室外工程，按照施工质量评定统一标准划分，一般分为包括道路、围墙、建筑小品在内的室外建筑单位工程，电缆、线路、路灯等的室外电气单位工程，以及给水、排水、供热、煤气等的建筑采暖卫生与煤气单位工程。

3. 分部工程

是按照工程结构的专业性质或部位划分的，亦即单位工程的进一步分解。当分部工程较大或较复杂时，可按材料种类、施工特点、施工程序、专业系统及类别等分为若干子分部工程。例如，可以分为基础、墙身、柱梁、楼地面、装饰、金属结构等，其中每一部分成为分部工程。

4. 分项工程

是按主要工种、材料、施工工艺、设备类别等进行划分，也是形成建筑产品基本部构件的施工过程，例如钢筋工程、模板工程、混凝土工程、木门窗制作等。分项工程是建筑施工生产活动的基础，也是计量工程用工用料和机械台班消耗的基本单元。一般而言，它没有独立存在的意义，它只是建筑安装工程的一种基本构成要素，是为了确定建筑安装工程造价而设定的一种产品。如砖石工程中的标准砖基础，混凝土及钢筋混凝土工程中的现浇钢筋混凝土矩形梁等。

二、工程项目性质划分

建筑工程根据各个组成部分的性质和作用划分为。

（1）一般土建工程　包括建筑物与构建物的各种结构工程。

（2）特殊构筑物工程　包括设备基础、烟囱、水池和水塔等。

（3）工业管道工程　包括压缩空气、煤气、蒸汽和输油管道等。

（4）设备及其安装工程　包括机械设备及安装、电气设备及安装两大类。

（5）电气照明工程　包括室内外照明设备安装、变配电设备的安装工程和线路敷设等。

（6）卫生工程　包括上下水管道、通风和采暖等。

三、概算文件组成

项目概算书的内容由建设项目总概算、单位工程概算、单项工程综合概算、工程建设其他费用概算四项组成。

建设项目总概算是指该项目从筹建到竣工验收交付使用的全部建设费用，包括工程概况、编制依据和方法、投资分析、主要设备、材料数量和有关问题的说明。建设项目总概算由工程费用、其他费用、预备费用和财务费用四部分组成。

1. 第一部分——工程费用

工程费用包括建筑安装工程费用和设备、工器具购置费用（包括备品备件）。具体项目及内容如下：主要生产项目和辅助生产项目；公用设施工程项目；生活福利、文化及服务性工程项目。

2. 第二部分——其他费用

其他费用是指根据有关规定应在工程建设投资中支付，并列入建设项目总概算或单项工程综合概算的，是确定建筑、设备及其安装工程之外的，与整个建设工程有关的其他工程和费用的文件，确定除建筑安装工程费和设备、工器具购置费（即第一部分费用）以外的费用。它是根据设计文件和国家、地方、主管部门规定的收费标准进行编制的。具体项目内容及编制办法（根据国家规定）如下。

（1）土地使用费　是指为获得土地使用权而花费的所有费用，包括土地征用及迁移补偿费和土地使用权出让金。

（2）建设单位管理费　是指建设单位为进行建设项目从立项、筹建、建设、联合试运转，到竣工验收交付使用以及后评价等全过程管理所需费用。包括建设单位开办费、建设单位经费。

（3）研究试验费　是指为本建设项目提供或验证设计数据、资料进行必要的研究试验，以及设计规定在施工过程中必须进行试验、验证所需的费用，包括自行或委托其他部门研究试验所需人工费、材料费、实验设备及仪器使用费，支付的科技成果、先进技术的一次性技术转让费。

（4）联合试运转费　是指新建企业或新增加生产工艺过程的扩建企业在竣工验收前，按照设计规定的工程质量标准，进行整个车间的负荷或无负荷联合试运转所发生的费用支出超出试运转收入的亏损部分。

（5）办公和生活家具购置费。

（6）员工培训费。

（7）勘察设计费　是指为建设项目提供项目建议书、可行性研究报告以及设计文件等所需的费用。

（8）拆迁补偿和安置费。

（9）施工机构迁移费　是指施工机构根据建设任务需要，经有关部门决定，成建制地（指公司或公司所属工程处、工区）由原驻地迁移到另一地区所发生的一次性搬迁费用。

（10）厂区绿化费。

（11）矿山巷道维修费。

（12）评估费。

（13）工程设计费。

（14）法定利润等。

在一、二部分项目的费用合计之后，应列"未能预见工程和费用"（又称不可预见费）。每个建设工程预算文件的组成，并不是一样的，要根据工程的大小、性质、用途以及工程所在地的不同要求而定。

四、概算书编制依据及方法

初步设计概算编制的依据是建设项目的初步设计文件和有关设计图纸、各种定额指标，这些定额指标包括概算定额、施工管理费定额、独立费用标准、法定利润率、设备预算价格以及概算单价表等。项目概算编制时必须逐项计算，不得遗漏。

1. 项目概算书的编制原则

设计概算是一项重要的技术经济工作。为提高建设项目设计概算编制质量，科学合理确定建设项目投资，造价工作者在编制设计概算时应把握以下原则。

① 严格按照国家的建设方针和经济政策办事，严格执行国家有关概算的编制规定和费用标准，将国家发布的有关法规、规章、标准等作为编制概算的重要依据。

② 编制设计概算时，应认真了解设计意图，完整地、准确地反映设计内容。根据设计文件和图纸资料准确地计算工程量。

③ 为提高设计概算的准确性，造价工作者应实事求是地对所在地的建设条件、可能影响造价的各种因素进行认真的调查研究，并结合拟建工程的实际，真实地反映所在地当时的价格水平。

④ 正确使用定额、指标、费率和价格等各项编制依据。按照现行工程造价的构成，根据有关部门发布的价格信息及价格调整指数，并考虑建设期的价格变化因素，使设计概算尽可能反映设计内容、施工条件和实际造价。

⑤ 正确处理国家、地方、企事业建设项目的关系，坚持国家经济与社会可持续发展第一的原则。

⑥ 要抓主要矛盾，突出重点，保障概算编制质量。概算编制时由于设计深度的制约，局部细节尚不详尽，因此，应抓住重点，注重关键项目和主要部分的编制精度，以便更好地控制概算造价。

2. 项目概算书的编制依据

项目概算编制依据主要包括以下几个方面。

① 国家有关建设和造价管理的法律、法规和方针政策；国家或省、自治区、直辖市颁布的现行建筑工程概算定额、概算指标、费用定额、收费标准等文件；建设项目设计概算编制方法。

② 初步设计项目一览表。

③ 批准的建设项目可行性研究报告、设计任务书和主管部门的有关规定。

④ 工程所在省、自治区、直辖市现行的有关工程造价指标及各种费用、费率标准。

⑤ 设备、材料价格计算方法。

⑥ 与概算有关的合同、协议、委托书等有关文件。

⑦ 能满足编制项目概算的经过校审并签字的设计图纸、文字说明、主要设备表、材料表和施工组织设计资料。

3. 项目概算书的编制程序

① 收集各项基础资料、文件，包括设计任务书、设计图纸、工艺技术资料、国家颁布的有关法规、各项定额、概算指标、取费标准、工资标准、施工机械台班使用费、设备预算价格等。这些基础资料，因地区不同而异，故应收集适用于项目建设地区的资料。

② 根据上述资料编制单位估价表、单位估价汇总表。

③ 熟悉设计图纸，了解设计意图、施工条件和施工方法。

④ 列出单位建筑工程（土建）设计图中各分部分项助工程项目，并计算出相应的工程量。

⑤ 确定各分部分项工程项目的概算定额单价（或基价）。

⑥ 计算单位建筑工程（土建）各分部分项工程项目的直接费和总直接费；计算各项取费和税金、不可预见费；计算施工管理费、独立费和法定利润等。

⑦ 编制单位工程概算书，汇编各种综合概算文件，按照施工管理费、独立费用定额、法定利润率等依据，计算施工管理费、独立费和法定利润；编制单位工程概算书；以及汇编各种综合概算文件，形成总概算书。

⑧ 编写概算编制说明。

4. 单位工程概算

单位工程概算的编制依据主要包括设计文件、概算定额或指标、取费标准及有关预算价格等资料。在初步设计阶段，一般按概算指标编制；技术设计阶段，一般按概算定额编制。

（1）建筑工程概算的编制方法　建筑工程概算的编制方法有概算定额法、概算指标法、类似工程预算法。

① 概算定额法　概算定额法又称扩大单价法或者扩大结构定额法，是采用概算定额编制工程概算的方法。基于初步设计图纸、概算定额（或扩大结构定额）、费用定额等资料计算出单位工程直接费用总额。根据直接费用，并结合其他各项收费标准，分别计算间接费用、利润、税金。直接费用、间接费用、利润以及税金之和为建筑工程概算总值。

概算定额法要求设计达到一定的深度，对于建筑工程来说，建筑结构比较明确，能够按照设计的平面、立面、剖面图纸计算出楼地面、门窗、墙身以及层面等分部工程（或扩大结构件）项目的工程量；这种方法编制出的概算精度较高，但是编制工作量大，需要大量的人力和物力。

② 概算指标法　以直接费用指标为基础，计算建筑工程及设备安装工程费，再加上其他费用而编成建筑工程或安装工程概算的方法。该法将拟建的厂房、住宅的建筑面积或体积乘以技术条件相同或基本相同工程的概算指标每平方米（或立方米）直接工程费用，然后按规定计算出直接费用、间接费用、利润和税金等。

利用概算指标法进行计算其精度较低，但是编制的速度比较快，因此对一般附属、辅助和服务工程等项目，以及住宅和文化福利工程项目或投资比较小、比较简单的工程项目投资概算有一定的实用价值。同时，该方法适用于初步设计深度不够，不能准确地计算工程量，其计算精度较低。在资产评估中，可作为估算建（构）筑物重置成本的参考方法。

③ 类似工程预算法　在缺乏准确的定额或指标的情况下，可以参照类似工程的预决算文件，结合工程的具体情况进行调整，以编制建筑工程概算。该方法适用于拟建工程设计与已完成工程或在建工程的设计相类似而又没有可用的概算指标时采用，但必须对建筑结构差异和价差进行调整。

（2）设备及安装工程概算　设备及安装工程概算主要包括设备购置费、设备安装工程概算两部分。另外，还有工具、器具购置费。

① 设备购置费　由设备原价以及运杂费两项组成。

国家标准设备原价可根据设备型号、规格性能、材质、数量及附带的配件向制造厂家询价或向设备、材料信息部门查询或按主管部门规定的现行价格逐项计算。非主要标准设备和工具器具的原价可按主要标准设备原价的百分比计算，百分比指标按主管部门或地区有关规定执行。

国家非标准设备原价在初步设计阶段进行设计概算时，按照以下两种方法确定。

非标准设备台（件）估价指标法：根据非标准设备的类别、重量、性能、材质以及精密度等情况，以每台设备规定的估价指标计算，即

非标准设备原价=设备台数×每台设备估价指标（元/台）。

非标准设备吨重估价指标法：根据非标准设备的类别、重量、性能、材质以及精密度等情况，按设备单位重量规定的估价指标计算，即

非标准设备原价=设备吨重×每吨设备估价指标（元/台）。

② 设备安装工程概算

预算单价法：当拟建工程的初步设计较深，有详细的设备清单时，可直接按安装工程预算定额单价编制设备安装工程概算。根据计算的设备安装工程量，与安装工程预算综合单价进行相乘，经汇总求得。

扩大单价法：当初步设计较浅时，设备清单不完备，只有主体设备或仅有成套设备的重量时，可采用主体设备、成套设备或工艺线的综合扩大安装单价编制概算。

设备价值百分比：当初步设计的设备清单不完备，可按安装费占设备费的百分比计算，安装工程费=设备原价×安装费率（%）。

综合吨位指标法：安装工程费=设备吨位×每吨安装费，式中每吨设备安装费指标是由主管部门或设计单位根据已完类似工程资料确定。

③ 工具、器具购置费　工具、器具购置费一般以全厂设备购置费为基础，考虑单位供销部门为设备采购验收保管及收发而发生的费用，按一定费率计算得到，也可以按照项目设计生产工人的定员及定额计算得到。

（3）工程建设其他费用概算

① 土地征用费　一般按照项目所在地政府的有关规定计算。

② 拆迁补偿和安置费　一般按照项目所在地政府的有关规定进行执行。

③ 建设单位管理费　建设单位管理费按照单项工程费用之和（包括设备、工器具购置费和建筑安装费）与建设单位管理费率进行相乘计算。建设单位管理费率按照建设项目的不同性质、不同规模确定。表 9-1 所示为不同建设规模分别规定的建设单位管理费费率。

表9-1　建设单位管理费费率

序号	建设总投资/万元	计算基础	费率/%
1	500以下	工程项目	3.0
2	501～1000	工程项目	2.7
3	1001～5000	工程项目	2.4
4	5001～10000	工程项目	2.1
5	10001～50000	工程项目	1.8
6	50001以上	工程项目	1.5

此外有的建设项目按照建设工期和规定的金额计算建设单位管理费。

④ 办公和生活家具购置费　按照设计定员人数乘以综合指标计算，一般为600～800 元/人。

⑤ 联合运转费　联合运转费一般根据不同性质的项目按需要试运转车间的工艺设备购置费的 0.5%～1.5%计算，或按联合试运转费的总额包干计算。

⑥ 勘察设计费　按合同规定计算。

（4）预备费概算

① 基本预备费　基本预备费是以建筑工程费、设备及工器具购置费、安装工程费之和为计算基数，乘以基本预备费率计算得出。

② 涨价预备费　涨价预备费以建筑工程费、设备及工器具购置费、安装工程费之和为计算基数，根据国家规定的投资综合价格指数，采用复利方法计算。具体计算公式如下：

$$PC = \sum_{t=1}^{n} I_t [(1+f)^t - 1] \tag{9-1}$$

式中　PC——涨价预备费；

I_t——第 t 年的建筑工程费、设备及工器具购置费、安装工程费之和；

f——建设期价格上涨指数；

n——建设时间，年。

对于建设期价格上涨指数，政府部门有规定的按规定执行，没有规定的由可行性研究人员预测。

（5）建设期利息　在工程项目可行性研究中，各种外部借款无论是按年计算，还是按季、月计算，均可简化为按年计算，即将名义利率折算为有效年利率，其计算公式如下：

$$R = (1 + r/m)^m - 1 \tag{9-2}$$

式中　R——有效年利率；

r——名义年利率；

m——每年计算次数。

计算建设期利息时，为了简化计算，通常假设借款均在每年年中使用，借款当年按半年计息，其余每年按全年计算，计算公式如下：

$$各年应计利息 = \left(年初借款本息累计 + \frac{本年借款率}{2} \right) \times 年利率 \tag{9-3}$$

当计算有多种借款资金来源，每笔借款的年利率各不相同的项目时，既可分别计算每笔借款的利息，也可计算每笔借款加权平均的年利率，并以此利率计算全部借款的利息。

5. 概算表

（1）建筑工程概算表　建筑工程概算表如表 9-2 所示。

表9-2 建筑工程概算表

序号	价格依据	名称及规格	单位	数量	单价		总价	
					合计	其中工资	合计	其中工资
1	2	3	4	5	6	7	8	9
审核_____，校对_____，编制_____。　　年　月　日								

编制说明：

第1栏序号，应以1、2、3…的顺序排列。
第2栏按采用的概算定额编号。
第3栏按分部分项工程项目名称及规格填写。
第4栏为计算单位，按单位估计表计量单位填写。
第5栏按工程量计算表数量填写。
第6栏按概算定额或地区单位估算表的单价填写。
第7栏按概算定额单价中的人工费栏填写。
第8栏为第5栏与第6栏的乘积。
第9栏为第5栏与第7栏的乘积。
本表金额以"元"为单位，元以下取两位小数，第三位四舍五入。

（2）设备及安装工程概算表　设备及安装工程概算表如表9-3所示。

表9-3 设备及安装工程概算表

序号	编制依据	设备及安装工程名称	单位	数量	质量/t		概算价值/元					
							单价			总价		
					单位质量	总质量	设备	安装工程		设备	安装工程	
								合计	其中工资		合计	其中工资
1	2	3	4	5	6	7	8	9	10	11	12	13
审核_____，校对_____，编制_____。　　年　月　日												

编制说明：

第1栏序号，应以1、2、3…的顺序排列。
第2栏按采用的概算定额编号。
第3栏根据概算定额顺序，填写应计算的工程量项目名称。
第4栏为计算单位，按概算定额填写。
第5栏为从工程量计算表中抄录各项工程之工程总计算量。
第6、7、8栏不必填写。
第9栏按概算定额或地区单位估价表的单位填写。
第10栏按概算定额单价中的人工费填写。
第11栏不必填写。
第12栏为第5栏与第9栏的乘积。
第13栏为第5栏与第10栏的乘积。

（3）综合概算表　将上述单位工程的概算结果以单项工程为单位分项归类并且汇总在综合概算表内。综合概算表如表9-4所示。

表9-4　综合概算表

主项号	工程项目名称	概算总金额	单位工程概算价值												
			工艺			电气			自控			土建构筑物	室内给排水	照明避雷	采暖通风
			设备	安装	管道	设备	安装	线路	设备	安装	线路				
1	2	3	4	5	6	7	8	9	10	11	12	13	14	15	16

审核＿＿＿＿＿，校对＿＿＿＿＿，编制＿＿＿＿＿＿。　　年　月　日

编制说明：

①各栏下面应填写的内容

第1栏填写设计主项目号（或单元代号）

第2栏填写设计主项（或单元）名称如：主要生产项目、辅助生产项目、公用工程（供排水、供电通信、供汽采暖、运输等）、服务性工程、生活福利工程、厂外工程、总计。

第3栏填写4～16栏费用之和。

第4、5栏填写主要生产项目、辅助生产项目和公用工程的供水、供汽、运输以及相应的厂外工程的设备和设备安装费。

第6栏填写上述各项目的室内外管路和线路安装费。

第7～16栏分别填写电气、自控等设备及其内外线路；土建构筑物、室内给排水、采暖、通风等费用。

②第2栏内项各项均列合计数，总计为合计之和。

③本表金额以万元为单位计，并且数值取到小数点后两位。

五、项目投资概算书精确性要求

进行项目投资概算时，有关资料、数据的可靠性将对概算的精度有重要影响，所以保证概算收集的所有资料、数据的准确、可靠对保证概算精度是重要的。对项目不同研究阶段要求达到的等级项目的概算精度是不同的。

1. 项目研究的机会分析阶段

在项目研究的机会分析阶段，项目投资概算书的精确性要求相对较低，主要是进行初步的估算和判断。这一阶段的主要目的是识别项目的潜在机会和可能性，为后续研究奠定基础。本阶段要通过对开发项目的背景、基础和条件等的调查研究，如技术发展趋势、资源供应、环境影响、试验条件、国内外水平、企业行业间关系等，明确开发目的、要求范围及其关键问题。这一阶段项目研究工作是粗略的，所以只做笼统的经验设计。因此，项目投资概算的误差允许达到±30%。

2. 项目研究的初步可行性分析阶段

这阶段的工作主要是对经过机会分析后的项目进行进一步的分析，做出初步选定、立题、编制工艺方案和计划任务书等，其内容包括:选题依据、目的要求、国内外趋势、预期目标、技术关键、技术方案、主要设备、计划进度等。此外，还将提出相应的人力、技术、设备、资金、管理等实施计划。为此，根据需要还应做一些

专题调查、模拟试验、进行技术经济分析等工作。因此，本阶段的投资概算误差允许达到±20%。

3. 项目研究的详细可行性分析阶段

本阶段要为项目的投资决策提供技术、经济和社会诸方面的最终依据。经这阶段工作要对具体项目做出深入的技术经济论证，对多种方案进行综合分析对比后选择最佳方案，并且拟定最佳方案的实施计划。本阶段的研究从定性、定量两方面进行论证，并为资金申请、项目决策、合同签订、上级审批等提供明确依据。所以本阶段是项目可行性分析的关键阶段，它要求项目投资概算的精确度较高，允许误差为±5%～±10%。

第十章

食品工厂
技术经济分析

第一节　技术经济分析概述

一、技术经济分析的原则

1. 技术经济分析的先进性原则

不同行业有不同的技术经济特点，衡量其先进性的技术参数与指标也有区别，因此进行食品工厂设计必须了解和掌握政府有关部门公布的行业技术标准，以行业技术标准为依据对项目设计方案的技术先进性进行综合评价。所谓先进性是指项目设计方案所采用的生产工艺、设备及管理技术达到目前国际水平或居于国内领先水平。项目设计方案在技术上的先进性主要表现在技术方案、生产工艺、设备选型、管理水平和技术参数五个方面，当项目设计方案在五个方面都居于同行业的领先地位，就可确认项目设计方案技术水平的先进性。先进性是相对的，在选择拟采用技术时，要考虑到不同项目的生命周期，一般不宜选择在近期有可能被淘汰的技术。

2. 技术经济分析的适用性原则

在分析项目设计方案技术的先进性时必须考虑到技术的适应性，最先进的技术并不一定是最好的（就适应性而言）技术。技术是特定社会经济条件下的产物，必须在一定环境条件下才能发挥作用。项目设计方案的技术效果取决于拟采用技术与资源状况、员工素质等社会经济条件的适应程度。所谓适应性是指项目设计方案所采用的技术必须与项目单位目前的技术条件和经济状况相适应，拟选用的工艺技术和设备方案必须与生产要素市场的供给状况相适应，拟采用的技术必须符合国家的技术发展政策。项目设计方案的技术适应性体现为技术的成熟程度、设备的可靠程度、原料的可供程度、资源的综合利用程度及劳动力的供给状况等方面，当项目设计方案在这几个方面都满足要求时，就可确认项目设计方案技术的适应性。

3. 技术经济分析的经济性原则

人类的一切活动均具有一定的目的性,投资是经济主体为获取预期效益(经济效益或社会效益)而投入一定量的货币不断地转化为资产的全部经济活动。作为投资主体无不期望能够以尽可能少的投入获取尽可能多的产出。所谓经济性是指项目设计方案所采用的技术可使项目获得较高的预期经济效益。在项目设计方案中是否采用某一项技术,既取决于该项技术的先进性、适应性,也取决于其经济性,如果该项技术先进且适用,但难以使项目设计方案达到预期的经济目标,则最终将不能采用该项技术。这意味着采用技术不能脱离技术的经济性问题,在一般情况下任何一项技术的应用都必须考虑其经济效果问题。对项目设计方案不进行经济效果分析,则拟采用技术是优是劣,是先进还是落后都难以评价判断。

二、技术经济分析的主要内容

① 市场需求预测和拟建规模。
② 项目布局,厂址选择。
③ 工艺流程的确定和设备的选择。
④ 项目专业化协作的落实。
⑤ 项目的经济效果评价和综合评价。

三、技术经济分析的方法

① 确定目标 确定技术方案要达到的目标和要求,这是经济分析工作的首要前提。
② 根据项目要求列出各种可能的技术方案。
③ 经济效益分析与计算 技术方案的经济效益分析主要包括企业经济效益分析与国民经济效益分析。
④ 综合分析与评价 通过对技术方案进行经济效益分析,可以选出经济效益最好的方案,但不一定是最优方案。经济效益是选择方案的主要标准,但不是唯一标准。决定方案取舍不仅与其经济因素有关,而且与其在政治、社会、环境等方面的效益有关。因此必须对每个方案进行综合分析与评价。

第二节 设计方案的综合分析与选择

设计方案经过技术经济分析后进入决策阶段,在各个方案中选择最佳方案。为避免在决策中发生重大的、根本性的错误,必须先对方案进行综合分析,再根据一定的原则进行选择。

一、设计方案的综合分析

方案的综合分析，就是将每个方案在技术上、经济上的各种指标、优缺点全面列出，以作为方案评价和选择时的分析依据。方案的综合分析一般包括以下内容。

① 列出每个方案具体计算好的各项经济效果指标，并对其进行分析。任何一个技术方案的投资效果系数和投资利润率都应高于国家或部门规定的标准数据。若项目的投资是在有偿使用的条件下，投资效果系数和投资利润率一定要高于银行贷款的利率。

② 列出各个方案的总投资、单位投资和投资的产品率，并分析投资的构成和投资高低的原因，提出降低投资的方向和具体措施。

③ 列出和分析每个方案投产后的产品成本，分析成本的构成和影响因素，提出降低成本的原则和主要途径。

④ 列出和分析每个方案投产后的产品数量和质量指标，指出这些产品投产后对发展食品工业提高人民生活水平和发展农业的意义；如果是出口产品，要指明在国际上的竞争能力。

⑤ 分析各方案投产后的劳动生产率，与国内外同类企业相比，评估劳动生产率的高低，找出差距和提升空间。

⑥ 分析各方案采用的先进技术的水平和成熟程度及对产品质量和劳动生产率的影响。

⑦ 列出各方案在消耗重要物资材料（如水、电、煤等）和占有农田方面的具体情况。

⑧ 分析各方案的建设周期长短及其原因，保证工程质量和缩短工期的措施。

⑨ 分析各方案在废水、废气、固体废物处理方面的具体措施和效果。在进行每个方案的综合分析时，要有科学态度，为正确合理地选择方案提供依据。

二、设计方案的选择

设计方案的选择确实是一个复杂而关键的过程，直接关系到工厂的建设成本、运营效率、环境影响以及最终的经济效益和社会效益。而方案选择又是一件非常困难和复杂的事。一般在选择时，面对的各个方案各有长短，造成优劣难分。为做好方案的决策工作，应根据项目特点，遵循下列原则，综合考虑，选出最佳方案。

① 食品工厂建设方案的选择，确保所选方案能够满足稳定、可靠地获取足够且高质量的原料的前提下，再考虑经济效果。

② 方案的选择要符合国情和地区实际情况。考虑我国能源紧张和劳动力富裕的国情，选择能够高效利用能源、降低能耗且能充分利用劳动力的方案。在选择进口先进设备时，需评估其在国内的技术适应性、维护难度及成本，避免盲目引进造成的技术浪费和经济损失。遵循国家及地区的环保法规和政策，选择符合环保标准

的工艺和设备，减少环境污染，实现可持续发展。

③ 方案的选择要与方案的实施相结合，评估各方案的资金需求，确保项目资金来源稳定可靠，避免资金链断裂影响项目实施。考察企业自身的技术实力和管理水平，选择与企业能力相匹配的方案，确保方案能够顺利实施。考虑供应链的协同性，确保原料采购、生产加工、物流配送等环节顺畅无阻，提高整体运营效率。

④ 方案选择时要多听不同意见，对方案进行全面、客观的评估，尽量避免片面性，使方案选择更为合理。这样，当食品工厂投产后，就可获得较好的经济效益和社会效益。

第三节　设计方案经济效果计算及评价方法

一、设计方案的确定性分析

技术经济分析中应用最普遍的是方案比较法，也称对比分析法，它是通过一组能从各方面说明方案技术经济效果的指标体系，对实现同一目标的几个不同技术方案，进行计算、分析和比较，然后选出最优方案。经济效果评价的指标和具体方法是多种多样的，它们从不同角度反映工程技术方案的经济性。这些方法总的可分为两大类：确定性分析方法和不确定性分析方法。

确定性分析方法主要有现值法、年值法、投资回收期法、投资利润率法、投资收益率法等。

不确定分析方法主要有盈亏平衡分析法、敏感性分析法和风险分析法等。

下面简单介绍一下确定性分析方法。

1. 静态投资回收期法

投资回收期是指以项目的净收益抵偿全部投资所需要的时间，简计为 T。我们通常所说的：该项目投资可在某年以内回收，这就是人们自觉使用了投资回收期这一指标来评价项目。投资回收期是考察项目在财务上的投资回收能力的主要静态评价指标，投资回收期通常以年表示，一般从建设开始年起算，若从投产年起算，应注明。其表达式为：

$$\sum_{T=1}^{T}(C_I - C_O)_t = 0 \qquad\qquad (10\text{-}1)$$

式中　　C_I——现金流入量；

C_O——现金流出量；

$(C_I - C_O)_t$——第 t 年净现金流量；

T——投资回收期。

如果项目满足以下条件：投资在期初一次性投入，当年受益且从项目投产至项目计算期终结每年收益相同，也可将式上边公式简化成下式进行计算：

$$T = \frac{I}{N_B} \tag{10-2}$$

式中 I——投资额；

　　 N_B——年净收入。

投资回收期可根据财务现金流量表（全部投资）中累计净现金流量求得。详细计算公式为：

投资回收期 = 累计净现金流量开始出现正值年份数 $-1+\dfrac{上年累计净现金流量的绝对值}{当年净现金流量}$

在财务评价中，将算得的投资回收期 T 与行业基准投资回收期 T_0 比较，当 $T \leqslant T_0$ 时，表明项目投资可在规定年限内通过年净收益收回，故认为该方案在经济上是可行的；反之，则说明全部投资无法在规定年限内收回，项目不可行。

【例】某项目现金流量表如表 10-1 所示，设 $T_0 = 7$ 年，试用投资回收期指标评价项目可行性。

表10-1　某项目现金流量表

年限/年	0	1	2	3	4	5	6	7
投资/万元	700	300						
净收益/万元		200	400	500	500	500		

解：为便于计算，通过简单累计制成表，如表 10-2 所示。

表10-2　某项目现金流量计算表

年限/年	0	1	2	3	4	5	6	7
投资/万元	700	300						
净收益/万元		200	400	500	500	500	500	800
净现金流量/万元	-700	-100	400	500	500	500	500	800
累计净现金流量/万元	-700	-800	-400	100	600	1100	1600	2400

由表 10-2 可见，累计净现金流量开始出现正值的年份为第 3 年，上年累计净现金流量绝对值为 400 万元，本年净收益 500 万元，于是可得投资回收期为：

$$T = 3 - 1 + \frac{400}{500} = 2.8(年)$$

因为 $T < T_0$，因此该项目在经济上是可行的。

静态投资回收期作为评价指标已在国际上使用了许多年并仍在使用，其主要优点包括能够直观反映项目本身的资金回收能力，有助于评估投资风险，并在一定程度上反映投资效果的优劣。然而，其主要缺点是没有考虑资金的时间价值，过度强调快速获得财务回报，没有考虑资金回收后的情况，而且没有评价项目计算期内的总收益和盈利能力。因此，必须将该指标与其他指标联合使用，否则可能导致错误结论。

2. 动态投资回收期法

动态投资回收期 T_p 的计算公式，应满足：

$$\sum_{t=0}^{T_p}(C_I - C_O)_t(1+i_0)^{-t} = 0 \tag{10-3}$$

式中　　T_p —— 动态投资回收期；

$(C_I - C_O)_t$ —— 第 t 年净收益（即该年的收入-支出）；

　　i_0 —— 折现率，对于方案的财务评价，i_0 取行业的基准收益率；对于方案的国民经济评价，i_0 取社会折现率。

当 i_0 取 10%，则动态投资回收期的计算可以参考下式。

$$T_p = 负累计值的年份 + \frac{负累计值的绝对值}{负累计值的绝对值 + 正累计值}$$

采用投资回收期进行单方案评价时，应将计算的投资回收期 T_p 与部门或行业的基准投资回收期 T_a 进行比较，要求投资回收期 $T_p \leqslant T_a$ 才认为该方案是合理的。

投资回收期指标直观、简单，可说明投资何时能够收回，有助于投资者评估风险。特别是静态投资回收期，是我国实际工作中应用最多的一种静态分析法。然而它未考虑时间价值，相较动态分析法稍显不准确。投资回收期指标的主要限制在于未反映投资回收后的情况，无法全面展示项目整个寿命周期内的真实经济效果。因此，投资回收期一般用于粗略评估，需结合其他指标进行综合考量。

3. 追加投资回收期法

当投资回收期指标用于评价两个或两个以上方案的优劣时，通常采用追加投资回收期（又称增量投资回收期）。这是一个相对的投资效果指标，是指一个方案比另一个方案所追加（多花的）的投资，用两个方案年成本费用的节约额去补偿所需的时间（年）。

$$\Delta T = \frac{K_1 - K_2}{C_2 - C_1} \tag{10-4}$$

式中　　ΔT —— 追加投资回收期；

　　K_1、K_2 —— 分别为甲乙两方案的投资额；

C_1、C_2——分别为甲乙两方案的年成本额。

【例】某工厂投资第一种方案投资 6000 万元，年成本 1000 万元，第二种方案投资 4400 万元，年成本 1200 万元，则追加投资回收期为：

$$\Delta T = \frac{6000 - 4400}{1200 - 1000} = 8 \ （年）$$

所求得的追加投资回收期 ΔT，必须与国家或部门所规定的标准投资回收期 T_a 进行比较。若 $\Delta T \leqslant T_a$，则投资大的方案优，即能在标准的时间内由节约的成本回收增加的投资；反之，$\Delta T > T_a$，则应选取投资小的方案。

4. 现值法

现值法是将方案的各年收益、费用或净现金流量，按要求的折现率折算到期初的现值，并根据现值之和（或年值）来评价、选优的方法。现值法是动态的评价方法。

（1）净现值（net present value，简称 NPV）

净现值是指方案在寿命期内各年的净现金流量$(C_I - C_O)_t$，按照一定的折现率 i_0（或称目标收益率，作为贴现率），逐年分别折算（即贴现）到基准年（即项目起始时间，也就是指第零年）所得的现值之和。净现值的计算公式如下：

$$\text{NPV} = \sum_{t=0}^{n} (C_I - C_O)_t a_t \tag{10-5}$$

式中　$(C_I - C_O)_t$——第 t 年净现金流量；

　　　　n——方案的寿命年限；

　　　　a_t——第 t 年的贴现系数。

净现值是反映项目方案在计算期内获利能力的综合性指标。

用净现值指标评价单个方案的准则是：若净现值为正值，表示投资不仅能得到符合预定标准投资收益率的利益，而且还得到正值差额的现值利益，则该项目是可取的。若净现值为零值，表示投资正好能得到符合预定的标准投资收益率的利益，则该项目也是可行的。若净现值为负值，表示投资达不到预定的标准投资收益率的利益，则该项目是不可取的。

净现金流量就是每年的现金流出量（包括投资、产品成本、利息支出、税金等）和现金流入量（主要是销售收入）的差额。凡流入量超过流出量的，用正值表示；凡流出量超过流入量的，用负值表示。

贴现系数，根据所采用的贴现率（即基准收益率i_0），按下式求得：

$$a_t = (1 + i_0)^{-t}$$

也可用符号 $(P / F, i_0, t)$ 表示，可以查复利系数表（见技术经济学类书籍附录）得到。

【例】沈阳某食品工厂建设项目投资 1660 万元，流动资金 400 万元（即总投资

$\sum K = 1660 + 400 = 2060$ 万元）。建设期为 2 年，第 3 年投产，第 6 年达到正常生产能力。免税期为 5 年（即第 3 年至第 7 年）。项目的有效使用期为 10 年。贴现年数为 12 年，假定采用的贴现率为 15%，则各年的贴现系数依次为：$a_1 = (1+0.15)^{-1} = 0.8696$；$a_2 = (1+0.15)^{-2} = 0.756 \cdots$；$a_{12} = (1+0.15)^{-12} = 0.1869$。

每年的净现金流量和净现值的计算结果如表 10-3 所示。

表10-3　净现值计算表　　　　　　　　　　单位：万元

年份		现金流入量	现金流出量	净现金流量	贴现系数 a_t（$i_0 = 15\%$）	净现值
		①	②	③=①-②		④=③×a_t
建设期	1	0	-660	-660	0.8696	-574
	2	0	-1000	-1000	0.7561	-756
生产期	3	1375	-1482	-107	0.6575	-70
	4	1875	-1524	351	0.5718	200
	5	2000	-1552	448	0.4972	222
	6	2500	-1846	654	0.4323	282
	7	2500	-1800	700	0.3759	263
	8	2500	-2272	228	0.3269	74
	9	2500	-2072	428	0.2843	121
	10	2500	-2072	428	0.2472	106
	11	2500	-2072	428	0.2149	92
	12	3200	-2072	1128	0.1869	211
合计		23450	-20424	3026		NPV = 171

注：第12年现金流入量中包括最终一年的余值700万元，其中，流动资金400万元，土地60万元，房屋建筑240万元。

以上结果表明：NPV=171 万元＞0，表明该项目的投资不仅能得到预定的标准投资收益率（即贴现率 15%）的利益，而且还得到了 171 万元的现值利益，故该项目是可行的。

（2）净年值（net annual value，简称 NAV）　经济分析时，如果所有备选方案寿命相同，可用现值法直接比较；若各方案寿命期不等，用现值法需确定一个共同的计算期，比较复杂，而使用年值法则比较简单。

年值法是与净现值指标相类似的，它是通过资金等值计算，将项目的净现值分摊到寿命期内各年的等额年值。其表达式为：

$$\text{NAV} = \text{NPV}(A/P, i_0, n) = \sum_{i=0}^{n} [(C_I - C_O)_t (1+i_0)^{-t} (A/P, i_0, n)] \qquad (10\text{-}6)$$

由于 $(A/P, i_0, n) > 0$，若 NPV ≥ 0，则 NAV ≥ 0，方案在经济上可行；若 NPV < 0，则 NAV < 0，方案在经济上应予否定。因此，对于某一特定项目而言，净现值与净年值的评价结果是等价的。

（3）净现值率（net present value rate，简称 NPVR）　净现值率表示方案的净现值与投资现值的百分比，即单位投资产生的净现值，是一种效益型指标，其经济含义是单位投资现值所能带来的净现值。净现值率越高，说明方案的投资效果越好。计算如下：

$$NPVR = \frac{净现值}{总投资值} = \frac{NPV}{I_p} \tag{10-7}$$

净现值用于多方案比较时，没有考虑各方案投资额的大小，不直接反映资金的利用率，而 NPVR 能够反映项目资金的利用效率。净现值法趋向于投资大、盈利大的方案，而净现值率趋向于资金利用率高的方案。

设计方案选择是为了在不同的设计方案中比较选出最佳方案，以减少项目投资决策的盲目性，提高投资决策的科学性。通过对比项目设计的不同方案的投资总额、投资回收期、生产成本等绝对指标及其他相对指标，评价项目设计方案的优劣等级。一个项目设计方案如果所选择的厂址条件好，拟采用的生产工艺、生产技术、生产设备等先进适用且经济合理，生产过程安全且无环境污染，与项目所在地区的资源条件及社会经济条件相吻合，建设费用、经营费用等较少，投资回收期较短，则这样的方案应为最佳方案。

二、设计方案的不确定性分析

事先对设计方案的费用、收益及效益进行计算，具有预测的性质。任何预测与估算都具有不确定性。这种不确定性包括两个方面：一是指工程方案经济效果受各种因素（如价格）未来变化的不确定性影响；二是指计算工程方案现金流量时，各种数据由于缺乏足够的信息或测算方法上的误差，使得方案经济效果评价指标值带有不确定性。不确定性直接导致方案经济效果的实际值与评估值之间的偏差，进而带来经济决策的风险。不确定性分析的主要目的是分析这些不确定性因素对方案经济效果的影响程度以及方案本身的承受能力。常用的方法包括盈亏平衡分析和敏感性分析等。接下来主要介绍盈亏平衡分析法。

1. 盈亏平衡分析法

盈亏平衡分析法是指项目从经营保本的角度来预测投资风险性。依据决策方案中反映的产（销）量、成本和盈利之间的相互关系，找出方案盈利和亏损在产量、单价、成本等方面的临界点，以判断不确定性因素对方案经济效果的影响程度，说明方案实施的风险大小。这个临界点被称为盈亏平衡点（break even point，BEP）。

盈亏平衡分析法是通过盈亏点分析项目成本与收益平衡关系的一种方法。所谓盈亏平衡点是指项目的盈利和亏损的分界点，即当达到一定产量，使项目收入等于总成本，项目不盈不亏、利润等于零的那一点。盈亏平衡分析一般可通过损益表和线性盈亏平衡图（图10-1）进行。

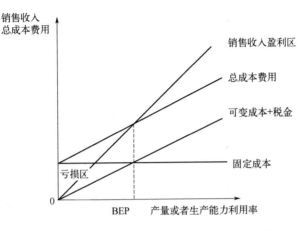

图10-1　线性盈亏平衡图

（1）盈亏平衡分析的前提

① 成本可划分成固定成本和变动成本，单位变动成本和总固定成本的水平在计算期内保持不变。

② 产品产量等于销量。

③ 仅是单纯产量因素变动，其他诸如技术水平、管理水平、单价、税率等因素不变。

（2）盈亏平衡点（BEP）的确定

① BEP 可以有多种表达，一般是从销售收入等于总成本费用及盈亏平衡方程式中导出。

$$B = PQ = C + S$$

$$C = C_f + C_v Q$$

式中　B ——税后销售收入（从企业角度）；

　　　P ——单位产品价格（完税价格）；

　　　Q ——产品销量；

　　　C ——产品总成本；

　　　C_f——固定成本；

　　　C_v ——单位产品变动成本；

　　　S ——利润；

当盈亏平衡时，则有：

$$PQ^* = C_f + C_v Q^*$$

即
$$Q^* = \frac{C_f}{P - C_v}$$

式中　Q^*——盈亏平衡点的产量。

② 也可直接用图解法

$$\begin{cases} C = C_f + C_v Q \\ B = PQ \end{cases}$$

若项目设计生产能力为 Q_0，BEP 也可以用生产能力利用率 E 来表达，即

$$E = \frac{Q^*}{Q_0} \times 100\% = \frac{C_f}{(P - C_v)Q_0} \times 100\%$$

E 越小，即 BEP 越低，则项目盈利的可能性较大。

如果按设计生产能力进行生产和销售，BEP 还可以由盈亏平衡价格来表达

$$P^* = \frac{C_f}{Q} + CV$$

【例】已知某企业生产某种食品，售价每件 50 元，每件产品的变动成本为 30 元，税金为 5 元，企业拟设计生产能力为每年 1000 件，固定总成本为 12000 元/年，试求企业的盈亏平衡点？

解：盈亏平衡点的产量 $Q^* = \dfrac{12000}{(50-5)-30} = 800(件)$

$$BEP（生产能力利用率）= \frac{800}{1000} = 80\%$$

由于企业设计生产能力为每年 1000 件，只要市场有销路，企业应当按设计生产能力生产以获得最大的利润。此时企业年利润为：

年利润＝（50×1000-12000-30×1000-5×1000）=3000(元)

2. 敏感性分析法

在设计方案经济效果评价中，各类因素的变化对经济指标的影响程度是不相同的。有些因素可能仅发生较小幅度的变化就能引起经济效果评价指标发生大的变动；而另一些因素即使发生了较大幅度的变化，对经济效果评价指标的影响也不是太大。我们将前一类因素称为敏感性因素，后一类因素称为非敏感性因素。决策者有必要把握敏感性因素，分析方案的风险大小。敏感性分析法则是分析各种不确定因素变化一定幅度时，对方案经济效果的影响程度。通过敏感性分析，预测方案的稳定程度及适应性强弱，事先把握敏感性因素，提早制定措施，进行预防控制。

敏感性分析可以分为单因素敏感性分析和多因素敏感性分析。单因素敏感性分析是对单一不确定因素变化对技术方案经济效果的影响进行分析，即假设各个不确

定性因素之间相互独立，每次只考察一个因素变动，其他因素保持不变，以分析这个可变因素对经济效果评价指标的影响程度和敏感程度。为了找出关键的敏感性因素，通常只进行单因素敏感性分析。多因素敏感性分析是假设两个或两个以上互相独立的不确定因素同时变化时，分析这些变化的因素对经济效果评价指标的影响程度和敏感程度。

一般来说，敏感性分析是在确定性分析的基础上，进一步分析不确定性因素变化对方案经济效果的影响程度。其中所涉及的不确定性因素包括产量、产品生产成本、主要原材料价格、固定资产投资、建设周期、折现率等。

（1）敏感性分析的作用　概括起来有以下几个方面。

① 通过敏感性分析，找出敏感因素，以便努力改善这些参数的质量，使技术经济分析建立在可靠的数据基础上。

② 敏感性分析可节省资料的收集和准备时间，从而节约分析中的劳动消耗，提高技术经济分析本身的效率和经济性。

③ 敏感性分析可为方案的决策提供更多的信息，便于评估风险程度和敏感性。敏感性分析可以用于方案选择，人们可以通过敏感性分析确定哪些方案具有较高或较低的敏感性，以便在经济效益相近的情况下，选取敏感性小且风险较低的方案。

下面举一个例子说明。

【例】某技术项目有两个方案，它们在给定情况下的经济评价指标及敏感性分析结果见表10-4，试选择方案。

表10-4　两方案经济评价指标及敏感性分析结果表

各项因素变化情况	方案一		方案二	
	内部收益率	内部收益率变化率	内部收益率	内部收益率变化率
基本情况	23.6%	0	23.5%	0
投资增加10%	21.6%	−8.5%	21.3%	−9.4%
年经营费用增10%	11.4%	−51.7%	22%	−6.4%
产品售价降低10%	6.4%	−72.9%	19%	−19.1%
生产能力减少10%	19.8%	−16.1%	19.5%	−17.0%
延期投产一年	16.2%	−31.4%	15.9%	−32.3%

解：根据表中数据显示，两个方案在基本情况下，经济效果指标可近似视为等价。尽管方案一的内部收益率仅比方案二高 0.1 个百分点，但敏感性分析显示，方案一对年经营费用与产品售价极为敏感。当二者变动 10%时，方案一的内部收益率变化均超过 50%。两个方案对投资年生产力及施工期等因素的敏感性差异不大。因此，从敏感性分析角度来看，方案二的风险程度远低于方案一，且在基本情况下两者的经济性相近。因此，考虑到风险防范的角度，应选择方案二。

（2）敏感性分析步骤

① 确定敏感性分析指标，即确定敏感性分析的具体对象。在进行敏感性分析时，首先要确定最能反映项目经济效益的分析指标，具有不同特点的项目，反映经济效益的指标也不尽相同。

② 设定不确定因素。根据经济评价的要求和项目特点，将发生变化可能性较大，对项目经济效益影响较大的几个主要因素设定为不确定因素。

③ 找出敏感因素。计算设定的不确定因素的变动对分析指标的影响值，可用列表法或绘图法，将不确定因素的变动与分析指标的对应数量关系反映出来，从而找到最敏感的因素，同时要对敏感因素的未来变动趋势进行说明。

④ 计算评价指标。绘制敏感性分析图并进行分析。计算各种不确定性因素在可能变动幅度和范围内，导致的项目经济评价指标的变化结果，以一对一的数量关系，绘制出敏感性分析图。表 10-5 是对某项目进行敏感性分析的结果。

表10-5　某项目的投资回收期敏感性分析

变动因素	变动量					平均变化		敏感程度
	-20%	-10%	0	10%	20%	-1%	1%	
产品售价	21.31	11.25	8.45	7.09	6.48	0.64	-0.10	最敏感
产量	10.95	9.53	8.45	7.68	7.13	0.13	-0.07	敏感
投资	7.60	8.02	8.45	8.88	9.38	-0.04	0.04	不敏感

下面结合实例，以盈亏平衡点等相关指标为例说明敏感性分析的具体步骤。

【例】某工厂生产酪蛋白酸钠，产量为 1000 t/年，联产品异构乳糖 1000t/年。单位产品售价 7.36 万元/t 和 3.5 万元/t（含税），总固定成本 1557.63 万元，单位变动成本 5.06 万元/t，增值税 283.3 万元/年。通过对该方案进行盈亏平衡分析可得，该方案的生产能力利用率为 28.2%，说明该项目方案盈利的可能性较大。但是在项目执行过程中，不确定性因素有很多，与盈亏平衡点计算有关的产品成本（包括固定成本和变动成本）、产品售价等的波动都会对盈亏平衡点产生影响。

解：（1）当固定成本上升 10% 时对盈亏平衡点的影响。

$$盈亏平衡点的产量 Q^* = \frac{1557.63 \times (1+10\%)}{(10.86 - 0.28) - 5.06} = 310.4 \, t/年$$

（2）单位产品变动成本上升对盈亏平衡点的影响。

构成变动成本的原材料和燃料动力等经常会有波动，本方案中产品以苹果为主要原料生产的，目前的问题是苹果价格上升幅度较大，另外，水电价格也在上升，因此，假定以单位产品变动成本上升 30% 计。

$$盈亏平衡点的产量 Q^* = \frac{1557.63}{(10.86 - 0.28) - 5.06(1+30\%)} = 389.4 \, t/年$$

（3）产品售价下降 10%对盈亏平衡点的影响。

$$盈亏平衡点的产量 Q^* = \frac{1557.63}{[10.86(1-10\%)-0.28]-5.06} = 351.6 \text{ t/年}$$

（4）当以上三因素同时发生时对盈亏平衡点的影响。

$$盈亏平衡点的产量 Q^* = \frac{1557.63(1+10\%)}{[10.86(1-10\%)-0.28]-5.06(1+30\%)} = 588.8 \text{ t/年}$$

通过以上盈亏平衡点的单因素和多因素敏感性分析可以看出，这些不确定因素形成的盈亏平衡点均在年产 1000 t 联产品的范围之内，可见项目具有承受较大风险的能力。

第十一章

复习思考题

一、名词解释

1. 基本建设程序
2. 风向频率
3. 车间平面布置图
4. 溶解氧（DO）
5. 产品方案
6. 公称直径
7. 建筑系数
8. 自净作用
9. 生化需氧量（BOD）
10. 公称压力
11. 化学需氧量（COD）
12. 溶解氧
13. 平面布置图
14. 可行性研究
15. 扩初设计
16. 施工图
17. 工艺设计
18. 劳动生产率
19. 总平面设计
20. 风向玫瑰图
21. 风速频率
22. 主导风向

23. 绿地面积

24. 绿化覆盖面积

25. 胶结材料

26. 水泥养生

27. 硬化

28. 水泥的标号

29. 自净作用

30. 基本建设

31. 项目建议书

32. 可行性研究

33. 扩大初步设计

34. 非工艺设计

35. 施工图

36. 施工图设计

37. 采光系数

38. 管道附件

39. 公用系统

40. 环境

二、判断题

1. 整体式有（无）梁楼盖主要适用于仓库建筑。（有梁楼盖适用于生产车间）
（　　）

2. 平面图上标注的所有尺寸及标高，其单位都是 mm。（　　）

3. 采光系数是采光面积与房间地坪面积之比值，所谓采光面积实际上就是窗洞
面积。（　　）

4. 当设计计划任务书被批准（勘探设计）之后，该项目成立。（　　）

5. 实线、折断线（点划线）、虚线均有粗、中粗、细三种线形，而点划线（折断
线）、波浪线一般为细线。（　　）

6. 在特殊情况下，允许加长图线 A0、A1、A2、A3 的长边，而 A4 图纸不得加
长。（　　）

7. 读风玫瑰图时，它的风向中心吹向外缘（由外缘吹向中心）。（　　）

8. 从污染系数来考虑，食品工厂的总平面布置，应将污染性大的车间或部门布
置在污染系数最小的方向方位线上。（　　）

9. 建筑物基础埋置深度的影响因素有：地基上层的好坏、建筑物的载荷大小、
冻结深度、地下水位等。（　　）

10. 因为沥青（柏油）中含有萘、蒽等富有刺激性的有毒物质，故不能作为食品

工厂的建筑材料。（　　）

11. 项目建议书仅是项目建设轮廓的一个初步研究，批准与否并不重要，重要的是开展建设项目可行性研究。（　　）

12. 食品工厂废水中有机物质和悬浮物质含量高、易腐败，所以，一般无毒性。（　　）

13. 在两阶段设计中，设计人员必须在扩初设计被批准后，才能进行施工图设计。施工图设计被批准后，就可以交施工单位施工。（　　）

14. 位于地面以下的地基和基础都是建筑物的重要组成部分。（　　）

15. 标高注写的单位（m）和车间平面布置图上注写的单位应一致，均以 mm 为单位。（　　）

三、简答题

1. 简述可行性研究的步骤。

2. 说明竣工验收的作用。

3. 确定生产流程时应遵循什么原则？

4. 设计方案选择的原则是什么？

5. 物料平衡是指什么？

6. 简答总平面布置的形式有哪些？

7. 在制定产品方案时应做到哪"四个满足""五个平衡"？

8. 食品厂常用卫生消毒方法有哪些？

9. 简述辅助部门可以分为几大类，并各举 1～2 例。

10. 简述办公楼建筑面积的估算式。

11. 可行性研究报告包括哪些主要内容？

12. 简述编制可行性研究报告的依据。

13. 总平面设计的基本原则有哪些？

14. 设备选型的原则及应该注意什么？

15. 在食品工厂设计中为什么要对污水处理后才能排放？如何对污水进行有效的控制和处理？

16. 食品工厂工艺设计包括哪些主要内容？

17. 制定产品方案（生产纲领）有什么意义？制定产品方案时有哪些原则要求？什么叫班产量？确定班产量有何意义？决定班产量的主要因素有哪些？

18. 工艺流程确定的原则是什么？

19. 为什么要进行工艺流程的论证？举例说明论证的方法。

20. 为什么要进行物料计算？物料计算包括哪几个方面的主要内容？

21. 为什么要进行劳动力计算？

22. 确定食品工厂全场劳动力总数量时应考虑哪些因素？

23. 在设计食品工厂生产车间时要遵循哪些原则？

24. 简述生产车间工艺布置的方法和步骤。

25. 食品工场用水、用气各包括哪些方面？估算用量有哪些方法？

26. 管路附件包括哪些部件？他们各有何用？管路连接包括哪些内容？目前采用较多的连接方式有哪几种？

27. 为什么要设计管路支架？为什么还要设置管路补偿器？并列举出常见的管路补偿器的名称？

28. 为什么要进行管路保温？对管路保温层有哪些要求以保证保温效果？

29. 厂区内主要建、构筑物按功能不同可分为几类？并分别说明各类建、构筑物的排布原则？

30. 简述食品工厂"三废"治理的方针和措施。

31. 食品工厂厂址选择报告包括哪些内容？

32. 简述食品工厂绿化、美化的重要意义和要求。

33. 楼梯设计有关规定有哪些？

34. 举例说明楼梯设计。

35. 食品工业的范围有哪些？

36. 简述食品工业废水的主要特点及危害。

37. 简述废水处理的任务。

38. 简述工业废水排放标准及有关规定。

39. 简述我国工业废水排放标准规定。

40. 简述食品工厂的特点。

41. 基本建设程序主要包括哪些内容？

42. 简述可行性研究的依据。

43. 简述可行性研究的作用。

44. 简述可行性研究报告书的内容。

45. 简述可行性研究应注意的事项。

46. 简述编制设计计划任务书的内容。

47. 简述厂址选择的原则。

48. 简述总平面设计的基本原则。

49. 在安排产品方案时，应如何尽量做到"四个满足""五个平衡"？

50. 简述食品工厂工艺流程确定的原则。

51. 工艺论证包括哪三方面的内容？

52. 简述物料计算的目的。

53. 简述食品工厂选择设备的原则。

54. 简述车间布置设计的依据。

55. 简述生产车间工艺布置的原则。

56. 食品工厂对地坪有哪些特殊要求？

57. 食品工厂对内墙面有什么特殊要求？

58. 简述食品工厂对楼盖的要求。

59. 简述食品工厂生产车间建筑物特点。

60. 简述管道设计与布置的步骤。

61. 简述管道的连接方法。

62. 为什么要进行保温？对管路保温层有哪些要求，以保证保温效果？

63. 简述管路图的标注方法及含义。

64. 食品工厂的辅助部门有哪几类，各包括哪些内容？

65. 一般食品工厂应有哪几类原料接收站？

66. 中心实验室的目的和任务有哪些？

67. 食品工厂的仓库设计时对土建有何要求？

68. 食品工厂的厂区卫生有哪些要求？

69. 食品工厂生产车间的卫生要求有哪些？

70. 对食品工厂生产工人有哪些卫生要求？

71. 原、辅材料在采购、运输、贮存过程中，在卫生方面应注意哪些问题？

72. 给排水设计包括哪些内容？

73. 设计过程中应考虑哪些问题，使给排水满足生产工艺和生活需要？

74. 食品工厂对水质的要求有哪些？

75. 食品工厂使用蒸汽有哪些要求？

76. 如何确定锅炉房的位置？

77. 简述食品工厂的冷库平面设计原则。

78. 简述食品工业废水的主要特点及其危害。

79. 废水检测项目主要有哪几项？

80. 废水的处理方法按作用原理分有哪几种？

81. 如何对食品工厂的废水进行控制及处理？

82. 绿化对环境保护的作用有哪些？

四、论述题

1. 试说明生产车间工艺布置的步骤与方法。

2. 食品工厂工艺设计包含哪些内容？

3. 食品工厂工艺设计包含哪些内容？

4. 试说明编制设计计划任务书的内容。

5. 论述废水检测项目。

6. 如何对水污染源进行有效的控制和处理呢？

7. 论述废水的处理方法。

五、计算题

1. 曾有某工程项目拟设计以脱脂乳粉为原料生产酪蛋白酸钠，其产量为 1000t/年。单位产品售价 10.86 万元/t（含税），总固定成本 1557.63 万元，单位变动成本 5.06 万元/t，增值税 283.3 万元/年。

（1）请对该方案进行盈亏平衡分析。

（2）假定固定成本上升 10%，单位产品变动成本上升 30%，产品售价下降 10%，以上三因素同时发生时对盈亏平衡点的敏感性分析。

2. 由相关资料可知利乐 TBA/8 车间生产工序及人员分配计算如下表：

工序	计算依据	人数	性别	文化程度	主要职责
包装	P2（人/班）=$\sum K_i M_i$（人/班） 相关系数：$K_{包装}=1$	4	男	大学以上	无菌包装及操作，保养，维修
贴管	P2（人/班）=$\sum K_i M_i$（人/班） 相关系数：$K_{贴管}=0.5$	4	女	中专以上	贴管机操作，保养
装箱	P1（人/班）=劳动生产率（人/产品）×班产量（产品/班） 劳动生产率=0.001人/箱	8	女	普通工人	手工操作
缩膜	P2（人/班）=$\sum K_i M_i$（人/班） 相关系数：$K_{缩膜}=1$	1	女	中专以上	缩膜机操作，保养
入栈	P1（人/班）=劳动生产率（人/产品）×班产量（产品/班） 劳动生产率=0.003人/箱	3	男	普通工人	手工搬运产品至栈台上
检验	P1（人/班）=劳动生产率（人/产品）×班产量（产品/班） 劳动生产率=0.002人/箱	2	女	大学以上	检验产品是否合格
入库	P2（人/班）=$\sum K_i M_i$（人/班） 相关系数：每台叉车1人	1	女	中专以上	运输产品入库

注：M_i 为设备 i 每班所需人数；K_i 为设备 i 相关系数，其值≤1，影响相关系数的因素主要有同类设备数量、相邻设备距离及设备操作难度、强度和环境等。

已知机动人员为 3 人，该企业为 3 班倒，求该车间总人数是多少？

3. 以啤酒厂为例，以单位批次投料量为计算基准，每批投料混合原料量为 1421kg。

（1）糖化锅耗水量计算：100kg 混合原料大约需用水量 400kg，糖化时间 0.5h。

（2）麦芽汁沉淀槽冷却耗水：热麦汁 8892kg，热麦汁比热容 4.1kJ/(kg·K)，热麦汁从 100℃冷却到 55℃，冷却水温度从 18℃升高到 45℃，冷却水比热容 4.18kJ/(kg·K)，麦汁冷却时间为 1h。请对上述设备分别进行供水衡算。

4. 已知某食品厂班产量为 4t 罐头，2 班倒轮流生产，产品需要在成品仓库存放 10 天，单位库房面积可堆放的物料净重 1t/m²，仓库辅助用房建筑面积 40m²，库房面积利用系数 0.65，请问需要规划设计多大的仓库才能满足企业生产需要？

5. 采用水在流槽内输送鲫鱼，通过圆形流送槽的有效内径是 0.1m，流送槽内的物料流速为 0.4m/s，求原料流量为多少（t/h）？

6. 某某食品厂某项目的投资及回收情况如下：

项目	0年	1年	2年	3年	4年	5年	6年
总投资	6000	4000					
净现金收入			3000	3500	5000	4500	4500
累计净现金流量	−6000	−10000	−7000	−3500	1500	6000	10500

求静态投资回收期？

7. 水平带式输送机的带宽为 300mm，堆放物料的平均厚度为 100mm，带速为 0.5m/s 用于输送密度为 900kg/m^3 的固体物料，计算其生产能力（t/h）。

8. 斗式输送机的生产能力的计算公式及每个字母代表什么意义？

9. 杀菌锅的有关计算公式及每个字母代表意义（以间歇式杀菌锅为例）是什么？

参 考 文 献

[1] 高海燕，尚宏丽. 食品工厂设计与环境保护. 北京：化学工业出版社，2021.

[2] 张国农. 食品工厂设计与环境保护. 北京：中国轻工业出版社，2013.

[3] 李洪军. 食品工厂设计. 北京：中国农业出版社，2005.

[4] 杨芙莲. 食品工厂设计基础. 北京：机械工业出版社，2005.

[5] 张一鸣，黄卫萍. 食品工厂设计. 2 版. 北京：化学工业出版社，2016.

[6] 王颉. 食品工厂设计与环境保护. 北京：化学工业出版社，2006.

[7] 陈守江. 食品工厂设计. 北京：中国纺织出版社，2014.

[8] 纵伟，任广跃. 食品工厂设计. 2 版. 郑州：郑州大学出版社，2017.

[9] 岳田利，王云阳. 食品工厂设计. 北京：中国农业大学出版社，2019.

[10] 张中义. 食品工厂设计. 北京：化学工业出版社，2007.

[11] 刘晓杰，张一. 食品工厂设计综合实训. 北京：化学工业出版社，2008.

[12] 简德三. 投资项目评估. 4 版. 上海：上海财经大学出版社，2023.

[13] 周惠珍. 投资项目评估. 6 版. 大连：东北财经大学出版社，2018.

[14] 杨秋林. 农业项目投资评估. 4 版. 北京：中国农业出版社，2008.